燃气-蒸汽联合循环发电机组运行技术问答

燃气轮机和蒸汽轮机设备与运行

丛书主编　张　磊
主　　编　李广华
副 主 编　张雪然　邵德让　王华告
刘培勇　曹西忠

中国电力出版社
CHINA ELECTRIC POWER PRESS

内 容 提 要

由于我国大容量、高参数的燃气-蒸汽联合循环发电机组的装机容量逐年上升，为满足广大生产管理人员和专业技术人员对新知识、新技能的需要，特组织编写了《燃气-蒸汽联合循环发电机组运行技术问答》丛书。

本套书采用问答形式编写，以岗位技能为主线，理论突出重点，实践注重技能。

本书为《燃气轮机和蒸汽轮机设备与运行》分册，针对大型燃气-蒸汽联合循环发电机组中的燃气轮机和蒸汽轮机，系统地阐述了联合循环发电厂中的燃气轮机和蒸汽轮机的结构、运行原理及故障分析与处理。全书共分四部分，第一部分是岗位基础知识；第二部分是燃气轮机及其辅助设备结构及工作原理；第三部分是燃气轮机运行岗位技能知识，包括燃气轮机、蒸汽轮机系统的运行原理和运行所必须遵守的规程、规定；第四部分是故障分析与处理。

本书适用于从事大型燃气-蒸汽联合循环电厂设计、安装、调试、运行、检修的技术人员和管理人员使用，也可供高等院校热能及动力类专业师生参考。

图书在版编目（CIP）数据

燃气轮机和蒸汽轮机设备与运行/李广华主编. —北京：中国电力出版社，2015.7（2022.12重印）

（燃气-蒸汽联合循环发电机组运行技术问答/张磊主编）

ISBN 978-7-5123-7251-1

Ⅰ.①燃… Ⅱ.①主…②李… Ⅲ.①燃气-蒸汽联合循环发电-发电设备-问题解答 Ⅳ.①TM611.31-44

中国版本图书馆 CIP 数据核字（2015）第 035827 号

中国电力出版社出版、发行

（北京市东城区北京站西街 19 号 100005 http://www.cepp.sgcc.com.cn）

北京雁林吉兆印刷有限公司印刷

各地新华书店经售

*

2015 年 7 月第一版 2022 年 12 月北京第三次印刷

850 毫米×1168 毫米 32 开本 17 印张 406 千字

印数 4001—4500 册 定价 **55.00** 元

编　委　会

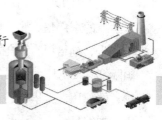

前　言

当前我国对能源需求迅猛增长，天然气资源进入大规模开发利用阶段，大容量、高参数的燃气-蒸汽联合循环发电机组的装机容量逐年上升。燃气-蒸汽联合循环是把燃气轮机循环和蒸汽轮机循环组合在一起进行能量梯级利用，从而将热功转换效率提高至接近60%。这种技术燃烧清洁能源，降低污染物排放，符合我国节约能源、保护环境的战略，是集新技术、新材料、新工艺于一身的国家高技术水平和科技实力的重要标志之一。

预计到2020年，我国燃气-蒸汽联合循环装机容量将达到5500万kW，是1951～2000年已建成的同类机组装机容量的25倍。为满足广大生产管理人员和专业技术人员应对新知识、新技术带来的需要，国网技术学院组织并与有关企业合作编写了《燃气-蒸汽联合循环发电机组运行技术问答》丛书，包括《燃气轮机和蒸汽轮机设备与运行》、《余热锅炉设备与运行》、《电气设备与运行》和《热工仪表及控制》四个分册。

本丛书适应时代发展需要，减少了基础理论知识所占比重，突出了大型燃气-蒸汽联合循环的运行技术，以实用和提高技能为核心，针对余热锅炉、燃气轮机及压气机、汽轮机、电气以及仪表和控制系统的设备原理、结构、运行技巧等方面，展开岗位应知应会知识问答，填补了关于大型燃气-蒸汽联合循环发电机组运行技术培训教材的市场空白。

本书为《燃气轮机和蒸汽轮机设备与运行》分册，由国网技术学院的李广华、张雪然；山东电力建设第一工程公司邵德让、王华告、刘培勇、王合录；山东钢铁股份有限公司曹西忠；华电国际邹县发电厂孟庆臣合作编写完成。其中李广华为主编；张雪然、邵德让、王华告、刘培勇、曹西忠为副主编；王合录、孟庆臣参加编写。

本丛书由国网技术学院张磊担任丛书主编并统稿。

编书过程中受到北京京能国际能源股份有限公司、山东华能集团公司、山东电力建设第一工程公司、山东钢铁厂、山东电力集团总公司等企业大力支持，借此深表感谢。

由于编写人员水平所限，疏漏和不足之处敬请广大读者批评指正。

编　者

2015 年 5 月

目 录 >>

第二部分　燃气轮机及其辅助设备结构及工作原理

第四部分 故障分析与处理

第一部分
岗位基础知识

第一章

岗位必备理论基础知识

1-1　什么是工质？联合循环发电厂的热机通常采用什么作为工质？

答：工质是热机中为实现热能转变为机械能所用的媒介物质（如燃气、蒸汽等），依靠它在热机中的状态变化实现热功转换。为了在工质膨胀中获得较多的功，工质应具有良好的膨胀性。在热机的不断工作中，为了方便工质流入与排出，还要求工质具有良好的流动性。因此，在物质的固、液、气三态中，气态物质是较为理想的工质。目前联合循环电厂的蒸汽轮机主要以水蒸气作为工质，燃气轮机以燃气为工质。

1-2　描述工质状态的参数有哪些？分别解释常用状态参数温度、压力。

答：描述工质状态特性的物理量称为状态参数。常用的工质状态参数有温度、压力、比体积、焓、熵、内能等，其中基本状态参数为温度、压力、比体积。

（1）温度是衡量物体冷热程度的物理量。对温度高低量度的标尺称为温标。常用的有摄氏温标和绝对温标。摄氏温标用℃表示单位符号，用 t 作为物理量符号。绝对温标规定水的三相点（水的固、液、汽三相平衡的状态点）的温度为 273.15K。绝对温标与摄氏温标的每刻度的大小是相等的，但绝对温标的 0K，则是摄氏温标的 −273.15℃。绝对温标用 K 作为单位符号，用 T 作为物理量符号。摄氏温标与绝对温标的关系为 $t=T-273.15$℃。

（2）单位面积上所受到的垂直作用力称为压力，用符号“p”表示。

1-3　压力有哪几种不同表示方法，相互关系是什么？

答：根据衡量压力大小时所选的基准点不同，压力可分别用绝对压力、相对压力和真空来表示。以绝对真空为零点，容器内工质本身的实际压力称为绝对压力，用符号 p 表示。以当地大气压力为基准的压力称为相对压力，又叫表压力，用符号 p_g 表示。当容器中的压力低于大气压力时，把低于大气压力的部分叫真空。用符号“p_v”表示。大气压力用符号 p_{atm} 表示。

绝对压力与表压力和真空之间的关系为

$$p = p_g + p_{atm}$$

或

$$p_g = p - p_{atm}$$

$$p_v = p_{atm} - p$$

发电厂有时用百分数表示真空值的大小，称为真空度。真空度是真空值和大气压力比值的百分数，即

$$真空度 = p_v / p_{atm} \times 100\%$$

1-4　常见的压力单位有哪些？如何换算？

答：常见压力的单位有：

（1）单位面积上所受的力，采用 N/m^2，又称帕斯卡，符号是 Pa。在电力工业中，机组参数多采用 MPa（兆帕）。

（2）以液柱高度表示压力的单位有：毫米水柱（mmH_2O）、毫米汞柱（mmHg）。

（3）工程大气压，单位为 at 或 kgf/cm^2。

（4）标准大气压，为 1.01325×10^5 Pa，单位为 atm。

各压力单位的换算关系为 $1Pa = 1N/m^2$，$1Mpa = 10^6 N/m^2$；$1mmHg = 133N/m^2$，$1mmH_2O = 9.81N/m^2$；$1at = 98\,066.5N/m^2$，$1atm = 1.013 \times 105.\ N/m^2$。

1-5　什么是比体积？和密度之间的关系是什么？

答：单位质量的物质所占有的容积称为比体积。用小写的字母 ν 表示，即

$$\nu = V/m(\mathrm{m^3/kg})$$

式中　m——物质的质量，kg；

V——物质所占有的容积，$\mathrm{m^3}$。

单位容积的物质所具有的质量，称为密度，用符号“ρ”，单位为 $\mathrm{kg/m^3}$。

比体积与密度的关系为 $\rho\upsilon=1$，二者互为倒数，是同一个参数的两种不同的表示方法。

1-6　什么是标准状态？

答：绝对压力为 1.01325×10^5 Pa，温度为0℃时的状态称为标准状态。

1-7　实现热功转换的过程中，常见能量形式有哪些？

答：（1）动能。物体因为运动而具有做功的能力称为动能。动能与物体的质量成正比，与其速度的平方成正比。动能的计算式为

$$E_\mathrm{k} = 1/2mc^2 \quad (\mathrm{kJ})$$

式中　m——物体质量，kg；

c——物体速度，m/s。

（2）位能。由于相互作用，物体之间的相互位置决定的能量形式称为位能。物体所处高度位置不同，受地球的吸引力不同而具有的能，称为重力位能。重力位能的计算式为

$$E_\mathrm{p} = mgh$$

（3）热能。物体内部大量分子不规则的运动称为热运动，由于分子热运动所具有的能量叫热能，是物体的内能。热能与物体的温度有关，温度越高，分子运动的速度越快，具有的热

能就越大。

1-8　什么是热量？什么是功？什么是功率？

答：由于温差使得高温物体把一部分热能传递给低温物体，其能量的传递多少用热量来度量。因此物体吸收或放出的热能称为热量。热量用Q表示，单位为焦耳。热量的传递多少和热力过程有关，不是状态参数。

功是当力所作用在物体上，在力的方向上的位移与作用力的乘积。功与过程有关，不是状态参数。功的单位为焦耳（J），1J＝1N·m。

功率是单位时间内所做的功。功率的单位为瓦特（W），1W＝1J/s。

1-9　什么是热机？

答：把热能转变为机械能的设备称为热机。汽轮机、内燃机、蒸汽机、燃轮气机等均属于热机。

1-10　什么是比热容？常见比热容及其相互关系是什么？影响比热容的主要因素有哪些？

答：单位数量的物质温度升高（或降低）1℃所吸收（或放出）的热量，称为物质的单位热容量，简称为比热容。比热容表示单体数量的物质容纳或储存热量的能力。常见比热容有质量比热容，容积比热容和摩尔比热容。

质量比热容符号为c，单体为kJ/（kg·℃）。

容积比热容符号为c_V，单位为kJ/（m^3·℃）。

摩尔比热容的符号为c_m，单位为kJ/（kmol·℃）。

三者之间的关系为

$$c_m = 22.4c_V = Mc$$

式中　M——物质的摩尔质量，kg/mol。

影响比热容的主要因素为物质种类，以及温度和加热条件，一般说来，随着温度的升高，物质比热容也增大；定压加热的比热容大于定容加热的比热容。此外，分子中原子数目、物质性质、气体的压力等因素也会对比热容产生影响。

1-11　如何用定值比热容计算热量？

答：在低温范围内，可近似认为比热容不随温度的变化而改变，即比热容为某一常数。若加热过程为定压过程，则质量比热容为定压质量比热容，用 c_p 表示；若加热过程为定容过程，则质量比热容为定容质量比热容，用 c_v 表示。

热量的计算式为

$$定压过程:q = c_p(t_2 - t_1)(kJ/kg)$$

$$定容过程:q = c_v(t_2 - t_1)(kJ/kg)$$

1-12　什么是内能？什么是焓？

答：气体内部分子运动所形成的内动能和由于分子相互之间的吸引力所形成的内位能的总和称为内能。

1kg 气体的内能用 u 表示，U 表示 $m$kg 气体的内能。即

$$U = mu$$

工质内能和推挤功之和称为焓，用 H 表示。推挤功是指某一状态下单位质量工质比体积为 V，所受压力为 p，为反抗此压力，该工质必须具备 pV 的压力位能。即

$$H = U + pV$$

1-13　什么是熵？

答：熵是反映无序程度的物理量，在没有摩擦的平衡过程中，单位质量的工质吸收的热量 dq 与工质吸热时的绝对温度 T 的比值叫熵的增加量。其表达式为

$$\Delta S = dq/T$$

其中 $\Delta S = S_2 - S_1$ 是熵的变化量，熵的单位为 kJ/(kg·K)。若某过程中气体的熵增加，即 $\Delta S > 0$，则表示气体是吸热过程；

若某过程中气体的熵减少，即 $\Delta S<0$，则表示气体是放热过程；若某过程中气体的熵不变，即 $\Delta S=0$，则表示气体是绝热过程。

1-14　电厂中哪些气体可看作理想气体？哪些气体需看作实际气体？

答：如果认为气体分子间不存在引力，分子本身不占有体积，这种气体称为理想气体。理想气体的内能和焓是温度的单一函数。如果气体分子间存在着引力，分子本身占有体积的气体不能忽略不计，则称为实际气体。

在电厂中，空气、燃气、烟气可以作为理想气体看待，因为它们远离液态，与理想气体的性质很接近。在蒸汽动力设备中，作为工质的水蒸气，因其压力高，比体积小，即气体分子间的距离比较小，分子间的吸引力也相当大，接近液态，因此水蒸气应作为实际气体看待。

1-15　热力学第一定律的实质是什么？表达式是怎样的？

答：热力学第一定律是能量守恒定律在热力学中的应用，说明了热能与机械能互相转换的可能性及其数值关系。即热可以变为功，功也可以变为热，一定量的热消失时，必将产生一定量的功，消耗一定量的功时，必出现与之对应的一定量的热。

热力学第一定律的表达式为

输入系统的能量－输出系统的能量＝系统内工质本身能量的增量

对于闭口系统，外界给系统输入的能量是加入的热量 q，系统向外界输出的能量为功 w，系统内工质本身所具有的能量只是内能 u。

根据能量转换与守恒定律，当工质为 1kg 时

$$q-w=\Delta u$$

当工质为 $m$kg 时，则

$$Q-W=\Delta U$$

式中　q，Q——外界加给工质的热量，J/(kg，J)；

Δu，ΔU——工质内能的变化量，J/(kg，J)；

w，W——工质所做的功，J/kg，J。

1-16　什么是不可逆过程？常见的热力过程有哪些？

答：凡是存在摩擦，涡流等能量损失等不可逆因素的过程称为不可逆过程。

常见的热力过程有：

（1）容积（或比体积）保持不变的情况下进行的过程称为等容过程。等容过程中，所有加入的热量全部用于增加气体的内能。

（2）温度不变的情况下进行的热力过程叫做等温过程。

（3）工质的压力保持不变的过程称为等压过程，如：锅炉中水的汽化过程，乏汽在凝汽器中的凝结过程，空气预热器中空气的吸热过程都是等压过程。

（4）在与外界没有热量交换情况下所进行的过程称为绝热过程，理想绝热过程称为等熵过程。实际绝热过程存在不可逆损失，会造成熵增。如：汽轮机为了减少散热损失，汽缸外侧包有绝热材料，而工质所进行的膨胀过程极快，在极短时间内来不及散热，其热量损失很小，可忽略不计，故常把该过程作为绝热过程处理。

1-17　简述热力学第二定律。

答：热力学第二定律说明了能量传递和转化的方向、条件、程度。有两种叙述方法。

（1）从能量传递角度来讲。热不可以能自发地不付代价地，从低温物体传至高温物体。

（2）从能量转换角度来讲。不可能制造出从单一热源吸热，使之全部转化成为功而不留下任何其他变化的热力发动机。

1-18　什么是卡诺循环？为什么说卡诺循环指明了提高循环热效率的方向？

答： 卡诺循环是指由两个可逆的定温过程和两个可逆的绝热过程组成的热力循环。

其循环热效率为

$$\eta = 1 - T_2/T_1$$

根据卡诺循环的效率公式，可知：

（1）卡诺循环的热效率决定于热源温度 T_1 和冷源温度 T_2，而与工质性质无关，提高 T_1 和降低 T_2，可以提高循环热效率。

（2）卡诺循环热效率只能小于 1，而不能等于 1，因为要使 $T_1=\infty$（无穷大）或 $T_2=0$（绝对零度）都是不可能的。也就是说，q_2 损失只能减少而无法避免。

（3）当 $T_1=T_2$ 时，卡诺循环的热效率为零。也就是说，在没有温差的体系中，无法实现热能转变为机械能的热力循环，或者说只有一个热源装置而无冷却装置的热机是无法实现的。因此卡诺循环指明了提高循环热效率的方向。

1-19　什么是汽化？什么是凝结？

答：（1）物质从液态变成汽态的过程称为汽化。分为蒸发和沸腾两种形式：①液体表面在任何温度下进行的比较缓慢的汽化现象称为蒸发；②液体表面和内部同时进行的剧烈的汽化现象叫沸腾。

（2）物质从气态变成液态的现象称为凝结，也称为液化。

1-20　简述水的定压汽化过程中的一点、五态。

答： 一点称为临界点，五态分别为未饱和水、饱和水、湿饱和蒸汽、干饱和蒸汽和过热蒸汽状态。在一定压力下，对水加热，当开始有水蒸气产生时对应的温度称为沸点，又称该压力下对应的饱和温度，用 t_s 表示。

当 $t<t_s$，水称为未饱和水。

当 $t=t_s$，若只有水称为饱和水，若只有水蒸气，称为干饱和蒸汽，在此温度下，水和水蒸气称为湿饱和蒸汽。此过程吸收的热量称为汽化潜热。

当 $t>t_s$，称为过热蒸汽。

当压力达到某一定值，汽化潜热阶段消失，此时对应的点称为临界点，临界点的参数为：临界压力 $p_c=22.129\text{MPa}$，临界温度为 $t_c=374.15℃$，临界比体积为 $v_c=0.003\ 147\text{m}^3/\text{kg}$。

1-21　什么是干度？什么是湿度？干度的作用是什么？

答： 1kg 湿蒸汽中含有干蒸汽的质量百分数称为干度，用符号χ表示，公式为

$$\chi=\text{干蒸汽的质量}/\text{湿蒸汽的质量}$$

干度是湿蒸汽的一个状态参数，它表示湿蒸汽的干燥程度；χ值越大则蒸汽越干燥。

1kg 湿蒸汽中含有饱和水的质量百分数称为湿度，以符号 $(1-\chi)$ 表示。

水蒸气属于实际气体，工程上通常利用查图（焓熵图）、查表（水蒸气热力性质表）的方法确定其状态参数。对于处于湿饱和蒸汽区的水蒸气，压力和温度不是独立状态参数，需要另外的参数辅助，即干度。

1-22　什么是热力循环？什么是正向循环？如何确定循环的热效率？

答： 工质从某一状态点开始，经过一系列的状态变化又回到原来这一状态点的封闭变化过程称为做热力循环，简称循环。

实现热功转换的循环称为正向循环。

工质每完成一个循环所做的净功 ω 和工质在循环中从高温热源吸收的热量 q 的比值称为循环的热效率，即

$$\eta = \omega / q$$

1-23　什么是稳定流动？什么是轴功？什么是膨胀功？写出稳定流动的热力学第一定律表达式。

答：流动过程中工质各状态点参数不随时间而变动的流动称为稳定流动。

轴功即工质流经热机时，驱动热机主轴对外输出的功，用 w_s 表示。

膨胀功是一种气体容积变化功，用符号 w 表示。

稳定流动的热力学第一定律的表达式为：

对于闭口系统

$$w = q - \Delta u$$

对稳定流动系统

$$\begin{aligned} q &= \Delta u + (p_2 \nu_2 - p_1 \nu_1) + 1/2(c_2^2 - c_1^2) + g(z_2 - z_1) + w_s \\ &= \Delta h + 1/2(c_2^2 - c_1^2) + g(z_2 - z_1) + w_s \end{aligned}$$

1-24　热量传递的形式有哪些？各自特点是什么？

答：物体间由于温差进行的热量传递现象称为换热。热量传递有三种基本形式：导热、热对流、热辐射。

（1）直接接触的物体或物体各部分之间由于温差发生的热量传递现象叫导热。

（2）在流体内，流体之间的热量传递主要是由于流体的运动，使热流体中的一部分热量传递给冷流体，这种热量传递方式称为热对流。

（3）高温物体的部分热能变为辐射能，以电磁波的形式向外发射到接收物体后，辐射能再转变为热能，而被吸收，这种电磁波传递热量的方式称为热辐射。

1-25　什么是稳定传热？什么是不稳定传热？

答：热量传递过程中，物体各点的温度不随时间变化称为

稳定传热。电厂中大多数热力设备在负荷稳定运行时进行的传热现象都可以看做是稳定传热。稳定传热时其温度场与时间无关，即

$$t = f(x,y,z)。$$

热量传递过程中，物体各点的温度随时间变化叫做不稳定传热。火电厂中大多数热力设备在负荷变化时进行的传热现象都属于稳定传热。不稳定传热时其温度场与时间有关。即

$$t = f(x,y,z,\tau)$$

1-26　什么是导热系数？什么是热绝缘材料？常见热绝缘材料有哪些？

答：导热系数是表明材料导热能力大小的一个物理量，又称热导率。导热系数等于两壁面温差为1℃，壁厚等于1m时，在单位壁面积上每秒钟所传递的热量，用λ表示，单位为W/(m·K)。

导热系数与材料的种类、物质的结构、湿度有关，对同一种材料，导热系数还与材料所处的温度有关。通常：$\lambda_{纯金属} > \lambda_{合金} > \lambda_{液体} > \lambda_{气体}$。

平均温度不高于350℃，导热系数不大于0.12W/(m·K)的干材料称为热绝缘材料。常见热绝缘材料有矿渣棉、硅藻土、膨胀珍珠岩，以及微孔硅酸钙等。

1-27　什么是对流换热？影响对流换热的因素有哪些？

答：流体流过固体壁面时，流体与壁面之间由于温差进行的热量传递过程叫对流换热。

影响对流换热的因素主要有五个方面。

(1) 流体流动的动力。流体流动的动力有两种：一种是自然流动；另一种是强迫流动。强迫流动换热通常比自然流动换热更强烈。

(2) 流体有无相变。一般来说对同一种流体有相变对流换

热比无相变的更强烈。

（3）流体的流态。由于紊流时流体各部分之间流动剧烈混杂，因此紊流时热交换比层流时更强烈。

（4）几何因素影响。流体接触的固体表面的形状、大小及流体与固体之间的相对位置都影响对流换热。

（5）流体的物理性质。不同流体的密度、黏性、导热系数、比热容、汽化潜热等都不同，都会影响着流体与固体壁面的热交换。

在电厂中利用对流换热的设备较多，如烟气流过锅炉过热器与管外壁发生的热量交换；在凝汽器中，铜管内壁与冷却水及铜管外壁与汽轮机排汽之间发生的热量交换。

1-28　如何区分管内流体的流动状态？

答：流体有层流和紊流两种流动状态。层流是各流体微团彼此平行地分层流动，互不干扰与混杂，液体质点的运动轨迹是直线或是有规则的平滑曲线。紊流是各流体微团间强烈地混合与掺杂、不仅有沿着主流方向的运动，而且还有垂直于主流方向的运动，各质点都呈现出杂乱无章的紊乱状态，运动轨迹不规则。

通常用雷诺数来判断流体流动的状态。即

$$Re = cd/\upsilon$$

式中　c——流体的流速，m/s；

d——管道内径，m；

υ——流体的运动黏度，m^2/s。

雷诺数大于10 000时表明流体的流动状态是紊流，雷诺数小于2320时表明流体的流动状态是层流。在实际应用中，对于圆管中的流动，$Re<2300$为层流，当$Re>2300$为紊流。

1-29　何谓流量？常见流量表示方法及其关系是什么？

答：流体流量是指单位时间内通过过流断面的液体数量。

其数量用体积表示，称为体积流量，常用 q_v 表示，单位为 m^3/s 或 m^3/h；其数量用重量表示，称为重量流量，常用 q_G 表示，单位为 N/s 或 N/h；其数量用质量表示，称为质量流量，常用 q_m 表示，单位为 kg/s 或 kg/h。

三者之间的关系为

$$q_G = gq_m = \rho g q_v$$

体积流量的大小与流通截面积 A 和流体的流动速度有关。若采用平均流速 c，即过流断面上各点流速的算术平均值。则有

$$q_m = cA$$

1-30　何谓水锤？有何危害？如何防止？

答：在压力管路中，由于液体流速的急剧变化，从而造成管中的液体压力显著、反复、迅速地变化，对管道中有一种“锤击”的特征，该现象称为水锤（或水击）。

水锤有正水锤和负水锤之分，其危害为：

（1）正水锤时，管道中的压力升高，可以超过管中正常压力的几十倍至几百倍，以致管壁产生很大的应力，而压力的反复变化将引起管道和设备的振动，管道的应力交变变化，将造成管道、管件和设备的损坏。

（2）负水锤时，管道中的压力降低，出会引起管道和设备振动。应力交递变化，对设备有不利的影响，同时负水锤时，如压力降得过低可能使管中产生不利的真空，在外界压力的作用下，会将管道挤扁。

为了防止水锤现象的出现，可采取增加阀门启、闭时间，尽量缩短管道的长度，在管道上装设安全阀门或空气室，以限制压力突然升高的数值或降低的数值。

1-31　何谓金属的机械性能？各个性能参数所用的指标是什么？

答：金属的机械性能是金属材料在外力作用下表现出来的

特性。如弹性、强度、硬度、韧性和塑性等。

（1）强度是指金属材料在外力作用下抵抗变形和破坏的能力。强度指标有弹性极限 σ_e、屈服极限 σ_s、强度极限 σ_b。

弹性极限是指材料在外力作用下产生弹性变形的最大应力；屈服极限是指材料在外力作用下出现塑性变形时的应力；强度极限是指材料断裂时的应力。

（2）塑性是指金属材料在外力作用下产生塑性变形而不破坏的能力，塑性指标有延伸率和断面收缩率。

（3）韧性指金属材料在冲击载荷作用下抵抗破坏的能力。通常采用冲击试验，即用一定尺寸和形状的金属试样在规定类型的冲击试验机上承受冲击载荷而折断时，断口上单位横截面积上所消耗的冲击功表征材料的韧性。

（4）刚度指零件在受力时抵抗弹性变形的能力。

（5）硬度是指金属材料抵抗硬物压入其表面的能力。

1-32　简述金属变形过程中的三个阶段。

答：任何金属，在外力作用下引起的变形过程可分为以下三个阶段。

（1）弹性变形阶段。即在应力不大的情况下变形量随应力值成正比例增加，当应力去除后变形完全消失。

（2）弹-塑性变形阶段。即应力超过材料的屈服极限时，在应力去除后变形不能完全消失，而有残留变形存在，该部分残留变形即为塑性变形。

（3）断裂。当应力继续增大，金属在大量塑性变形之后即发生断裂。

1-33　何谓疲劳和疲劳强度？

答：在工程实际中，很多机器零件所受的载荷不仅大小可能变化，而且方向也可能变化，如齿轮的齿，转动机械的轴等。该种载荷称为交变载荷，交变载荷在零件内部将引起随时间而变化的应力，称为交变应力。

零件在交变应力的长期作用下，会在小于材料的强度极限 $б_b$ 甚至小于屈服极限 $б_s$ 的应力下断裂，该现象称为疲劳。

金属材料在无限多次交变应力作用下，不致引起断裂的最大应力称为疲劳极限或疲劳强度。

1-34 什么是热应力？什么是热冲击？

答：由于零部件内、外或两侧温差引起的零、部件变形受到约束，而在物体内部产生的应力称为热应力。

金属材料受到急剧的加热和冷却时，其内部将产生很大的温差，从而引起很大的冲击热应力，该现象称为热冲击。一次大的热冲击产生的热应力能超过材料的屈服极限，而导致金属部件的损坏。

1-35 造成汽轮机热冲击的原因有哪些？

答：汽轮机运行中产生热冲击主要有以下原因。

（1）启动时蒸汽温度与金属温度不匹配。一般启动中要求启动参数与金属温度相匹配，并控制一定的温升速度，如果温度不相匹配，相差较大，则会产生较大的热冲击。

（2）极热态启动时造成的热冲击。单元制机组极热态启动时，由于条件限制，往往是在蒸汽参数较低情况下冲转，极易在汽缸、转子上产生热冲击。

（3）负荷大幅度变化造成的热冲击。额定满负荷工况运行的汽轮机甩去较大部分负荷，则通流部分的蒸汽温度下降较大，汽缸、转子受冷而产生较大热冲击。突然加负荷时，蒸汽温度升高，放热系数增加很大，短时间内蒸汽与金属间产生大量热交换，会产生更大的热冲击。

（4）汽缸、轴封进水造成的热冲击。冷水进入汽缸、轴封体内，强烈的热交换造成很大的热冲击，往往会引起金属部件变形。

1-36 什么是热疲劳、蠕变、应力松弛？

答：金属零部件被反复加热和冷却时，其内部产生交变热应力，在此交变热应力反复作用下零部件遭到破坏的现象称为热疲劳。

金属材料长期处于高温条件下，在低于屈服点的应力作用下，缓慢而持续不断地增加材料塑性变形的过程称为蠕变。

金属零件在高温和某一初始应力作用下，若维持总变形不变，则随时间的增加，零件的应力逐渐地降低，该现象称为应力松弛，简称松弛。

1-37 蒸汽如何把热量传递给汽轮机金属部件表面？

答：当金属温度低于蒸汽的饱和温度时，热量以凝结放热方式传递给金属表面，当金属表面温度等于或高于蒸汽的饱和温度时，热量以对流放热方式传给金属表面。

（1）当蒸汽与金属表面间进行凝结放热时，放热系数一般较大。凝结放热有两种。

① 蒸汽在金属表面凝结形成水膜，蒸汽凝结时放出的汽化潜热通过水膜传给金属表面，该方式称为膜状凝结。冷态启动初始阶段蒸汽对汽缸内表面的放热就是该方式，其放热系数在4652～17445$m^2 \cdot K$之间。

② 蒸汽在金属表面凝结放热时，不形成水膜则该凝结方式称为珠状凝结。冷态启动初始阶段，由于转子旋转的离心力，蒸汽对转子表面的放热属于珠状凝结。珠状凝结放热系数相当大，一般可达到膜状凝结放热系数的15～20倍。

（2）当蒸汽与金属表面间进行对流放热时，蒸汽的对流放热系数要比凝结放热系数小得多。此时，蒸汽对金属的放热系数不是一个常数，与蒸汽的状态有很大的关系，高压过热蒸汽和湿蒸汽的放热系数较大。低压微过热蒸汽的放热系数较小。

1-38　什么是准稳态点、准稳态区？为什么需要注意准稳态区？

答：在一定的温升率条件下，随着蒸汽对金属放热时间的增长和蒸汽参数的升高，蒸汽对金属的放热系数不断增大，即蒸汽对金属的放热量不断增加，从而使金属部件内的温差不断加大。当调节级的蒸汽温度升到满负荷所对应的蒸汽温度时，蒸汽温度变化率为零，此时金属部件内部温差达到最大值，在温升率变化曲线上该点称为准稳态点，准稳态点附近的区域为准稳态区。

汽轮机启动时进入准稳态区时热应力达到最大值，需要特别注意。汽轮机起、停和工况变化时，最大热应力发生的部位通常是：高压缸的调节级处，再热机组中压缸的进汽区，高压转子在调节级前后的汽封处、中压转子的前汽封处等。

1-39　常见热工测量仪表有哪些？

答：发电厂中，热力生产过程的各种热工参数（如压力、温度、流量、液位、振动等）的测量方法叫热工检测，用来测量热工参数的仪表叫热工测量仪表。常见热工测量仪表有以下几种。

（1）温度测量仪表按其测量方法可分为接触式测温仪表和非接触式测温仪表两大类。接触式测温仪表主要有：膨胀式温度计，热电阻温度计和热电偶温度计等。非接触式测温仪表主要有：光学高温计、全辐射式高温计和光电高温计等。

（2）压力测量仪表可分为滚柱式压力计、弹性式压力计和活塞式压力计等。

（3）水位测量仪表主要有玻璃管水位计、差压型水位计、电极式水位计等。

1-40　什么是允许误差？什么是精确度？

答：根据仪表的制造质量，在国家标准中规定了各种仪表

的最大误差，称为允许误差。允许误差的表示为

K＝仪表的最大允许绝对误差/(量程上限－量程下限)×100%

允许误差去掉百分量以后的绝对值（K 值）称为仪表的精确度，一般实用精确度的等级有：0.1、0.2、0.5、1.0、1.5、2.5、4.0 等。

1-41 如何选择压力表的量程?

答：为防止仪表损坏，压力表所测压力的最大值一般不超过仪表测量上限的 2/3；为保证测量的准确度，被测压力不得低于标尺上限的 1/3。当被测压力波动较大时，应使压力变化范围处在标尺上限的 1/3～1/2 处。

1-42 简述双金属温度计的测量原理。

答：双金属温度计是用来测量气体、液体和蒸汽的较低温度的工业仪表，具有良好的耐振性，安装方便，容易读数，没有汞害。

双金属温度计用绕成螺旋弹簧状的双金属片作为感温元件，将其放在保护管内，一端固定在保护管底部（固定端），另一端连接在一细轴上（自由端），自由端装有指针，当温度变化时，感温元件的自由端带动指针一起转动，指针在刻度盘上指示出相应的被测温度。

1-43 何谓热电偶?

答：在两种不同金属导体焊成的闭合回路中，若两焊接端的温度不同时，就会产生热电势，这种由两种金属导体组成的回路就称为热电偶。

1-44 什么是继电器？有哪些分类?

答：继电器是一种能借助于电磁力或其他物理量的变化而

自行切换的电器。继电器本身具有输入回路，是热工控制回路中用得较多的一种自动化元件。

根据输入信号不同，继电器可分为两大类：一类是非电量继电器，如压力继电器，温度继电器等，其输入信号是压力、温度等，输出的都是电量信号。另一类是电量继电器，其输入、输出的都是电量信号。

第二章

岗位必备联合循环基础知识

第一节 基本燃气轮机联合循环

2-1 什么是理想燃气轮机循环？请绘出理想燃气轮机循环的热力系统图。

答：燃气轮机热力循环是以空气和燃气为工质的热机，理想情况下，由压气机、燃烧室和燃气轮机三大部件组成热力系统。

理想燃气轮机循环的热力系统图如图 2-1 所示。

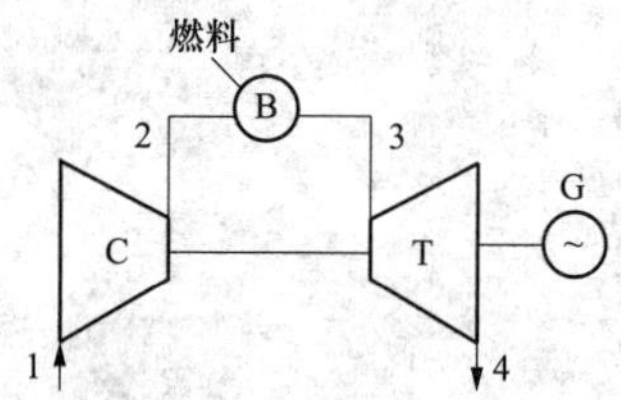

图 2-1 理想燃气轮机循环的热力系统
C—压气机；B—燃烧室；T—燃气轮机；G—发电机

2-2 写出图 2-1 所示的理想燃气轮机循环的热力过程。

答：1—2 空气在压气机中绝热压缩。

2—3 空气在燃烧室与燃料等压混合并燃烧。

3—4 燃气在燃气轮机中绝热膨胀做功。

4—1 燃气排至大气定压放热。

2-3　在 p-V 图和 T-s 图上绘出题 2-2 所述理想燃气轮机循环的热力过程。

答：理想燃气轮机循环的热力过程如图 2-2 所示。

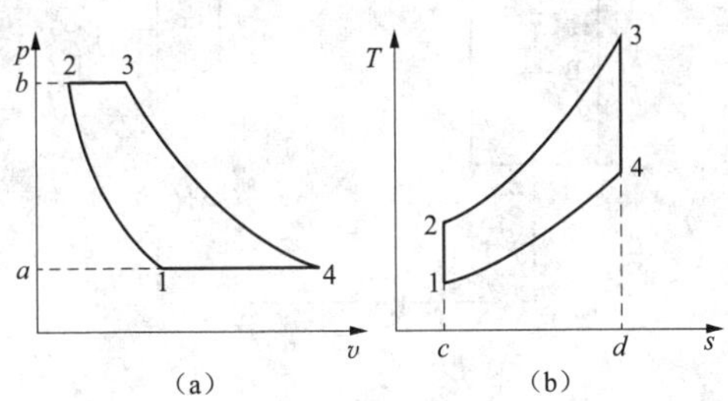

图 2-2　理想燃气轮机循环的热力过程
(a) p-V 图；(b) T-s 图

2-4　实际的简单燃气轮机循环和理想循环相比有何不同？

答：(1) 实际循环的每个过程都存在损失。

(2) 实际压气机和透平的效率都小于 1。

(3) 燃烧室内存在流动能量损失和不完全燃烧损失。

(4) 作为工质燃气和空气性质不同，流量有差别。

(5) 燃气轮机进气和排气压力损失。

(6) 轴承摩擦和传热辅机耗功造成的机械损失。

2-5　什么是基本蒸汽动力循环（朗肯循环）？请绘制基本蒸汽动力循环系统图。

答：朗肯循环是以水和水蒸气为工质，由给水泵、锅炉、汽轮机和凝汽器四大设备组成的热力系统。

2-6　写出图 2-3 所示的理想蒸汽动力循环的热力过程。

答：1—2 给水泵水的绝热压缩。

2—3—4—5 锅炉中定压加热水至水蒸气。

5—6 蒸汽在汽轮机中绝热膨胀。

6—1 凝汽器中水蒸气定压放热至水。

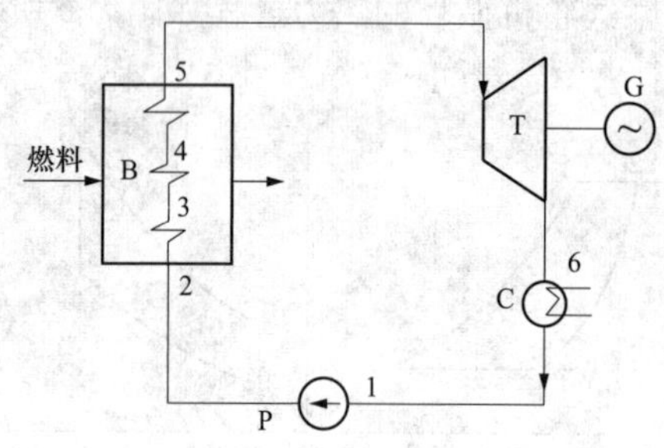

图 2-3　朗肯循环

B—锅炉；T—汽轮机；C—凝汽器；P—给水泵；G—发电机

2-7　燃气轮机循环和蒸汽动力循环在提高循环热效率方面的困难是什么？

答：（1）提高蒸汽动力循环热效率的余地很小，提高进入汽轮机的工质参数是提高蒸汽动力循环热效率的主要途径，但把蒸汽参数提高到某一较高值（如 34MPa/700℃/700℃），仍很难实现。

（2）与汽轮机比，燃气轮机工作压力低，高温部件结构比较小冷却容易实现，故提高燃气初温度容易实现，但是降低工质排气温度却很难。虽然将燃气初温提高到 100～200℃，可以提高循环热效率，但单一燃气轮机发电循环的总效率要超过 50％是很难实现的。

2-8　什么是燃气-蒸汽联合循环？请绘制燃气-蒸汽联合循环系统图。

答：将燃气轮机循环和蒸汽动力循环联合起来，用余热锅炉吸收燃气轮机排气的热量产生蒸汽，用汽轮机将蒸汽的热量转变成机械能，称为燃气-蒸汽联合循环。

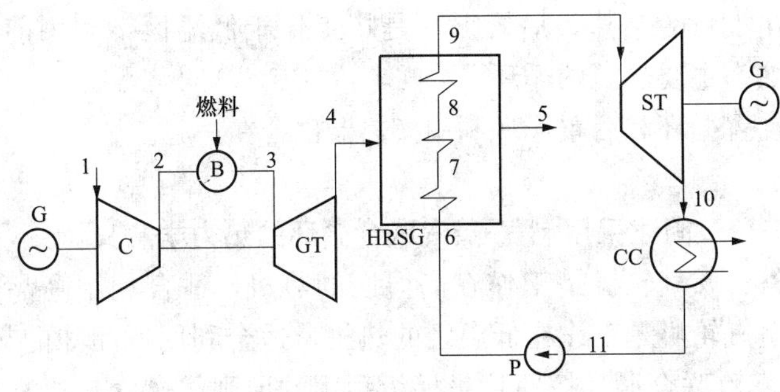

图 2-4　燃气-蒸汽联合循环

C—压气机；B—燃烧室；GT—燃气轮机；HRSG—余热锅炉；
ST—汽轮机；CC—凝汽器；P—给水泵；G—发电机

2-9　描述图 2-4 所示的燃气-蒸汽联合循环的热力过程。

答： 1—2 空气在压气机中绝热压缩。

2—3 空气在燃烧室与燃料等压混合并燃烧。

3—4 燃气在燃气轮机中绝热膨胀做功。

4—5 燃气排至余热锅炉定压加热给水。

5—1 余热锅炉排烟在大气中定压放热。

6—7—8—9 给水在余热锅炉中定压吸热转化为过热蒸汽。

9—10 蒸汽在汽轮机中绝热膨胀。

10—11 汽轮机排汽在凝汽器中定压放热为水。

11—6 给水在水泵中被绝热压缩。

2-10　什么是联合循环?

答： 将两个或者两个以上的热机循环耦合在一起的循环均为联合循环。

2-11　什么是联合循环的前置循环？后置循环？二者如何耦合?

答： 前置循环是指工作于高温区、输入大部分热量的循环，会产生大量的余热；后置循环是指工作于低温区，利用前置循环余热为主要热源的循环。

前置循环和后置循环利用换热器耦合在一起。

2-12　简述采用燃气-蒸汽联合循环的热力学意义。

答：燃气轮机是工作在高温区的热机，适合利用高品位热量，蒸汽轮机是工作在低温区的热机，适合利用低品味的热量。燃气-蒸汽联合循环按照热量梯级利用的原则将燃气轮机和蒸汽轮机结合在一起，同时利用不同品味的热量。联合循环利用燃气轮机平均吸热温度高和蒸汽轮机平均放热温度低的优点，克服了两个独立循环的缺点，可获得了更高的循环效率。

2-13　采用燃气-蒸汽联合循环的优点有哪些？

答：（1）供电效率远远超过燃煤的蒸汽轮机电厂。

（2）建设周期短，可以将蒸汽轮机与燃气轮机分阶段建设，资金利用效率高。

（3）同等条件下，用地用水少，单位投资少。

（4）运行高度自动化，运行人员少。

（5）启停速度快，且可以无外电源启动。

（6）运行可用率高达85%～95%。

（7）采用天然气或液体燃料，属洁净燃料，无飞尘，硫氧化物、氮氧化物、二氧化碳排放少，造成的污染问题小。

2-14　燃气-蒸汽联合循环发展趋势是什么？

答：（1）向高参数、高性能、大型化和低污染方向发展。

（2）采用新技术、新材料、新工艺。

（3）燃料能源多样化和燃煤联合循环商业化。

2-15　为什么燃气-蒸汽联合循环应用广泛？

答：燃气—蒸汽联合循环中使用的设备已经分别在各自的

单一循环动力机组上长期运行，可靠性高、开发费用低。

燃气轮机排气的温度可以作为蒸汽产生的热源，从而和蒸汽轮机循环良好搭配。

2-16　燃气-蒸汽轮机联合循环的常用性能指标是什么？

答：常用性能指标有：联合循环热效率和燃气轮机比功。联合循环热效率指通过燃气轮机获得的轴功与通过蒸汽轮机获得的轴功之和在加入系统的燃料热中所占有的比例。

2-17　影响实际循环效率的主要因素有哪些？

答：影响燃气轮机循环效率的主要因素有两个：温度比和压缩比。

2-18　什么是压缩比？

答：压缩比是指压气机出口压力与进口压力之比。

2-19　什么是温度比？

答：燃气轮机进口处温度与压气机进口处的温度之比。

2-20　什么是效率最佳压比？

答：联合循环使得效率达到最大值的压比值称为效率最佳压比。

2-21　什么是比功最佳压比？

答：联合循环使得比功达到最大值的压比值称为比功最大压比。

第二节　联合循环的类型

2-22　什么是有回热的燃气-蒸汽循环？

答：在燃气轮机燃烧室的进口前加一个回热换热器，利用燃气轮机的高温排气对进入燃烧室前的空气进行预加热，构成了回热循环。

2-23　绘制有回热的燃气-蒸汽循环的热力系统简图。

答：有回热的燃气-蒸汽循环的热力系统如图2-5所示。

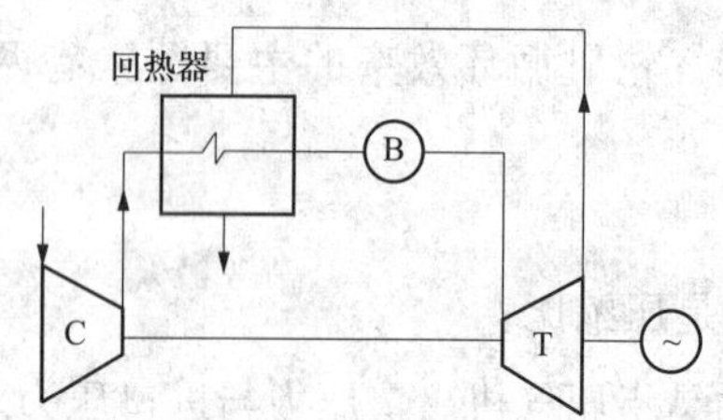

图2-5　有回热的燃气-蒸汽循环的热力系统

C—压气机；B—燃烧室；T—透平

2-24　什么是中间冷却燃气-蒸汽循环？

答：将燃气轮机的压气机分成高、低压两部分，在高低压压气机之间增加一个中间冷却器，利用水或其他介质冷却压气机流出的空气，并送入高压压气机，这种循环称为中间冷却燃气-蒸汽循环。

2-25　绘制中间冷却燃气-蒸汽循环系统图。

答：中间冷却燃气-蒸汽循环的热力系统如图2-6所示。

2-26　什么是有再热的燃气-蒸汽循环？

答：将燃气轮机分成高、低压两个部分，在高、低压透平

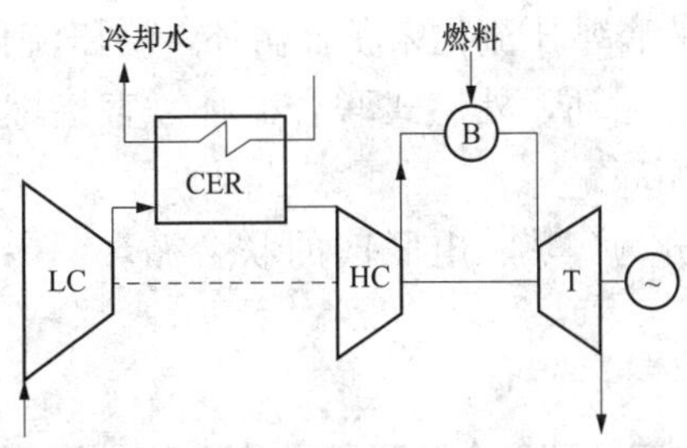

图 2-6　中间冷却燃气-蒸汽循环

LC—低压压气机；CER—中间冷却器；HC—高压压气机；B—燃烧室；T—透平

之间增加一个燃烧室，使得燃气流出高压透平，进入低压透平之前再次与燃料混合燃烧，称为有中间再热的燃气-蒸汽循环。

2-27　绘制有再热的燃气-蒸汽循环系统示意图。

答：有再热的燃气-蒸汽循环系统图如图 2-7 所示。

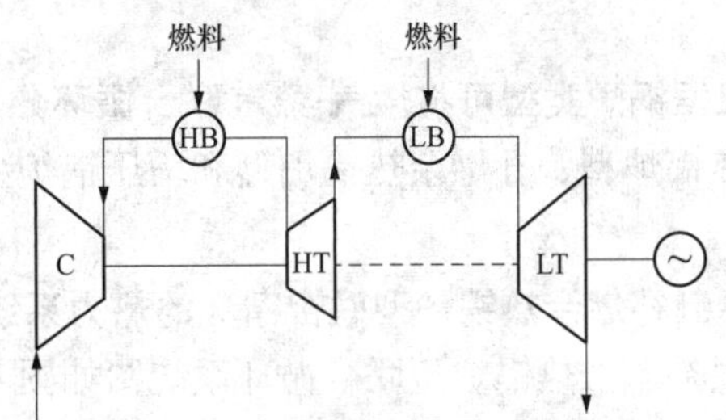

图 2-7　有再热的燃气-蒸汽循环系统

C—压气机；HB—高压燃烧室；LB—低压燃烧室；HT—高压透平；LT—低压透平

2-28　燃气-蒸汽联合循环的类型有哪些？

答：根据能量利用方式不同分为：余热锅炉型联合循环，补燃余热锅炉型联合循环，增压锅炉型联合循环，程氏循环，HAT 循环。

根据燃料不同分为：常规燃油（气）型联合循环，燃煤型联合循环，核能型联合循环。燃煤型联合循环按照煤的利用方式不同又可分为：常压流化床联合循环，增压流化床联合循环，蒸汽煤气化联合循环，外燃式联合循环，直接燃煤（煤粉或水煤浆）的联合循环。

按照用途分为：热、电联产的联合循环，冷、热、电三联供的联合循环。

2-29　余热锅炉型联合循环和补燃型余热锅炉的不同是什么？

答：补燃型余热锅炉需要在余热锅炉中加入一定燃料，利用燃气中剩余的氧气燃烧，从而提高余热锅炉效率以及蒸汽参数和流量。

2-30　什么是增压锅炉型联合循环？

答：增压型联合循环将产生燃气的燃烧室与产生蒸汽的锅炉合二为一，利用外置的锅炉省煤器回收燃气透平排气的余热。

2-31　根据锅炉类型可将燃气-蒸汽联合循环分为哪些类型？

答：余热锅炉型、补燃余热锅炉型和增压锅炉型。

2-32　绘制补燃余热锅炉型联合循环的热力系统图。

答：理想补燃余热锅炉型联合循环系统图如图 2-8 所示。

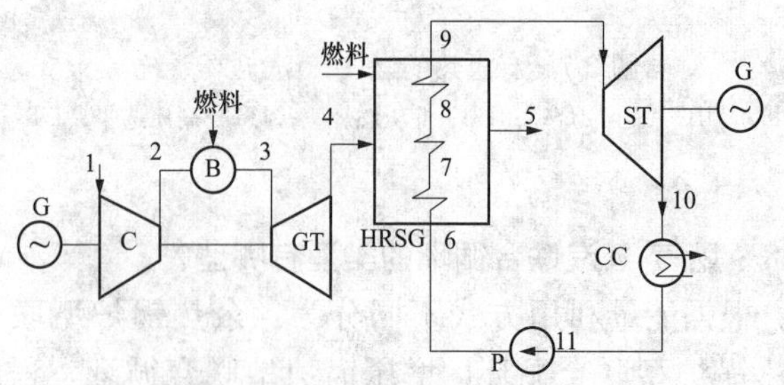

图 2-8　理想补燃余热锅炉型联合循环

C—压气机；B—燃烧室；GT—燃气透平；HRSG—余热锅炉；ST—汽轮机；CC—凝汽器；P—给水泵；G—发电机

2-33　简述图 2-8 所示的补燃余热锅炉型联合循环的热力过程。

答：1—2 空气在压气机中绝热压缩。

2—3 空气在燃烧室与燃料等压混合并燃烧。

3—4 燃气在燃气轮机中绝热膨胀做功。

4—5 燃气排至余热锅炉和补充的燃料燃烧释放热量定压加热给水。

6—7—8—9 给水在余热锅炉中定压吸热转化为过热蒸汽。

9—10 蒸汽在汽轮机中绝热膨胀。

10—11 汽轮机排汽在凝汽器中定压放热为水。

11—6 给水在水泵中被绝热压缩进入补燃余热锅炉。

2-34　简述补燃余热锅炉型联合循环的优缺点。

答：优点：在燃气轮机排气温度低的情况下，采用锅炉补燃来提高蒸汽参数和流量，从而增大机组容量，提高机组效率，改善机组变工况性能。

缺点：未能真正实现能量梯级利用，其中一部分热量只参与了蒸汽轮机循环。

2-35　绘制理想增压锅炉型联合循环的热力系统图。

答：理想增压锅炉型联合循环热力系统图如图 2-9 所示。

2-36　简述图 2-9 所示的理想增压锅炉型联合循环的热力过程。

答：1—2 空气在压气机中绝热压缩。

2—3 空气在增压锅炉中与燃料混合并燃烧，释放热量。

3—4 燃气在燃气轮机中绝热膨胀做功。

4—5 燃气排至省煤器，释放热量定压加热给水。

6—12 给水在省煤器中定压吸热。

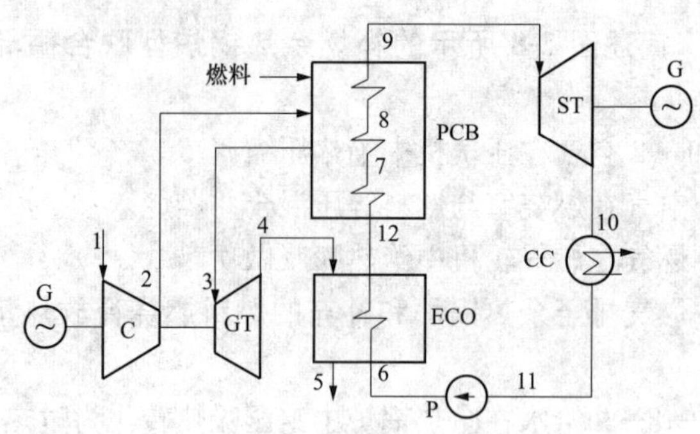

图 2-9　理想增压锅炉型联合循环热力系统

C—压气机；GT—燃气透平；PCB—增压锅炉；ECO—省煤器；

ST—汽轮机；CC—凝汽器；P—给水泵；G—发电机

12—7—8—9 在省煤器中被初步加热的给水进一步在增压锅炉中吸热变成水蒸气。

9—10 蒸汽在汽轮机中绝热膨胀。

10—11 汽轮机排汽在凝汽器中定压放热凝结成水。

11—6 给水在水泵中被绝热压缩进入省煤器。

2-37　简述理想增压锅炉型联合循环的优缺点。

答：优点：当燃气轮机排气温度较低时，利用增压锅炉来保证蒸汽参数和蒸汽流量，从而提高机组容量和效率。由于锅炉燃烧压力高，烟气流速快，故传热效率高，需要的锅炉尺寸小。

缺点：系统复杂，制造难度大，燃气轮机不能单独运行。

2-38　什么是 PFBC-CC?

答：增压流化床联合循环（Pressurized Fluidized Bed Combustion Combined Cycle，PFBC-CC），增压锅炉采用增压流化床锅炉。

2-39　什么是IGCC?

答: 整体煤气化联合循环（Integrated Gasification Combined Cycle，IGCC）。将煤在气化炉中气化成煤气，净化其中的灰分、硫化物、氮化物等有害物质，代替天然气供给燃气轮机。

2-40　IGCC怎样实现洁净煤发电?

答: 将煤在气化炉中气化成中热值或低热值煤气，通过处理，净化其中灰分、硫化物、氮化物等有害物质，代替天然气供给燃气-蒸汽联合循环。燃烧产物无飞尘，硫氧化物、氮氧化物、二氧化碳排放少，造成的污染问题小，实现了洁净燃煤发电。

2-41　绘制IGCC发电系统示意图?

答: IGCC发电系统示意图如图2-10所示。

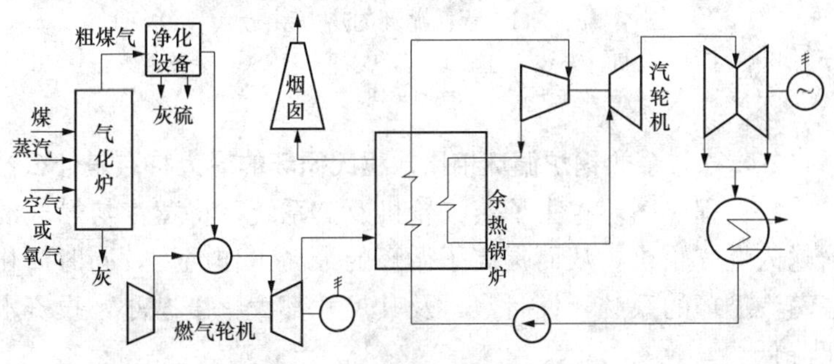

图2-10　IGCC发电系统

2-42　简述图2-10所示的IGCC热力过程。

答: 在气化炉获得的粗煤气经过净化设备脱硫脱灰后进入燃气轮机的燃烧室，与压气机送来的压缩空气混合燃烧变成燃气进入燃气轮机做功，燃气轮机排出的具有一定温度的燃气在余热锅炉将水加热成水蒸气进入蒸汽轮机膨胀做功，乏汽进入凝汽器凝结成水，由水泵送往余热锅炉完成蒸汽动力循环。

2-43　什么是程氏循环？

答：程氏循环又称双工质燃气轮机循环或并联型联合循环。

2-44　绘制程氏循环的热力系统图？

答：程氏循环的热力系统图如图 2-11 所示。

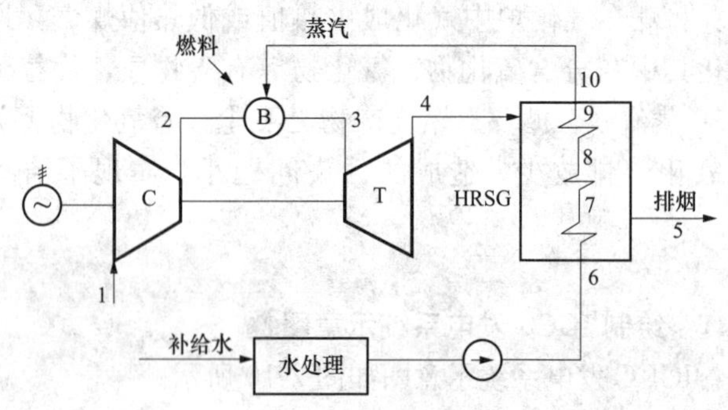

图 2-11　程氏循环的热力系统

C—压气机；B—燃烧室；T—燃气透平；HRSG—余热锅炉

2-45　与余热锅炉循环相比，程氏循环的最大特点是什么？

答：程氏循环省去了蒸汽轮机及其系统，将蒸汽与燃气混合送入燃气轮机，从而提高了循环的最高工作温度，同时简化了蒸汽循环的系统，设备数量及其尺寸都大幅度减小，投资水平降低。

缺点是燃气轮机排汽温度提高，同时补水量大大增加。

2-46　与采用空气回热的燃气轮机循环相比，程氏循环的特点是什么？

答：由于程氏循环采用蒸汽和燃气混合气体进入燃气轮机，蒸汽极易压缩，因此不再需要要求压气机进口温度低于透平的排气温度，故燃气轮机对压缩比的限制被取消，燃气轮机可以采用更高的压比，达到更高的效率。

2-47　简述程氏循环的优缺点。

答：优点：不需要尺寸庞大的汽轮机、凝汽器及其辅助设备，设备投资低；压比高、效率高、比功大；蒸汽注入燃烧室有利于降低火焰温度，二氧化氮排放量低；烟气含有水蒸气，传热系数高，锅炉换热效果好、效率高。

缺点：工质中含有大量蒸汽被排出，补水量大，需要庞大的水处理设备，浪费了水资源。

2-48　什么是 HAT 循环？绘制 HAT 循环的热力系统图。

答：HAT 循环即湿空气透平循环（Humid Air Turbine）。HAT 循环的热力系统图如图 2-12 所示。

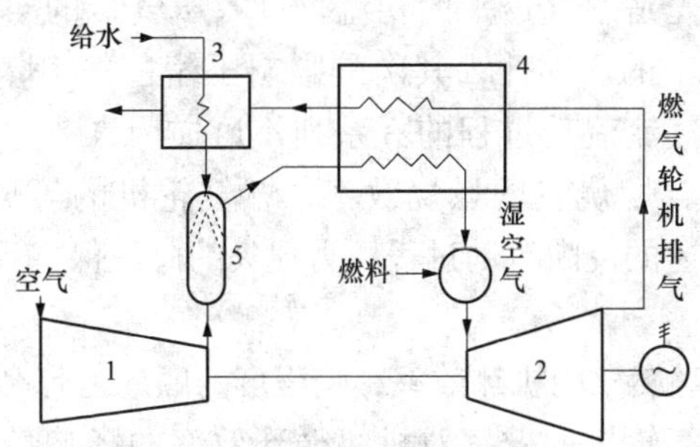

图 2-12　HAT 循环的热力系统

1—压气机；2—燃气透平；3—预热器；4—回热器；5—蒸发器

2-49　根据设备组合情况，热电联产的燃气-蒸汽联合循环类型有哪些？

答：分为：（1）燃气轮机＋余热锅炉＋背压式汽轮机。

（2）燃气轮机＋余热锅炉＋抽汽凝汽器式汽轮机。

（3）燃气轮机＋余热锅炉＋抽汽背压式汽轮机。

（4）燃气轮机＋余热锅炉。

其中，余热锅炉又可分为有补燃和不补燃两种。

2-50　什么是功热比？

答： 功热比又称功热系数，是联合循环机组供电量与供热量的比值。

2-51　热电联产燃气-蒸汽联合循环适用场合有哪些？

答： 油田、海上石油平台、炼油厂、大型钢铁企业、化工企业等。这些场合或企业具有自制或生产的廉价且适于燃气轮机使用的燃料，如渣油、高炉煤气等，也具有稳定的电力和热力需求，采用联合循环经济效益好，且可以改善环境污染问题。

2-52　影响燃气轮机性能指标的因素有哪些？

答： 首先是燃气透平的初温，进入压气机的空气温度、空气在压气机中的压缩比；其次是影响压缩过程、燃烧过程、膨胀过程以及气流流动过程的一系列不可逆因素，如压气机的等熵压缩效率、燃烧室的燃烧效率、燃气轮机的等熵膨胀效率，以及前面所述的反映流动过程压力损失的总压保持系数等。

2-53　对燃气轮机热效率影响程度的顺序是什么？

答： 燃气轮机的效率对机组循环效率的影响最大，压气机效率的影响次之，流动损失的综合参数的影响更次之，其后则是温度比（$T_3 * / T_a$）和燃烧效率的影响。

2-54　燃气轮机初温的定义方法？

答： 有三种定义方法：

（1）燃烧室的出口温度。

（2）燃气轮机第一级喷嘴环后的燃气温度。

（3）以进入燃气透平所有空气流量计算的平均温度。

2-55　GE公司对燃气轮机初温定义采用哪种方法？

答： GE公司对燃气轮机初温的定义为燃气轮机第一级喷嘴出口处的燃气平均温度。

2-56　大气温度对简单循环和联合循环的功率与效率有影响的原因是什么？

答： 随着大气温度的升高，空气的密度变小，致使吸入压气机的空气质量流量减少，机组的作功能力变小。压气机的耗功量与吸入的空气的热力学温度成正比，即大气温度升高时，燃气轮机的净出力减少。当大气温度升高时，即使机组的转速和燃气轮机前的燃气初温保持恒定，压气机的压缩比仍将有所下降，这将导致燃气轮机作功量减少而燃气轮机的排气温度却有所增高。

2-57　余热锅炉型燃气-蒸汽联合循环具有哪些优点？

答：（1）供电效率高。

（2）投资费用低。

（3）建设周期短。

（4）用地、用水少。

（5）运行高度自动化，便于启停。

（6）运行的可用率高。

（7）污染排放量少。

2-58　联合循环机组和常规蒸汽循环机组的汽水系统的差别主要体现在哪里？

答： 常规蒸汽动力循环机组设有多级给水加热系统，利用汽轮机的抽汽将给水加热到较高温度，从而提高工质在锅炉内的平均吸热温度，提高循环热效率。常规蒸汽动力循环设有高压除氧器。

联合循环机组一般不设给水加热系统，给水温度较低以吸收余热锅炉内烟气余热。联合循环除氧器通常与余热锅炉或凝汽器合为一体，工作压力较低。

2-59 燃气-蒸汽轮机联合循环中对应的损失有哪些？

答：汽轮机机械与电气损失，余热锅炉辐射散热损失，锅炉排烟损失，燃气轮机机械与电气损失，凝汽损失。

2-60 对于余热锅炉型联合循环，试分析燃气轮机、汽轮机和余热锅炉效率对循环的影响。

答：三个设备互相影响，互相制约，一个部件工作情况变化会影响另外两个设备。其中，燃气轮机的循环效率对联合循环影响最大，汽轮机和余热锅炉的影响基本相同。

2-61 简述制天然气、空气和燃气的流程。

答：天然气的流程为：天然气——天然气站——天然气调压站——天然气前置模块——燃气模块——燃烧室

空气的流程为：空气——进气室——压气机——燃烧室

燃气的流程为天然气与空气混合燃烧后的燃气——燃气轮机——余热锅炉——烟囱——大气

2-62 说明联合循环燃气流程中各设备的作用。

答：调压站：对天然气进行过滤和压力调整；

天然气前置模块：对天然气进一步过滤和加热；

燃气模块：对天然气的流量控制和分配进入燃烧室；

空气进气室：对负压吸入的空气进行过滤；

压气机：压缩空气并使得空气温度进一步上升；

燃烧室：空气和燃气混合燃烧产生高温烟气；

燃气透平：高温烟气进入燃气轮机膨胀做功；

余热锅炉：回收燃气轮机排气的热量加热汽水；

烟囱：将排气排往大气。

2-63　绘制燃气轮机循环机组的汽水流程图。

答： 燃气轮机循环机组的汽水流程图如图 2-13 所示。

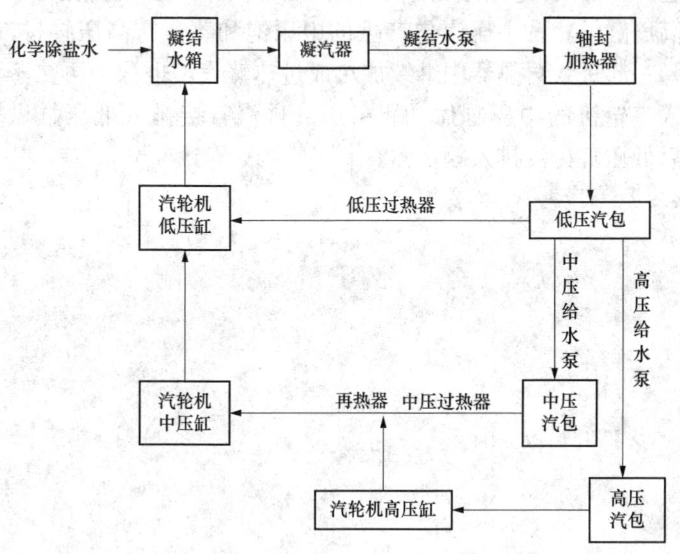

图 2-13　燃气轮机循环机组的汽水流程图

2-64　说明燃气轮机联合循环汽水流程中工质系统流程及各主要设备的作用。

答： 经过电厂化学水处理后的除盐水送往凝结水箱，凝结水箱用来储存除盐水，在汽水系统需要补水时将水输送到凝汽器中。

凝汽器的主要作用是将低压缸的排汽凝结成水，同时由凝结水泵将凝结水通过轴封加热器，低压省煤器送往低压汽包。轴封加热器利用汽轮机的轴封漏汽加热凝结水，同时轴封漏汽凝结成水，被回收。

凝结水进入低压汽包后，成为低压炉水，在锅炉吸收热量后，部分变成饱和蒸汽，在低压汽包中汽水分离，低压蒸汽进入低压过热器，另有部分炉水通过中压给水泵、高压给水泵分别送往中压汽包和高压汽包。低压饱和蒸汽在低压过热器中继续吸收热量成为低压过热蒸汽，进入汽轮机低压缸做功；高压汽包产生的高压蒸汽经过高压过热器，成为高压过热蒸汽，进入高压缸做功；中压汽包产生的中压饱和蒸汽与高压缸排汽汇合，一起进入再热器中继续加热成过热蒸汽，也称为再热蒸汽，进入汽轮机的中压缸做功。中压缸排汽直接排入低压缸做功，最后低压缸排汽排入凝汽器。

第二部分 燃气轮机及其辅助设备结构及工作原理

第三章

燃气轮机的整体结构

第一节　燃气轮机的整体布置

3-1　简述电厂燃气轮机的组装式快装机组。

答： 将压气机、燃烧室、透平等主机设备成套安装在一个公共底盘上，如图 3-1 所示，称为箱装式发电机组，具有轻、小、简便的优点。

箱装式燃气轮发电机组模块图如图 3-1 所示。

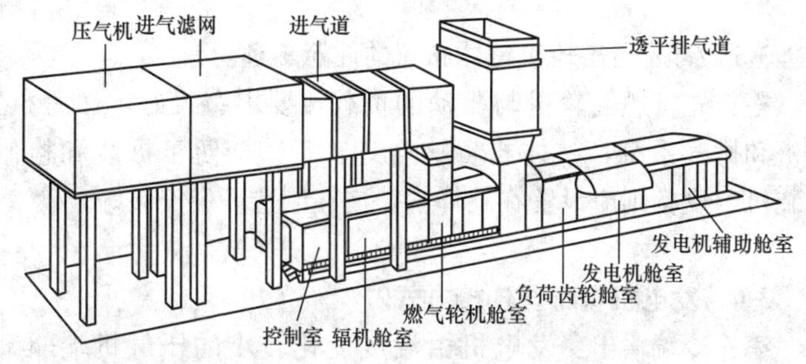

图 3-1　箱装式燃气轮发电机组模块图

3-2　标示图 3-2 所示的联合循环主要设备名称。

答： 联合循环主要设备名称如图所示。

3-3　燃气轮机的整体布置指什么？

答： 燃气轮机的整体布置指燃气轮机本体、进排气系统、辅机系统、被驱动设备及辅机等的布置。

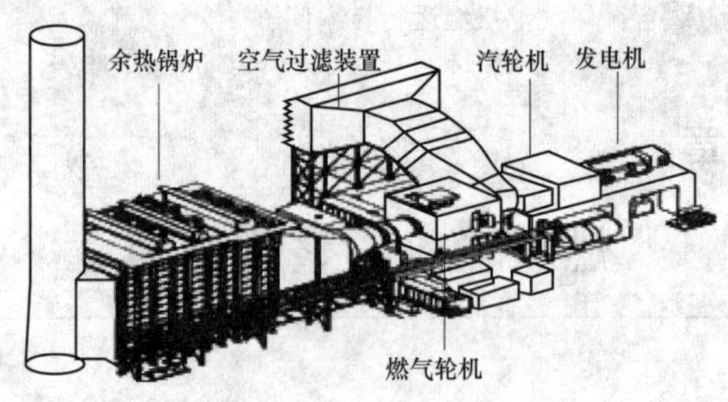

图 3-2 联合循环主要设备

3-4 燃气轮机整体结构布置的发展趋势是什么?

答: 将整个压气机和透平的转子连在一起组成转子和整体气缸，组合后的整体转子采用双支承的结构。尽量缩短转子的轴向尺寸，提高转子刚性。将压气机的高压端对着燃气透平高压端，缩短气流流程，平衡一部分压气机和透平的轴向推力。

3-5 简述燃气轮机整体布置的注意事项。

答: 先将燃气轮机与驱动的负载按要求布置好，然后布置辅机和排气系统，整体布置应合理、紧凑、便于拆装和检修。快装机组设备则应设置在箱体内，应在制造厂中安装好。

3-6 发电机有哪些连接方式?

答: 冷端输出：发电机由温度变化较小的压气机端驱动。如西门子和阿尔斯通（ALSTOM）的重型燃气轮机，通用电气（GE）公司的 E、F、FA 和 H 系列燃机。

热端输出：透平排气端连接发电机的方式。GE 公司的 MS 系列燃机。

3-7 什么是一拖一方案?

答: 由一台燃气轮机，一台余热锅炉和一台汽轮机组成的燃气轮机联合循环称为一拖一方案。

3-8　什么是二拖一方案？

答：由二台燃气轮机，二台余热锅炉和一台汽轮机组成的燃气轮机联合循环称为二拖一方案。

3-9　什么是三拖一方案？

答：由三台燃气轮机，三台余热锅炉和一台汽轮机组成的燃气轮机联合循环称为三拖一方案。

3-10　什么是单轴布置方案？

答：燃气轮机和汽轮机同轴布置，共配一台发电机的方式称为单轴方案。

3-11　试绘制分轴布置一拖一机组整体布置示意图。

答：分轴一拖一机组整体布置示意图如图 3-3 所示。

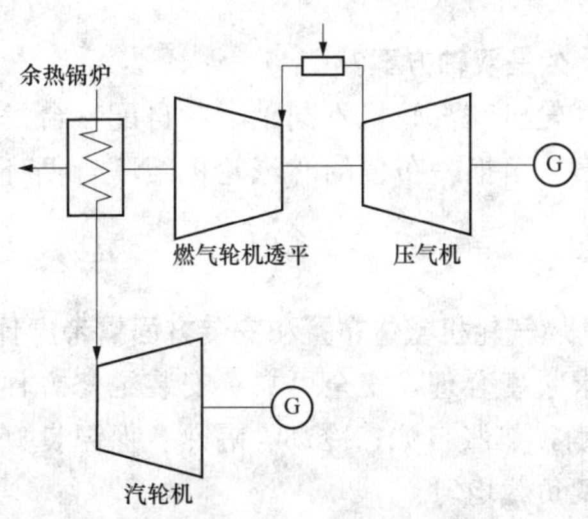

图 3-3　分轴一拖一机组整体布置示意图

3-12　试绘制分轴布置二拖一机组整体布置示意图。

答：分轴布置二拖一机组整体布置示意图如图 3-4 所示。

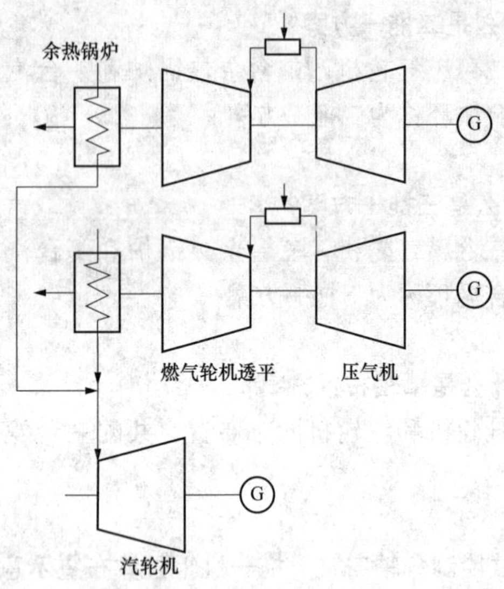

图 3-4　分轴布置二拖一机组整体布置示意图

3-13　什么是双轴方案？

答： 燃气轮机和汽轮机不同轴，各自配一台发电机的方式成为双轴方案。多拖一布置的燃汽轮机组联合循环只能采用双轴方案。

3-14　从燃气轮机整体布置和安装方面需考虑什么？

答： 力求紧凑合理，安全可靠、安装维修方便；所有部件的轴对中准确，热胀自如；冷却、隔热、保温良好；连接管道短、直，支架负载均匀。

第二节　转子的支承和定位

3-15　单轴燃气轮机常见的支承布置方案有哪些？

答：（1）双支点支承如图 3-5 所示。

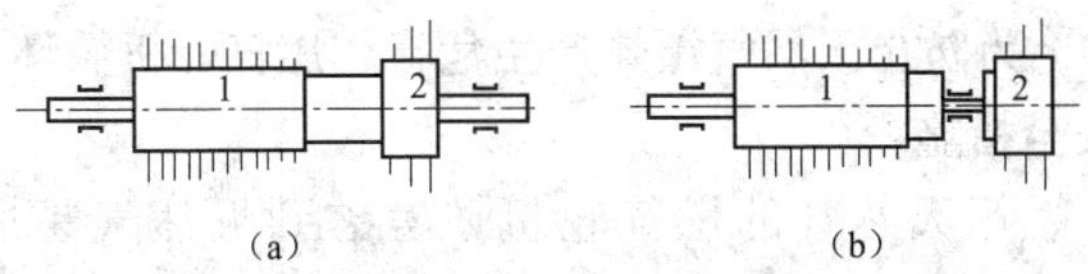

图 3-5　单轴燃气轮机常见的支承布置

(a) 外伸支承；(b) 悬臂支承

1—压气机；2—燃气透平

(2) 三支点支承如图 3-6 所示。

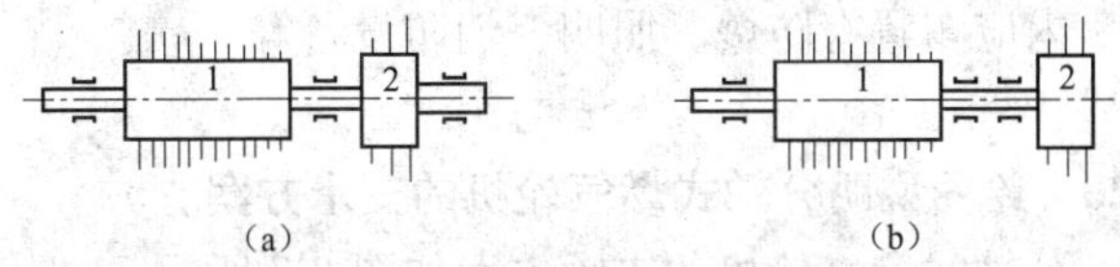

图 3-6　三支点支承布置示意图

(a) 压气机和透平之间加一个径向轴承；(b) 透平端悬臂的三支点支承

1—压气机；2—燃气透平

3-16　单轴燃气轮机为什么多采用双支点支承？

答：多支点支撑与双支点支撑相比对同心度的要求更高，但多支点支撑的轴承装配同心度误差大，对转子临界转速有影响，且轴承增多，使得轴系结构复杂，因此多支点支承应用不多，单轴燃气轮机多采用双支点支承。

3-17　简述燃气轮机循环的主要系统组成。

答：燃气轮机循环主要由进气系统、压气机、燃料模块、燃烧系统、燃气透平、排气系统、支承系统、天然气系统等组成。

3-18　为什么将燃气轮机布置在封闭的燃气轮机车间内？

答：燃气轮机布置在封闭的燃气轮机车间内，一是可以防止运行中燃气轮机高温部件受冷产生应力；二是可以防止泄露的天然气和高温烟气造成危害。

3-19 为防止天然气爆炸产生危害，燃气轮机循环机组应采用哪些安全措施?

答: 燃用天然气的燃气轮机，考虑到天然气易燃、易爆的特性，在厂房内及屋顶应布置有大量通风风扇和排风扇，天然气控制调节机构应布置在封闭的燃料模块中，燃料模块和燃机间相连，且有完善的漏气检测、保护及二氧化碳灭火装置。

燃机间应布置风机，将漏气抽吸排向屋顶。

厂房内应布置有防爆、照明、消防设备等。

3-20 绘图说明分轴式燃气轮机的支承方案。

答: 分轴式燃气轮机的支承方案如图 3-7 所示。

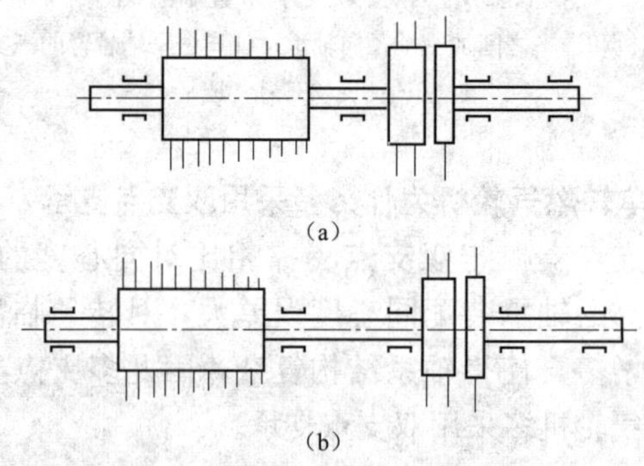

图 3-7 分轴式燃气轮机的支承

图 3-7（a）中转子各自支撑在两个轴承上，两个透平转子均采用悬臂支承；图 3-7（b）所示支承多一个支点，其余与（a）相同。

3-21 以 S109FA 燃气-蒸汽联合循环发电机组为例介绍单轴机组的整体布置情况。

答: S109FA 燃气-蒸汽联合循环发电机组，采用 GE 公司的 PG9351FA 型燃气轮机、D10 型蒸汽轮机和 390H 型发电机；

采用单轴室内布置，从左往右依次为燃气轮机、进气室、汽轮机高中压缸、汽轮机低压缸、发电机，轴系设备在12m高的运转层。燃气轮机布置在封闭的燃气轮机间内，进气室布置在室外。厂房内燃机车间均布置有大量风机。

3-22　简述燃气轮机装置单轴布置的优缺点。

答：优点：结构紧凑、占地面积小。缺点：燃气、蒸汽轮机必须同时启停，启动蒸汽轮机需要辅助蒸汽，因此需要配备启动锅炉，且机组启动扭矩较大，耗功多。

3-23　对燃气轮机整体固定的要求是什么？

答：（1）固定燃气轮机的支撑应该牢固稳定、振动小，能承受机组的重量、旋转倾覆力、轴向力、振动力等。

（2）机组前后两端的支撑应靠近轴承座，且尽量减小支撑间的轴向距离。

（3）保证机组热膨胀。

（4）保持机组中心不变。

（5）功率输出端的轴向热膨胀位移量应较小。

3-24　什么是机组死点？为什么要设置死点？

答：燃气轮机运行时，需保证机组中心线的位置保持不变，同时中心线上有一点的轴向位置应保持不变，此点即为死点。

为保证机组固定要求，需设置死点。

3-25　怎样实现机组的死点？

答：机组的死点靠燃气轮机的支撑结构与热膨胀导键相配合来实现。

3-26　如何选择死点的位置？

答：对于单轴机组，其绝对死点常设在温度较低的功率输出端的透平支撑上，以减少减速齿轮或输出端联轴器的热胀补偿。分轴机组的绝对死点设在低压动力透平端。

3-27 常见燃气轮机支撑结构有哪些？

答：常见燃气轮机支撑结构有支座支撑和弹性板支撑。

3-28 采用支座支撑应注意什么问题？

答：采用支座支撑时，支撑面处要允许滑动以保证汽缸自由热膨胀。

3-29 什么是弹性支撑板？

答：弹性支撑板是指能在机组的横向做弹性变形的板，上下采用铰链结构，弹性支撑板能绕铰链摆动，运行机组沿轴向和左右两侧自由热膨胀的同时弹性摇板在汽缸底部有纵向导键，保证机组中心不会左右偏斜。

3-30 机组采用支座和弹性板共同支撑时是怎么布置的？

答：当机组采用冷端输出功率时，会采用支座和弹性板共同支撑。冷端用支座支撑且为机组死点，热端用弹性板支撑。

3-31 为什么有些燃气轮机要设置辅助支撑？

答：当燃气轮机的两端支撑不足以保证机组刚性，或某处负重较重时（比如燃烧室与透平排气蜗壳），则要加装辅助支撑。

3-32 什么是导键？有哪些不同型式？

答：导键是燃气轮机可靠定位的重要零件，由键和键槽座组成。键在机组上，键槽座固定在底盘上。根据导键的不同方向分为纵键（轴向）、横键（左右方向）和竖键（垂直方向）。

3-33　燃气轮机设置底盘的作用是什么？为什么要设置底盘？

答：燃气轮机底盘用于支撑和固定燃气轮机。

设置底盘的好处有：

（1）便于机组装箱运输和工地安装。

（2）可以把某些辅机安装在底盘上，使得机组紧凑，减少工地安装工作。

（3）可以把润滑油箱做在底盘中，充分利用底盘占用的空间。

3-34　简述9E燃气轮机的整体支撑基础。

答：支撑燃机和进气室的基础通常为钢质框架结构，由钢柱和钢板制造组成。燃机基础框架由两个纵向法兰式承重梁及三个十字横梁组成，作为燃机安装的垂直支撑基础，钢密封平板焊接在框架的底部。在燃机基础的两侧，安装有起重用的吊耳、支撑及十字横梁。

3-35　简述9E燃气轮机透平的支撑。

答：9E燃气轮机在三个位置通过垂直支撑安装在基础之上，前支撑位于压气机前气缸的下半垂直法兰上；两个后支撑位于透平排气缸的左右两侧。

3-36　简述9E燃气轮机透平的前支撑。

答：前支撑是一挠性钢板，通过螺栓和定位销在基础前十字横梁处与燃气轮机基础相连，通过螺栓和定位销与压气机前气缸的前法兰连接，该支撑容许燃机轴向膨胀。

3-37　简述9E燃气轮机透平的后支撑。

答：后支撑为刚性的，安装在基础框架左右两侧的机械加工平板上，向上与透平排气框架的左右相连，该支撑容许燃气轮机径向膨胀，但控制了机组的水平中心的轴向和垂直位置，以确保缸体的正确对中，与透平支撑腿配套的销使其保持横销位置不变。

在左右支撑腿的内壁和外壁之间是水套，水套内提供的循环冷却水减小了该支撑的热膨胀，且有助于保持燃气轮机与发电机之间的对中。

3-38 简述燃气轮机支承上的凹型扁销和导向块的作用。

答：机械加工过的凹型扁销位于排气框架的下半部，扁销安装于焊接在透平基础后十字横梁的导向块内，扁销通过顶靠在其左右两侧的螺栓可靠地位于导向块内。此种扁销和导向块结构，防止了透平热膨胀时容许轴向和径向移动所产生地横向和旋转移动。

第三节 燃气轮机的轴承和轴承座

3-39 重型燃气轮机通常采用什么轴承?

答：重型燃气轮机通常采用滑动轴承。

3-40 简述径向轴承的作用和类型。

答：作用：支承转子，承受转子的径向力。

按结构分为：圆柱形轴承，椭圆轴承、多油楔轴承和可倾瓦轴承等。

3-41 简述圆柱形轴承的工作原理。

答：圆柱轴承的直径大于轴颈，轴颈旋转时，依靠润滑油的黏性。润滑油沿着轴颈表面油楔带流至轴承底部，形成油膜后将轴颈抬起，使得轴颈与轴承隔开，依靠液体摩擦保证轴颈安全可靠运行。

3-42　标注图 3-8 所示圆柱轴承中各处名称。

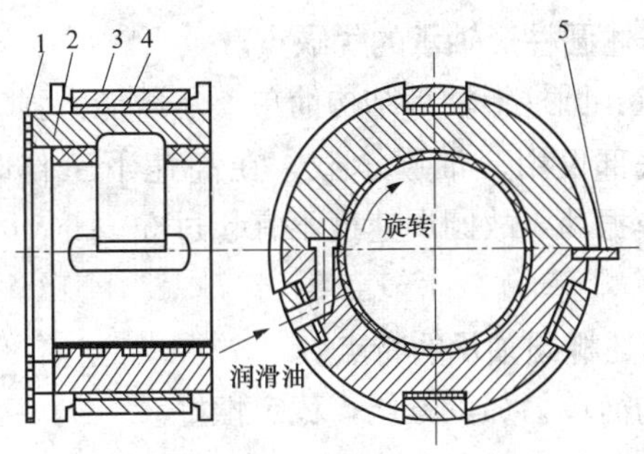

图 3-8　圆柱式轴承结构图

答: 1 为挡油板；2 为轴承；3 为垫块；4 为调整垫片；5 为止动圈。

3-43　简述图 3-8 所示滑动轴承的润滑过程。

答: 润滑油从左侧进油口流至水平分面处的腔室，依靠油压及轴颈旋转沿轴承上半中间的流道流至图中右侧，然后沿着油楔进入底部形成油膜。润滑油沿着圆周向运动的同时，也不断在轴承间隙中沿着轴向流动流出轴承。

3-44　如何保证转子和静子同心?

答: 轴承结构设置四块垫块和四块可调整垫片装在轴承座的内孔中，调整四块调整垫片的厚度，就可改变轴承中心。如果轴承未设垫块和可调整垫片，转子和静子的中心靠加工来保证，或者调整其他静子部件的中心来保证同心。

3-45　简述轴承止动圈的作用。

答: 轴承止动圈一端嵌在轴承上，另一端嵌在轴承座中，用来防止轴承沿周向运动。

3-46　简述圆柱形轴承的优缺点。

答：优点：圆柱形轴承结构简单，承载能力强。

缺点：底部仅用一油膜承载，在高速下工作时稳定性差，容易发生油膜振荡，故圆周速度不宜超过 50～60m/s。

3-47　简述椭圆轴承的特点。

答：结构简单，加工方便，稳定性好。

椭圆轴承在上下部分均有油楔，轴颈旋转既能在底部形成油膜，承受转子向下的作用力；也能在上部形成油膜，承受转子向上的作用力。故椭圆轴承的抗振性优于圆柱形，高速稳定性也好。

3-48　简述多油楔轴承的特点。

答：多油楔轴承的承载能力差，但由于油楔数目多，可形成更多的油膜，故高速稳定性好。

3-49　什么是可倾瓦轴承？

答：在多油楔轴承的基础上将各个油楔部分的瓦块分隔开，分别支撑在支点上成为能活动的瓦块，可倾瓦结构图如图 3-9 所示。每个瓦块能摆动，自动调整至最佳位置。

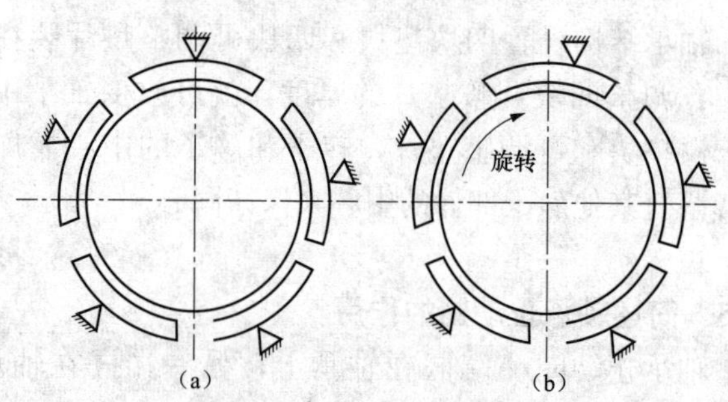

图 3-9　可倾瓦轴承结构图

3-50　根据图 3-9 所示可倾瓦结构图说明可倾瓦的类型。

答： 图 3-9（a）中轴瓦支点在瓦块中心，转子可以反转。

图 3-9（b）中轴瓦设偏心支点，约在轴瓦周向长度的 60％处，承载能力比中心质点轴瓦大 25％，但转子不能反转。

3-51　燃气轮机怎样平衡轴向推力？

答： 燃气轮机转子轴向推力示意图，如图 3-10 所示。

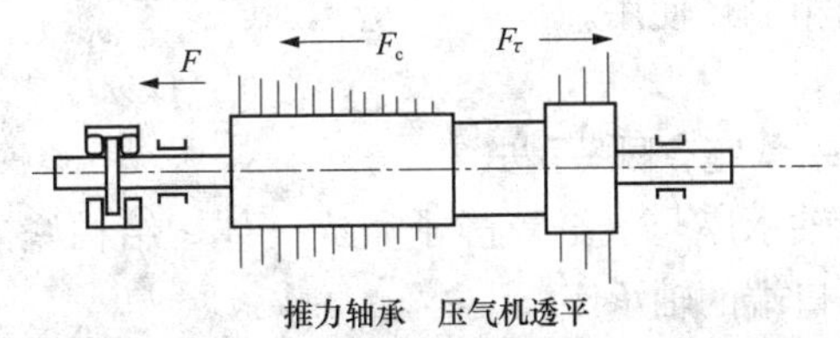

图 3-10　转子轴向推力示意图

平衡轴向推力的方法：

（1）压气机转子和透平转子反向布置。

（2）设置推力轴承承担剩余推力。

（3）改进压气机转子或透平转子的结构。

3-52　简述推力轴承的作用。

答： 抵消转子轴向推力，对转子进行定位。

3-53　简述推力瓦的作用。

答： 为防止机组在非稳态工况运行时转子中出现反向轴向推力，使得转子反向轴向移动，在推力轴承推力盘两侧设置推力瓦。其中承受轴向推力的一侧为主推力面，防止转子反向移动的另一侧称为副推力面。

3-54　什么是联合轴承？

答： 把推力轴承和径向轴承组合成一体，称为联合轴承。

3-55　什么是轴承座？

答：轴承座用来安装和固定轴承，把轴承所受的转子径向力及轴向力传至机组的外部静子。

3-56　轴承座应满足哪些要求？

答：轴承座应该有足够的刚度和强度，轴承座要使润滑油流至轴承来润滑和冷却轴承，并将润滑油汇集在轴承座底部，送回润滑油箱循环使用。

3-57　轴承座有哪些型式？

答：将轴承座与汽缸等静子做成一体，结构紧凑简单。例如压气机进口端的轴承座。

将轴承座放置在汽缸等静子的水平法兰上，如位于透平进排气端的轴承座。

3-58　标示图 3-11 所示放置在水平法兰上的轴承座的结构名称。

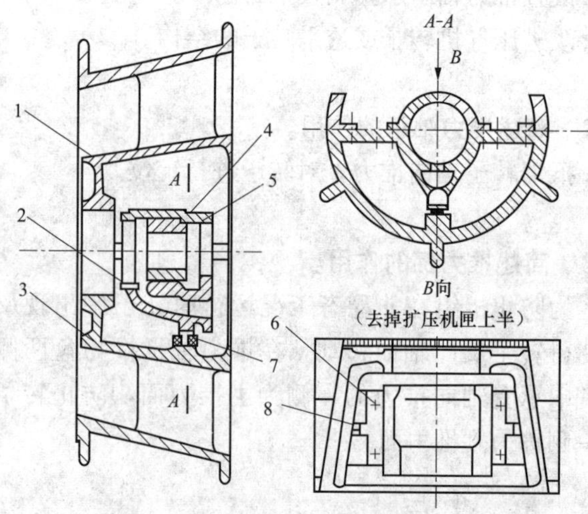

图 3-11　放置在水平法兰上的轴承座

答： 1 为透平扩压机匣上半；2 为轴承座；3 为透平扩压机匣下半；4 为轴承；5 为轴承座上盖；6 为筋骨螺栓；7 为纵向导键；8 为横向导键。

3-59　简述放置在水平法兰上的轴承座的支撑原理。

答： 该轴承座的下半放置在扩压机匣的水平中分法兰上，用四个螺栓压住。分别在轴承座底部与汽缸之间设置纵向导键，在水平中分法兰设置横向导键。轴承座搁置在水平法兰上，与纵向导键配合保持轴承与扩压机匣热对中。横向导键保证轴承的轴向位置固定，不左右倾斜。

3-60　如何将轴承座所受的力传至外部静子？

答：（1）在压气机进气端、排气端及透平排气端的轴承座上设置筋板。

（2）采用切向板。

3-61　简述轴承座密封的作用。

答：（1）当轴承座周围是大气时，防止润滑油漏出。

（2）当轴承座周围是高压气体时，减少周围气体的漏入。

3-62　什么是油封？简述油封的结构及密封原理。

答： 机组工作时，轴承座中充满油雾，润滑油从滑动轴承排出时，有一部分贴着轴的表面沿轴向流动。当轴承座周围是大气时，密封的作用是阻止油雾及沿轴向表面流动的润滑油漏出。该密封称为油封。

油封具有密封齿，依靠齿尖处小的径向间隙来减少油雾漏出。为保证密封效果，油封处直径比轴颈处略大形成台阶，并配以劈尖或凸环将油甩出。在油封的流道中，有 1～2 个空腔收集漏出的部分油，使之从空腔底部的小孔流回轴承座中。具体结构如图 3-12 所示。有些油封上设有构形槽如图 3-12（c）（d）

所示，称为挡油环，可收集壁上润滑油，使其流至底部，而不是直接滴在轴上增加封油效果。

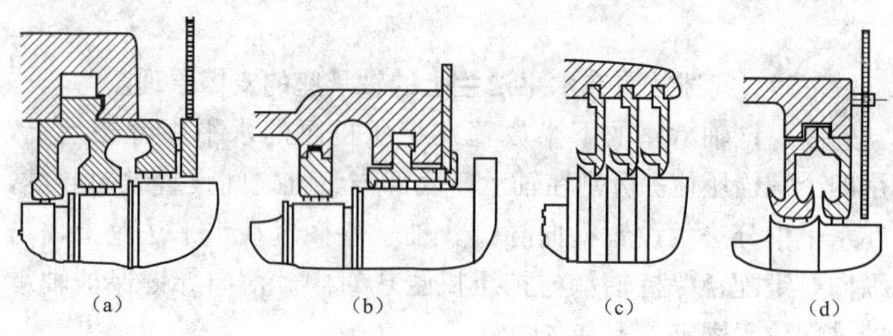

图 3-12　油封结构示意图

3-63　引气封气的油封如何工作?

答: 当轴承座要求有良好密封且不让润滑油漏出，以免发生火灾时，通常采用气封。引压气机中小股空气至油封的一个空腔，该压力高于轴承座中的压力，分成两股，一股经油封漏至大气，另一股经油封漏入轴承座，图 3-12（a）和（b）所示。如果轴承座的一端是进气机匣油封，油封应采用有封气的结构，避免润滑油漏入压气机造成叶片积垢。

3-64　什么是轴封的密封空气，作用是什么?

答: 当轴承座被压力较高而温度不太高的气体包围时，油封起到汽封的作用用以减少空气漏入；当轴承座周围的空气温度较高时，也应设法阻止高温气体漏入轴承座。通常解决的办法是从压气机引一股压力及温度均较低的空气来阻止高温气体漏入轴承座，该种引自压气机、压力温度较低的气体称为密封空气或缓冲空气。密封分为三段，缓冲空气分两股，均形成气封，一股密封内部润滑油，另一股被引出密封外部高温空气。

3-65　转子连接构架需考虑哪些因素？

答：转子是高速旋转的设备，故构成转子的各个零件需有足够的强度，各零件的连接也应牢固可靠，整个转子的工作转速需远离临界转速以免共振。

第四章

燃气轮机本体各部件结构

第一节　电厂燃气轮机结构

4-1　燃气轮机的设备组成及其作用是什么？

答： 燃气轮机主要由：压气机，燃烧室，透平（燃气轮机）三大主机组成。

各主机的作用是：

（1）压气机：对进气增压并驱动之进入燃烧系统。

（2）燃烧室：将压气机送来的压缩空气燃烧加热，增加工质的做功能力，增大比体积。

（3）透平：通过膨胀做功，将燃气的热能转变为对燃机大轴转动的机械能，带动发电机和压气机。

4-2　燃气轮机与压气机的区别是什么？

答：（1）作用不同。压气机将空气增压后送入燃烧系统，由燃气轮机驱动；燃烧后的燃气进入燃气轮机做功，发电并驱动压气机。

（2）结构不同。

1）压气机的级中，装有动叶栅的工作叶轮是放置在静止的静叶栅之前。但在燃气轮机中，情况恰好相反，静止的喷嘴（静叶栅）则是放置在工作叶轮之前。

2）压气机的级数要比燃气轮机多得多，其叶片的高度是由前向后地越来越短，而燃气轮机则是越来越长。

3）压气机叶片的弯度比较小，而且显得比较薄，而燃气轮机的叶片则弯折很大，而且叶型的中间部分比较厚。

4）压气机中动叶栅和扩压静叶栅的通流面积做成渐扩性的，但是燃气轮机中喷嘴环和动叶栅是做成渐缩型的，即通流面积是逐渐收缩变小的。

5）在同一台燃气轮机上，燃气轮机和压气机的叶片的弯曲方向是彼此相反的。燃气轮机中动叶片的旋转方向是从叶腹指向叶背，在压气机中动叶片的旋转方向则从叶背指向叶腹的。

4-3 燃机燃用轻油和重油有什么不同?

答: 燃用轻油时额定出力比燃用重油出力大；燃用重油后，因重油中的钒含量较高，为防止腐蚀叶片，而加入抑钒剂（镁基或镍基）后，存在生成钒酸镁熔点的问题，因此应相应调低燃烧温度。

4-4 对轴流式燃气轮机的性能有哪些要求?

答:（1）提高燃气轮机的燃气初温。

（2）改善燃气透平的效率。

（3）在保证燃气轮机效率的前提下，增高透平的膨胀比，以适应高效、大功率燃气轮机中压气机的压缩比不断增大的需要，力求燃气轮机的级数不至于过多。

（4）增大通流能力，以适应大功率燃气轮机中空气流量不断增大的需要。

（5）结构的紧凑型和耐用型透平部件应便于制造。

4-5 燃气透平配置了哪些保护?

答: 超速保护、（排气）超温保护、振动保护、熄火保护、燃烧监测保护等。

4-6　引起燃气轮机爆燃的原因有哪些？怎样预防燃气轮机爆燃？

答：引起燃气轮机爆燃的原因有：燃机烧重油下遮断、截止阀漏油、启动点火失败等，在燃烧室，透平框架或排气室有积油下，也会爆燃。

预防爆燃的方法有：

（1）启机前要执行清吹程序。

（2）当燃机烧重油下遮断、单向阀漏油、启动点火失败时，要打开排气室底部排放阀，清吹，要进行充油操作，并注意单向阀前压力。

4-7　电子超速保护的作用是什么？

答：燃气轮机在高速运转时转动部件的工作应力和转速密切相关，如果超速会导致燃气轮机设备的严重损坏。装设电子超速保护，就是当燃气轮机转速超过一定限度时动作，迅速切断燃气轮机的燃料，使其停止运转。

4-8　超温保护的作用是什么？

答：超温保护系统保护燃气轮机因过热而发生损害、燃气轮机故障轻则会使透平叶片的寿命下降，重则会致使透平叶片烧毁，为防止此类故障造成的严重后果，因此设超温保护后备系统，仅在温控回路发生故障时起作用。

4-9　振动传感器的类型有哪些？

答：振动传感器分为：电磁式传感器也称速度传感器；接近式传感器也称位移传感器。

4-10　振动对燃气轮机的影响有哪些？

答：影响有：①振动较大有可能使压气机或透平的叶片产生断裂或使其和外壳发生碰撞，给机组带来重大事故；②对电子测速元件的影响，引起转速控制系统的失准和超速保护实际动作转速升高；③振动对危急遮断器的影响，会出现危急遮断器误动作。

4-11　简述燃烧监测保护的必要性。

答： 燃气轮机为了提高效率，透平前温度的数值越来越高，机组在较高的透平前温度下运转，燃烧室或过渡段等部件难免会出现破裂等各种故障。这些高温部件只能采用测试透平排气温度和压气机排气温度的间接检测方法来判断高温部件的工作是否正常。

当燃料分配器故障引起各燃烧室的温度不均匀，以及燃烧室破裂、燃烧室不正常或过渡段破裂引起透平进口温度场不均匀，都会引起透平的进口流场和排气温度流场的严重不均匀，严重威胁着燃机的安全运行、损坏设备，因此对其进行燃烧监测十分必要。

4-12　什么是热悬挂？应如何克服？

答： 热悬挂简称热挂，是燃气轮机在启动过程中可能发生的一种故障。热挂发生在启动机脱扣后，机组转速停止上升，运行声响异常，倘若继续增大燃料供给量，燃气透平前温度随之升高，但机组转速却不能上升，甚至反而呈现下降趋势，导致启动失败。

产生热挂现象的主要原因是启动过程线靠近压气机喘振边界线。发生热挂时的正确措施是适当减少燃气供给量。为避免出现该情况，应减慢燃料供给量的增加速率，减慢启动过程，在可能时还可适当提高启动机的脱扣转速。

4-13　进气压损和排气压损对燃机有什么影响？

答： 进气压损使压气机进口压力低于大气压，在保持压气机出力不变时，压气机耗功增加，导致机组效率下降；排气压损使透平排气压力升高，减少了透平中膨胀比，透平出力下降，导致机组功率和效率下降。

4-14　IGV 是什么？燃气轮机 IGV 的作用有哪些？投入 IGV 温控对燃气轮机和汽轮机分别有什么影响？

答： IGV 是指压气机可转进口导叶。

燃气轮机的 IGV 可以在启停过程中起防止喘振的作用，还可以进行 IGV 温控。

IGV 温控就是通过关闭 IGV 的角度，减少进入压气机的空气量，从而提高燃机排气温度。投入 IGV 温控，燃气轮机的空气量减少，排气温度升高。对汽轮机来说，可以保证汽轮机维持较高的出力，从而提高了整个联合循环的效率。

4-15　简述 IGV 温控的作用。

答： IGV 温控是指通过对 IGV 角度的控制实现对燃气轮机排气温度的控制。

在联合循环机组中，为保证余热锅炉的正常工作和最理想的效率，要求燃气轮机排气温度处于恒定的、比较高的温度值。因此，燃气轮机在部分负荷运行时要适当关小 IGV，相应减少空气流量以维持较高的排气温度。其结果是燃气轮机的效率基本不变而提高了锅炉和汽轮机的效率，使联合循环的总效率得到提高。

4-16　FSR 是什么？FSRT 温控的作用是什么？

答： FSR 指燃气轮机输出功率控制。

FSRT 温控的作用有：

（1）使透平初温达到设计值，提高透平的效率。

（2）FSRT 为燃气轮机设置了运行工况的上限，防止透平入口超温。

4-17　9E 燃气轮机透平的组成及各部件的功能是什么?

答: 9E 燃气轮机透平由轴流式透平、3 个膨胀级组成。一组喷嘴与其后的一组动叶组成透平的一个膨胀级；在喷嘴中主要完成工质的膨胀过程，实现热能向动能的转换过程，工质在喷嘴中温度降低，压力降低，流速增加，完成焓降的过程，工质的动能增加；在透平动叶中，主要完成由动能向机械能的转换过程，工质速度下降，压力下降，根据透平的反动度不同，温度有小幅的下降。

4-18　说明 PG9171E 型燃气轮机型号中各参数的意义。

答: PG（PACKAGE GENERATOR）指箱装式发电设备。

9 表示设备系列号，即 9000 系列机组。

17 表示机组大致的额定出力大小（万瓦特），即：17 万 W，约：12.5 万 kW。

1 表示单轴机组。

E 表示燃气轮机的型号，即系列中的 E 型。

4-19　燃气透平的作用是什么?

答: 透平将压气机和燃烧部分产生的高温高压燃气的热能转换成机械能。

4-20　9E 燃气轮机透平部分主要包括哪些设备?

答: 9E 燃气轮机透平部分主要包括：燃机转子，透平缸体，排气框架，排气扩压器，喷嘴及隔板，静态的护环和 3 号轴瓦组件。

4-21　简述 9E 燃气轮机透平转子的结构。

答: 9E 燃气轮机透平转子组件由前短轴，第一，二，三级透平轮盘及动叶，两级透平隔板和后短轴组成。

中心的控制是由透平轮盘，隔板和短轴上配对的槽口获得的。透平转子部件由 12 根拉杆螺栓连接在一起。在转子组件动平衡时，为了获得最小不平衡量，在组装期间，应进行精选转子部件位置的工作。

透平前短轴从透平第一级轮盘一直延伸到压气机转子组件的后法兰，2 号轴瓦的轴颈就是该短轴的一部分。后短轴将透平第三级轮盘与负荷联轴节相连，该短轴包含 3 号轴瓦的轴颈。

在透平第一级和第二级轮盘，第二级和第三级轮盘之间的隔板为各单独的轮盘提供轴向隔离，隔板表面含有冷却空气流道的径向槽，用于级间密封的迷宫式组件位于各级轮间隔板和二、三级喷嘴的隔板上。

4-22　简述 9E 燃气轮机透平的动叶特点。

答：9E 燃气轮机透平动叶从第一级到第三级的叶高逐渐增加。第一级、第二级动叶由内部的冷却空气流冷却。冷却空气通过位于动叶的燕尾式叶根部所开的冷却空气孔流入每一动叶叶片的内部，冷却空气通过一系列的径向冷却空气孔流出，排放到动叶叶尖的燃气通道中。第三级动叶没有冷却空气孔。第二级和第三级动叶叶顶上具有连接动叶与动叶之间的围带，有利于振动的削弱，安装的密封齿减少了叶顶的气流损失。

透平第三级动叶通过与透平转子轮盘上开口直通配合轴向进入，多梯级的燕尾形叶根和透平轮盘相连接，叶片通过叶柄与燕尾形叶根相连，这些叶柄使动叶或轮盘连接处与高温燃气保持必要的有效间距，从而降低了燕尾形叶根的温度。燃机转子组件布置成在无需拆卸隔板，短轴组件的情况下能够更换动叶叶片，动叶经过精确的排序编号，使得叶片的更换在无需转子组件重新平衡的情况下进行。

4-23　9E 燃气轮机透平是如何进行冷却的？

答：透平转子是通过一定流量的、相对与热通道燃气温度较低的压气机抽气来冷却的。压气机 17 级前的抽气通过转子中心孔，用于第一级和第二级动叶、第二级后和第三级前的转子轮间的冷却，这些抽气亦使透平轮盘、透平隔板和透平大轴保持接近压气机的排气温度，确保轮盘的使用寿命。第一级前轮间是由流过压气机转子后端的压气机排气来冷却的。第一级后端轮间和第二级前端轮间是由流过一级护环，然后进入第二级喷嘴叶片的压气机排气来冷却的。第三级后端轮间是由冷却排气框架的冷却空气来冷却。

4-24　简述 9E 燃气轮机透平静子的结构。

答：透平缸体和排气框架形成了 9E 燃气轮机静子结构的主要部分。透平喷嘴、复环和排气扩压器构成了静子部件的内部支撑。

4-25　简述 9E 燃气轮机透平缸体的结构和作用。

答：透平缸体控制了复环和喷嘴的轴向和径向位置，也就控制了透平动静之间的间隙和相互位置，这些间隙对于燃机的运行性能是至关重要的。另外，透平缸体上还提供了动叶和喷嘴的涡电流探针孔（用于轮机温度测量等），喷嘴蠕变偏移孔和孔探孔。透平缸体是由两个马达驱动的外部冷却风机冷却的，风机的冷却空气引入到排气框架，在排放之前，一部分通过一系列轴向孔排放到透平轮机间。

4-26　简述 9E 燃气轮机透平喷嘴的结构和作用。

答：在透平部分有三级静态喷嘴。在经过这些喷嘴时，因燃气的压力有较大的降低，所以在喷嘴的内径和外径处都有密封侧壁以防止能量损失。

第一级喷嘴由18个铸造的喷嘴扇形块组成，每个扇形块包含2个叶片，由压气机的排气冷却，在每个叶片内插一芯堵以提高冷却效果。扇形块的外缘包含在水平中分固定环内。固定环保持位于缸体的中心，且容许有由于温度变化产生的径向位移。扇形块的内缘部分插入在轴向安装固定于压气机排气缸内法兰内边上的支撑环内，该支撑环容许扇形块有径向的膨胀。

第二级喷嘴也是由压气机排气来冷却的，在每个叶片内插一芯堵以提高冷却效果。该级喷嘴由16个铸造的喷嘴扇形块组成，每组包含3个叶片，喷嘴扇形块由一级和二级复环固定并通过喷嘴处外缸的径向孔插入，径向插入径向定位销定位成环形位置。

第三级喷嘴包含16个铸造的喷嘴扇形块，每组包含4个叶片，三级喷嘴和二级喷嘴以相同的方式固定在透平的复环上。

4-27　简述9E燃气轮机透平喷嘴隔板的结构和作用。

答：连接在第二级和第三级喷嘴扇形块内径上的是喷嘴隔板，喷嘴隔板防止了喷嘴内侧和透平转子之间的空气泄漏。高、低型的迷宫式密封齿机械加工在隔板的内径上，与透平转子上相反的密封齿配对。为了保持低的级间损失，静止部件（隔板和喷嘴）和转子之间保持应最小的间隙，以提高透平的膨胀效率。

4-28　简述9E燃气轮机透平复环的结构和作用。

答：透平动叶叶尖直接在复环的静态圆环型扇形块上转动。透平复环的基本作用是提供圆筒形表面以降低动叶叶尖泄漏，在高温燃气和温度比较低的缸体之间提供高温隔热。通过透平复环的功能，缸体的冷却负荷急剧减小，缸体的直径得到了控制，缸体的圆度得以保持，也确保了透平间隙。复环扇形块通过缸体上的径向定位销保持圆环形位置，复环扇形块之间的接口是通过相互连接得凸槽和凹槽密封的。

4-29　简述 9E 燃气轮机透平排气框架的结构和作用。

答： 排气框架与透平缸的后法兰由螺栓连接。在结构上，排气框架是由通过径向支板相互连接的一个外缸和一个内缸组成的。3 号轴瓦由排气框架的内缸支撑，排气扩压器位于排气框架的内缸和外缸之间。来自透平的第三级排气进入排气扩压器后因为扩压流速降低，而压力提高。在排气扩压器的出口，导向叶片使排器径向导入排气室。排气框架是由箱体外的马达驱动的风机提供的冷却空气的一部分来冷却，在冷却排气框架外缸后一部分流入透平缸，其余的流向径向支板，该冷却空气进入排气框架内缸后一部分流进三级后端轮间的空间内，另一部分流过排气框架内缸后通过负荷箱间排放到大气中。

4-30　9E 燃气轮机透平采用的轴瓦是什么类型的，有何特点？

答： 9E 燃气轮机透平包含三个用于支撑燃机转子的主轴颈轴瓦，燃气轮机也包括保持转子-静子轴向位置的推力轴瓦，该轴瓦组件位于三个轴承箱内：一个位于进口，另一个位于压气机排气缸，还有一个位于排气框架。所有的轴瓦是由滑油系统供给的滑油润滑的，滑油流入各支路进入每一轴承箱的入口。

轴瓦型式有：

（1）1 号轴颈轴瓦为椭圆式。推力轴瓦为斜垫自找中式（自调整）；副推力轴瓦为斜垫式；

（2）2 号轴颈轴瓦为椭圆式。

（3）3 号轴颈轴瓦为斜垫式。

4-31　9E 燃气轮机透平 1 号轴瓦有什么特点？

答： 1 号轴瓦组件位于进气缸组件的中心，包括 3 个轴瓦：主推力瓦、副推力瓦和轴颈轴瓦。此外还包括油浮动密封环、迷宫式密封和安装轴瓦部件的轴承箱，这些部件和轴承箱用止动销键固定防止其转动，轴承箱是一个单独的铸件。

1号轴瓦组件由进气缸的内缸支撑在其中心线上，该支撑包括水平凸缘和底部中心线上的轴向键。在不用拆卸进气缸上半缸的情况下，轴承箱的上半部可以拆卸用于轴承的检查。轴承组件的下半瓦支撑压气机转子的前短轴。

在轴承箱两端的迷宫式密封是由压气机第5级的抽气加压密封的（约0.1MPa）；在推力轴瓦腔前端的浮动密封环和双迷宫式密封是用于获取润滑油和限制空气进入腔室中。后端的迷宫式密封是避免滑油泄漏入压气机。

4-32　9E燃气轮机透平2号轴瓦有什么特点？

答： 2号轴瓦组件由压气机排气缸的内缸支撑在其中心线上，该支撑包括水平凸缘和底部中心线上的轴向键，保证当有温差所产生的相对移动时轴瓦仍位于压气机排气缸中心。轴承组件的下半瓦支撑透平转子的前轮轴，该组件还包括轴承箱两端的三个迷宫式密封。2号轴瓦位于压气机和透平之间的一个加压密封空间内，空气通过轴承箱两端的迷宫式的密封外侧的泄漏，在其他两个密封之间的空间是由压气机第5级抽气密封的，从两侧来的空气流入与轴承箱顶部相连的管道，排放到机组外面。

排污处放气管与滑油箱相连、中间的迷宫式密封防止热空气泄漏域滑油混合，热空气与冷空气的混合物通过与轴承箱顶部相连的外部管道排放到机组外。

4-33　9E燃气轮机透平3号轴瓦有什么特点？

答： 3号轴瓦组件位于透平轴后端的排气框架组件中心内，该轴瓦由一个斜垫式轴瓦、5个迷宫式密封和一个轴承箱组成。单独的垫块组装起来以便在轴瓦表面和每一垫块之间形成收敛通道，这些收敛通道在垫块的下面形成高压油膜，在轴瓦表面产生平衡载荷或吸附效应，吸附作用有助于保持油的稳定。因为这些垫块是点支撑的，所以热块在两个方向上能自由运动，使得热块能够承受两个方向的偏差和一定倾斜角度的轴不对称。

斜垫式轴瓦由两个主要部件：垫块和固定环组成。固定环用于定位和支撑垫块。斜垫式轴瓦是水平中分的，包括垫块支撑销、调整垫片，供油孔板和回油密封。支撑销和调整垫片用于传送垫块表面产生的载荷和设定轴瓦的间隙。防转销使轴瓦定位在其轴承箱内，用于防止轴瓦随轴一起转动。

4-34 9E 燃气轮机透平的 3 个轴瓦是怎样进行润滑的?

答: 3 个燃气轮机主轴瓦是由容积为 12500L 的润滑油箱提供的滑油压力润滑的。润滑油供油管线在实际中是与作为保护措施的润滑油回油管通道内部运行的。该过程参考双路管线，其基本原理是：在管线泄漏时，润滑油不会损失或喷洒在附近的设备上，消除了潜在的安全隐患。当润滑油进入轴承箱的入口时，润滑油流入轴承周围的环形空间，然后从环形空间流进轴瓦水平面的机械加工槽，最后流进轴瓦表面。迷宫式密封防止润滑油流体沿透平轴泄漏。

4-35 9E 燃气轮机透平轴瓦所用的油封的作用，是如何实现的?

答: 三个轴承箱的油封防止燃气轮机轴表面的滑油随轴离心力飞出。轴瓦的迷宫式密封和油封（齿式）组装在轴瓦组件的两端，对于轴瓦组件，滑油的控制是必要的。在燃气轮机轴上机械加工出光滑的表面，组装密封，以便在滑油和密封及轴之间存在很小的间隙，油封设计成两排密封，在其之间是环形空间，加压的密封空气进入这些环形空间，防止了润滑油沿轴蔓延扩散。加压空气中的一部分随滑油进入滑油箱，通过油气分离系统排出。

4-36　说明 109FA 机组的转子膨胀死点和汽缸膨胀死点的位置。

答：（1）转子膨胀死点位于推力轴承处（2 号轴承）。

（2）汽缸膨胀死点位于 5 号轴承处。

4-37　说明 109FA 机组轴承的编号和轴承类型。

答：从燃气轮机末端开始编号，机组各轴承分别为：T_1 和 T_2（燃机轴承）；T_3 和 T_4（高、中压汽轮机轴承）；T_5 和 T_6（汽轮机低压轴承）；T_7 和 T_8（发电机轴承）。

机组推力轴承位于压气机进气侧轴承处。推力轴承采用自对中和可倾瓦型的推力轴承；径向支承轴承：1～5 号轴承采用可倾瓦轴承，6～8 号轴承采用椭圆轴承。

第二节　压气机结构

4-38　什么是压气机的级？

答：级是压气机的基本工作单元，压气机的每一级由一列动叶栅和其后的一列静叶栅组成。

4-39　燃气轮机压气机进口可转导叶的作用是什么？

答：调整进口可转导叶（IGV）的开度；通过调整空气流量，调整燃气轮机透平排气温度和配合燃烧方式的切换；启动初期空气流量较小时，减小进口可转导叶的角度，可以防止压气机发生喘振。

4-40　描述压气机叶型特征的几何参数有哪些？

答：描述压气机叶型特征的几何参数有：

（1）叶型的型线，即叶型轮廓线。

（2）叶型的中弧线，连接叶型所有内切圆圆心的轨迹线。

（3）叶型的弦长，即弦线的长度。

（4）叶型的弯曲角。分别指入口角，即叶型的中弧线在进气侧的切线与弦长延伸线的夹角；出口角，即叶型的中弧线在出气侧的切线与弦长延伸线的夹角。

4-41　什么是叶栅?

答：多个同种叶型的叶片，按一定的间隔和规律排列在一起称为叶栅。

4-42　描述叶栅的主要几何参数有哪些?

答：描述叶栅的主要几何参数有：

（1）安装角。指弦线与圆周速度的夹角。

（2）栅距。两个相邻的叶型同位点沿着叶栅圆周方向的距离。

（3）叶栅的几何入口角和几何出口角。

4-43　什么是最大压比?

答：压气机的压比随着流量增大而增大，增大到最大值后又降低，故某一流量对应了一个压比最大值。

4-44　整个压气机分为几部分?

答：分为压气机进气缸、压气机缸和压气机排气缸三部分。

4-45　压气机的作用是什么?

答：实现燃气轮机热力循环中的空气压缩过程；连续不断的向燃烧室提供高压空气。

4-46　压气机损失有几种?

答：（1）内部损失。会引起压气机中空气的状态参数发生变化的能量损失。

（2）外部损失。只会增加拖动压气机工作的功率，但不影响气流状态参数的能量损失。

4-47 压气机内部损失有几种?

答: 压气机内部损失有：

（1）压气机通流部分发生的摩擦阻力损失和涡流损失，由型阻损失和端部损失两部分组成。

（2）径向间隙的漏气损失。

（3）级与级之间内气封的漏气损失。

（4）工作叶轮轮毂端面与气流的摩擦鼓风损失。

4-48 气流在压气机内的损失有哪些?

答:（1）摩擦损失。气体与通道壁面及气体微团之间的黏性摩擦引起的损失，局部超声速引起的激波损失也包括在内。

（2）漩涡损失。与气流流入叶栅的方向有关。在设计工况下气流流入叶栅的冲角小，撞击引起的漩涡损失也很小。当偏离设计工况时，漩涡损失随之增大。

4-49 压气机外部损失有几种?

答: 压气机外部损失有：

（1）损耗在径向轴承和止推轴承的机械摩擦损失。

（2）经过压气机高压侧轴端的外气封泄漏到外界去的漏气损失。

4-50 什么是喘振?

答: 当流进压气机的气流体积流量减少到某一个值后，压气机就不能稳定的工作，在压气机中空气的流量会强烈的脉动，压比也会随之上下波动，同时伴随有低频啸叫声，使压气机产生比较强烈的振动，该现象称为喘振。

4-51 设计时防止压气机喘振的措施有哪些?

答: 设计时防止压气机喘振的措施有:

(1) 在设计压气机时应合理选择各级之间流量系数的配合关系,力求扩大压气机稳定的工作范围。

(2) 在轴流式压气机的第一级或前面几级装设可转导叶。

(3) 在压气机通流部分某一个或几个截面上加装防喘放气阀。

(4) 合理的选择压气机的运行工况点,使压气机在满负荷下的运行点离压气机的喘振边界线有一定的安全裕量。

(5) 把一台高压比的压气机分解成两个压比较低的高、低压压气机,分别用两个转速可以独立变化的透平来带动,可以扩大高压比压气机的稳定工作范围。

4-52 什么是喘振边界线?

答: 当机组转速不同时,压气机发生喘振现象时所对应的最小流量的数量也不同,把不同转速的喘振点连成一条线,该线就是压气机能否进行稳定工作的边界线,称为喘振边界线。

4-53 简述轴流式压气机的级中空气增压的过程。

答: (1) 外界通过工作叶轮上的动叶栅把一定数量的压缩轴功传递给流经动叶栅的空气,使气流的绝对速度动能增高,相对速度动能降低,使得空气的压力增高。

(2) 由动叶栅流出的高速气流在扩压静叶栅中逐渐减速,使气流绝对速度动能中的一部分转化成为气流的压力势能,使气体的压力增高。

(3) 当气流流经压气机的级时,由于从外界接收了压缩功,增高了空气焓,在此同时,空气的状态参数压力、流速、温度发生了变化。

4-54 反动度的定义是什么？

答：气流在动叶栅内的静焓增量与滞止焓增量之比称为反动度。

4-55 什么是压气机的特性曲线？

答：在转速恒定的条件下，压气机的压比和效率随气流流量的改变而变化的关系。

4-56 防喘放气阀门在启停过程中是如何动作的？

答：启机过程中保持开启，直到95%转速时关闭。停机过程中保持关闭，直到94%转速时打开。

4-57 压气机进口可转导叶的作用是什么？

答：压气机进口可转导叶的作用是：防止喘振；减少启动功率；提高部分负荷效率；提高联合循环效率；调节燃气透平排气温度。

4-58 可转导叶控制系统的两种不同控制方式是什么？

答：（1）简单循环双位置控制方式。在启动和停机过程中，可转导叶处在关小的角度位置，防止压气机在低转速下发生喘振。当机组达到运行转速时，可转导叶全开，加大了通过压气机的空气流量，改善燃气轮机的效率。

（2）联合循环可变压气机进口导叶控制方式。在启动和停机的过程中，可转导叶随机组转速而改变。即随机组转速的升高，可转导叶角度逐渐开大。带负荷时，则根据负荷的大小来调整可转导叶的角度位置，维持在该负荷下有比较高的透平排气温度。

4-59 可转导叶的动作机理是什么？

答：可转导叶动作的动力来自液压油母管，液压油经单向阀、滤网、伺服阀、跳闸继动阀进入可转导叶油缸，通过调节伺服阀（线圈位置），实现可转导叶的打开和关闭。

4-60　FSR 温控与可转导叶的温度控制有何不同？

答：对机组的温度控制是通过把 FSR 温度基准和排气温度信号进行计算，用控制燃料控制阀来改变进入燃烧室的燃料量，保证机组不超温，避免燃气通道的高温部件超温烧毁，保证机组的安全运行，延长机组的使用寿命。

对可转导叶进行温度控制是通过把 IGV 温度基准信号和排气温度信号进行运算，用伺服阀对可转导叶进行控制，维持机组排气温度处于允许的最高水平，提高联合循环的总体热效率。

4-61　对于 9FA 机组正常启停机过程中可转导叶是如何变化的？

答：（1）零转速继电器动作前，IGV 开度为 28°。

（2）暖机结束后，到 89%左右转速，IGV 开度为 49°。

（3）如果不投 IGV 温控，负荷在 81%左右时，IGV 开度为 89°；如投 IGV 温控，负荷在 81%以后时，进入温控运行。

4-62　蓄能器对 IGV 系统有什么作用？

答：对 IGV 液压油控制系统起进一步稳压作用。

4-63　IGV 系统中孔板的主要作用是什么？

答：快速供油，缓慢回油，起稳压作用。

4-64　IGV 系统中反馈装置有什么作用？

答：IGV 系统中的反馈装置分别接入两个控制器回路中，输出的信号共同送入三个控制器中。两个位置反馈信号经高选后和所要求的可转导叶角度位置信号，在运算放大器输入节点上相加，如果结果不为零，则运算放大器的输出信号经功率放大器放大后，向伺服阀的线圈送入电流信号。伺服阀就开始调节可转导叶的位置。如果相加结果为零，则说明可转导叶已经调整到所需角度位置，调整结束。

4-65　何谓轴流式压气机？组成部件有哪些？

答：轴流式压气机通过转子和叶片高速旋转，使气流沿压气机的轴线加速，加速后的气流在截面积不断增大的扩压流道中减速增压，达到对气流的增压目的。轴流式压气机由进口收敛器，进口导叶，工作叶轮，扩压静叶，出口导叶，出口扩压器，转子，气缸等组成。

4-66　压气机进口气流的正冲角过大会有什么危害？

答：正冲角过大，在叶型的背弧上很容易出现强烈的气流脱离现象，不但会导致叶栅中能量损失的剧增，而且还会使气流有产生倒流的可能，增加压气机中发生喘振的可能。

4-67　轴流式压气机的主要性能参数有哪些？

答：空气流量（G）、压缩比（π）、压气机的等熵压缩效率（η）、压气机的功率（N）。

4-68　正常启动过程中防喘放气阀在什么情况下关闭？

答：当转速升到额定转速的97.5%时，在满转速继电器L14HS=1后关闭。

4-69　压气机进口导叶IGV控制的作用有哪些？

答：（1）在燃机启动过程中，当转子处于部分转速时，为避免压气机喘振而关小IGV，扩大了压气机的稳定工作范围。

（2）IGV温控。即根据压气机压比调节IGV开度控制燃机排气温度，从而间接控制透平进口 T3 温度。

(3) 机组启动时关闭 IGV，压气机空气量减小，使机组阻力矩变小，从而减小了启动功耗。

4-70 常见压气机的类型和特点是什么?

答: 常见压气机有轴流式压气机和离心式压气机。

轴流式压气机流量大、效率高，但是级的增压能力低，多用于大功率的燃气轮机。

离心式压气机级的增压能力大，但是流量小、效率低，多用于中小功率的燃气轮机。

4-71 压气机转子采用盘鼓式结构有什么好处?

答: 压气机转子采用外围拉杆螺栓连接的盘鼓式结构，具有较好的刚性，离心力可依靠轮盘承受。拉杆压紧端面，依靠摩擦传递扭矩。

4-72 压气机的动叶和静叶分别是如何冷却的?

答: 压气机的第 9、13 级动叶后各设有 4 个抽气口，每 2 个抽气口合并为一根管子通过防喘放气阀向燃机排气管排气；第 9、13 级的抽气同时又作为燃机第 3 级静叶和第 2 级静叶的冷却气源；第 1 级静叶的冷却空气在压气机出口的腔室处抽出，直接通入透平静叶的根部，再由透平静叶的根部通入叶片的内部进行冷却。

动叶的冷却空气从压气机（第 16 级后）的内径处抽出并向转子内部传递，通过转子内部的冷却空气道对轮盘、叶根和第 1、2 级动叶进行冷却；压气机排气腔室分流出一部分空气冷却过渡段，另一部分空气冷却火焰筒；燃机的第 3 级动叶不冷却。

4-73 轴流式压气机的主要部件有哪些？

答： 轴流式压气机由转子和静子两大部分组成。转子部分又由动叶片、叶轮、转鼓和主轴组成。静止部分由静叶片、进气缸、排气缸组成。

4-74 为防止压气机喘振采取了哪些措施？

答：（1）通过关小进口可转导叶的角度至最小，改变压气机的进气冲角，可以防止压气机发生喘振。

（2）在压气机抽气管道上设直通燃气轮机排气段的防喘放气阀。

（3）对于分轴布置的压气机，可分别改变转子的转速。

4-75 简述采用中间放气阀防止喘振的优缺点。

答： 优点：简单易行，特别当压比低于10时效果理想。

缺点：现代大功率燃气轮机所用的压气机一般设有多个放气口（放气阀）。放掉10%～15%经过压缩的空气，经济性差。放气口的位置会影响放气效果。

4-76 有些压气机在第9和第13级设置抽气，其作用是什么？

答： 用于冷却透平的静叶。启停过程中通过该抽气口排出一部分压缩空气来防止喘振。

4-77 有些压气机在17级轮毂上开径向抽气槽，其作用是什么？

答： 在压气机第17级轮毂上开有一个径向抽气槽道，将压缩空气引入转子中心孔送往透平，冷却透平第1、2级动叶。

4-78 简述压气机内空气如何获得能量。

答： 在压气缸内，空气通过压气机内的一连串机翼型动叶和静叶组成的级连续压缩。动叶将机械能传递给空气并将空气压缩，静叶则进一步将气流在动叶中获得的动能转变成压力能，同时引导气流以正确角度进入下级动叶进口。

4-79 压气机转子由哪些部件组成?

答: 压气机转子由轮盘、测速环、拉杆螺栓、动叶、前/后短轴组成。

4-80 什么是压气机的失速?

答: 当气流流入叶栅时，背面附面层发生严重脱离，以至脱离区占据大部分流道并引起流动损失急剧增大的现象称为叶栅的失速。当压气机的某一级或某列叶栅失速时，压气机进入失速状态。

4-81 简述 9E 燃气轮机的轴流压气机的结构。

答: 轴流式压气机部分由压气机转子和封闭的静子气缸组成，在气缸上安装着压气机的 17 级静叶，一级进气导向叶片 IGV 和两级排气导向叶叶片 EGV。进入压气机内的空气，由一系列类似的动叶（转子）和静叶（静子）一级一级地压缩。一级可调静叶有助于限制起机过程中的空气流量和减小进气正冲角，防止压气机喘振和提高部分负荷时联合循环总体热效率。从压气机抽取部分压缩空气用于透平喷嘴和动叶的冷却、轴瓦的密封和三级护环的冷却，同时用于启动和停机时的防喘。箱体外的马达驱动风机冷却透平缸体和排气框架。

4-82 简述压气机转子的结构及各组件的组成。

答: (1) 前短轴，在其之上安装着压气机的第一级动叶。

(2) 15 级动叶和轮盘组件。

(3) 后短轴，在其之上安装着压气机的第 17 级动叶。

4-83　压气机转子的各级是怎样进行能量传递的?

答：压气机的每级均是一个带有叶片的独立轮盘，各级轮盘通过沿圆周均匀分布的 16 根拉杆螺栓轴向连接在一起，各级轮盘通过位于轮盘中心附近凹凸槽径向定位，但轮缘处互不接触，留有气隙，冷却轮盘；扭矩的传递是通过螺栓连接法兰的表面摩擦力完成的。各级轮盘和带短轴的轮盘部分的外圆周，都具有拉削的槽隙，动叶插入这些槽内并在槽的末端通过冲铆使动叶轴向固定。在组装压气机转子时，应精选轮盘的位置以减小转子的不平衡量，组装完成后，进行压气机转子的动平衡。机械加工过的前短轴，提供了推力瓦的前后推力面、1 号轴瓦的轴颈、1 号轴瓦油封的密封面和压气机进口低压空气的密封。

4-84　简述压气机静子的组成部件及作用。

答：压气机静子部分由进气缸、压气机前机匣、压气机后机匣、压气机排气缸四个主要组件组成，这些部分与透平的外壳相连，形成了环型气流通道的外壁，成为燃机的重要结构，为了达到动叶叶尖的最大气动效率，气缸内径保持在最小公差之内。动静间隙配合好。

(1) 进气缸。进气缸位于燃机的前端，其主要功能是将来自进气室的空气均匀导入压气机，同时进气缸还分别支撑 1 号轴瓦和推力瓦组件，进口可转导叶位于进气缸的后端。

(2) 压气机前机匣。压气机前机匣包含压气机的第 1 级～第 4 级静叶。前支撑钢板的一端通过螺栓和定位销与压气机前机匣的前端法兰连接，支撑钢板的另一端通过螺栓和定位销与燃机基础相连。燃机前机匣装有用于燃机与基础分离的两个整体大起重吊耳。

(3) 压气机后机匣。压气机后机匣包括压气机第 5 级～第 10 级静叶。气缸上的抽气点容许第 5 级和第 11 级压气机抽气，第 5 级抽气用于冷却和密封功能，而第 11 级抽气则用于起机和停机过程中的压气机的防喘放气。

(4) 压气机排气缸。压气机排气缸包括压气机第 11 级～第 17 级静叶，二级排气导向叶片和排气扩压器。压气机的排气缸的功能是支撑静叶，支撑过渡段，为扩压器提供内壁和外壁，连接压气机和透平静子，此外还为 2 号轴瓦组件提供了内支撑，通过支撑环为一级喷嘴提供密封。压气机排气缸由两个缸组成，一个缸（外缸）是压气机机匣的延续，另一缸（内缸）是环绕压气机转子的内缸，两个缸通过径向支板连接。2 号瓦的支撑机构位于压气机排气内缸内，扩压器是由压气机排气缸外缸和内缸之间的圆锥形环形空间组成。

4-85　9E 燃气轮机的压气机叶片有什么特点？

答：压气机转子叶片是翼面型的，设计成以高叶顶速度来高效地压缩空气。锻造叶片通过轴向地燕尾形叶根安装于叶轮上，燕尾型叶根通过精加工保证每一叶片位于轮盘上的正确位置。

压气机静子叶片也是翼面型的，第 1 级～第 8 级叶片通过轴向的燕尾形叶根安装在叶片环的扇形块内，叶片环的扇形块安装在气缸的圆环形沟槽内且通过锁销定位，而第 9 级叶片到排气导向叶片则安装于单独的矩形块内，矩形块直接安装在气缸的圆形沟槽内，直接由锁销定位。

4-86　取自 9E 燃气轮机的压气机抽气有什么作用？

答：燃气轮机运行时，从轴流式压气机不同级的抽气用于：

(1) 冷却高温运行的透平部件。

(2) 密封燃机轴瓦。

(3) 为气动阀提供操作气源。

(4) 燃料喷嘴的雾化空气。

4-87　取自 9E 燃气轮机的压气机抽气取自哪里？

答：(1) 第 5 级抽气（AE-5）。抽气口位于压气机第 4 级排气后，第5级前，通过压气机上半缸和下半缸的外部连接管路传输，用于所有转子轴瓦的密封，少量部分用于透平三级护环的冷却。(上半缸两路抽气用于透平三级护环的冷却，下半缸两路抽气用于轴承密封)。

(2) 第11级抽气（AE-11）：来自抽气口位于压气机第10级排气后，第11级前（4路抽气管），仅用于燃机起机和停机过程中，防止压气机喘振的放气，燃机满速后及带负荷运行时，防喘放气阀关闭，以便有最大的轴输出功率。

(3) 第17级抽气（AE-16）：来自17级的压气机抽气位于压气机第16级后，第17级前，该抽气径向流入第16级和第17级的叶轮间隙（压气机后短轴上带有通流槽的轮盘），然后流入转子的中心孔，此后流入透平，冷却透平的一，二级动叶和转子轮间。

(4) 压气机排气。从压气机排气的抽气用作液体燃料喷嘴的雾化空气，一级喷嘴叶片和固定环的冷却及二级喷嘴的冷却。

4-88　简述水洗喷口的作用和组成。

答： 若压气机进口，喇叭口，进气导叶和前几级叶片的积垢是油性的和水溶性的，压气机应该用洗涤剂清洗油性积垢或用除盐水清洗水溶性积垢，水洗液由基础外的水洗撬体提供。

液体喷入压气机进口，整个压气机进气喇叭口内环上安装有：

(1) 在压气机进口的喇叭口前壁上安装有8个插入式的水洗喷嘴，用于盘车方式清洗（离线）的喷嘴。

(2) 16个在线清洗的喷嘴，8个安装于压气机进口前壁上，8个在压气机进口后壁上。

4-89　9E燃气轮机压气机的组成及各部件的功能是什么？

答： 9E燃气轮机压气机由17级轴流式，带一级进口可转导叶（IGV）和两级固定式排气导叶（EGV1，EGV2）组成；每一组动叶和其后的一组静叶组成压气机的一个级。

(1) IGV 的作用。在启、停机过程中低转速时，控制进气角度（降低进气功角，功角过大，易引起叶背面进气气流旋转脱离，压气机喘振），防止压气机喘振。在部分燃机负荷带联合循环中，通过关小 IGV 角度，减小进气流量，提高燃机排气温度，从而提高整体联合循环的热效率。

(2) EGV 的作用。用于将旋转的压气机排气气流导向为径向的排气，保持燃烧的稳定。气流流速（动能）的增加主要在动叶中完成，气流压力的增加（增压）主要在静叶中完成。压气机的第 10 级后抽气（4 路）作为防喘放气支路，从第 4 级后抽气（2 路）一部分作为燃机轴承密封空气；另一部分作为透平第 3 级护环的冷却空气。透平的第 16 级排气作为透平 1 级喷嘴、1 级动叶、2 级喷嘴、2 级动叶的冷却空气，以及透平轮盘与喷嘴隔板之间的气封气源。压气机工作后的最终目的是对常温常压的进气流加压升温。

第三节　燃 烧 室 结 构

4-90　燃烧系统包括哪些部件？

答：典型的燃烧系统包含渐缩件、燃烧室内衬、流量套管、燃料喷嘴、燃料筒、端帽、端盖的从头到尾的全部组件，还有其他辅助硬件包括交叉燃烧管、火花塞、火焰探头。另外，可能会有各种燃料和空气输送元件例如放气阀、止回阀和软管等。

4-91　燃烧室的功能是什么？

答：使燃料和压气机来的一部分空气在其中进行有效的燃烧，使由压气机来的另一部分压缩空气与燃烧后形成的温度高达 1800～2000℃的燃烧产物均匀掺混以控制 NO_X 的生成，使透平的排气符合环保标准的要求。

4-92 燃气轮机燃烧室的工作过程有哪些特点？

答： 高温、高速、高燃烧强度、高余气系数、运行参数剧烈变化，能燃用多种燃料等一系列的特点。

4-93 燃烧室的作用是什么？

答： 燃烧室利用压气机送来的一部分空气使燃料燃烧，并将燃烧产物与其余的高压空气混合，形成均匀一致的高温高压燃气后送往燃气透平。在不考虑流动损失下，燃烧过程为定压过程。

4-94 对燃烧室有哪些基本要求？

答：（1）在设计和变工况下均能稳定、高效地组织燃烧，不熄火、无脉动。

（2）燃烧室出口气流的温度场和速度场均匀。

（3）流动损失小。便于调试、检修和维护。

（4）结构紧凑、轻巧且使用寿命长。

（5）燃烧充分，排气污染物含量少。

4-95 根据结构特点可以将燃烧室分成哪几类？

答：（1）圆筒型。

（2）分管型。

（3）环型。

（4）环管型。

4-96 简述圆筒形燃烧室的基本结构及其优缺点。

答： 圆筒型燃烧室的火焰管是一个与外壳同轴的圆筒，采用一个大尺寸的燃料喷嘴，穿过外壳顶部伸入火焰管。

优点：结构简单，布置灵活，流动损失小，压损率低。

缺点：体积大而笨重，设计调试困难。

4-97 简述分管型燃烧室的基本结构及其优缺点。

答：分管型燃烧室由几个、十几个或几十个管为一组，环绕布置在压气机和燃气透平主轴周围，呈现为小圆筒的形状。

优点：尺寸小，便于系列化，便于解体检修和实验。燃烧过程容易组织，燃烧效率高且稳定。

缺点：空间利用差，流动损失大，压损率高。

4-98 简述环型燃烧室的基本结构及其优缺点。

答：环型燃烧室由多层同心圆环组成，与机组同轴线直接布置在压气机和透平之间的燃烧室。

优点：体积小，重量轻，特别适合于轴流式压气机和燃气透平匹配。

缺点：燃烧过程难于组织，温度场分步不均匀，解体检修困难。

4-99 简述环管形燃烧室的基本结构及其优缺点。

答：环管型燃烧室外壳为环形，内由几个或十几个甚至几十个火焰管组成。火焰管环绕布置在压气机和透平之间的主轴周围的燃烧室。

优点：火焰管尺寸小，便于系列化，便于解体检修。燃烧过程易组织，燃烧效率高且稳定。

缺点：流动损失稍大一些。

4-100 燃气轮机的燃烧室有哪几种形式？为什么燃气轮机的燃烧室多采用回流式燃烧室？

答：燃气轮机的燃烧室有直流式燃烧室和回流式燃烧室两种类型。

燃气轮机的燃烧室多采用回流式燃烧室是因为：回流式燃烧室布置在压气机的外围，机组轴向尺寸短，从而使得转子长度缩短，可以采用双支点两端支撑。

4-101　试比较两种燃烧室对燃气轮机轴向尺寸的影响。

答：燃气轮机采用不同的燃烧室时，轴向长度不同。图 4-1（a）图所示为直流式燃烧室，轴向尺寸长，支点难布置。图 4-1（b）所示为回流式燃烧室，布置在压气机的外围，机组轴向尺寸短，转子长度也短，利于采用双支点两端支撑。

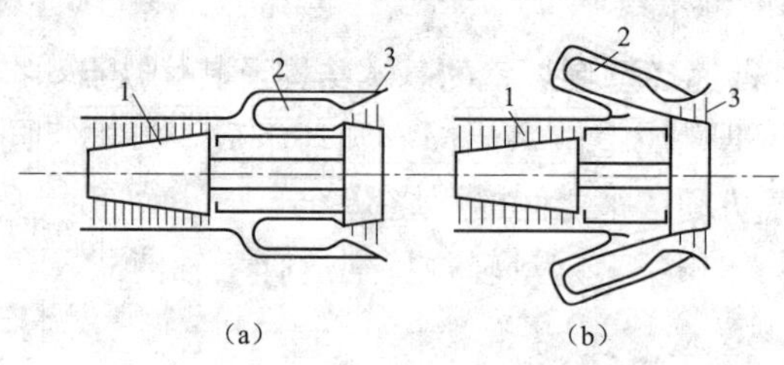

图 4-1　燃烧室结构图

（a）直流式燃烧室；（b）回流式燃烧室

1—压气机；2—燃烧室；3—透平

4-102　如何防止高温火焰管及其过渡段超温损坏？

答：（1）可采用具有高温强度、耐腐蚀的母材来制造火焰管，在其表面涂以耐氧化涂层。

（2）涂或镶嵌耐热层，可以采用 ZrO_2，Y_2O_3 等为代表的陶瓷材料。

（3）使用高压冷空气或水蒸气对火焰管和过渡段进行不间断冷却。

4-103　火焰管及其过渡段的强制冷却方式有哪些？

答：火焰管及过渡段的冷却方式有气膜冷却、对流冷却和冲击冷却。

（1）气膜冷却用一层空气或蒸汽膜对被冷却的表面进行冷却和保护。

(2) 对流冷却是指用空气或蒸汽，以热交换的方式对被冷却的表面进行的冷却。

(3) 冲击冷却则是用空气或蒸汽射流冲击被冷却的表面进行的冷却。

4-104 什么是扩散燃烧？什么是余气系数？

答：扩散燃烧指燃料和空气分别进入燃烧区，逐渐混合，在余气系数约等于1的区域内燃烧。

余气系数是实际空气量与理论空气量的比值。

4-105 扩散燃烧的特点是什么？

答：火焰面上的温度很高，通常为理论燃烧温度，按扩散燃烧方式组织的燃烧过程必然会产生数量较多的热 NO_X 污染物，另外扩散燃烧的燃烧速度主要取决于燃料和空气相互扩散和掺混的时间，与其化学反应所需要的时间无关。

4-106 简述扩散燃烧的原理。

答：在燃烧器管口处，空气和燃料分开，在分子扩散和湍流扩散的联合作用下迅速掺混，在离开管口一定距离形成一个燃料-空气混合物薄层，并在该薄层内燃烧。

4-107 一次空气的作用是什么？

答：一次空气与由燃料喷嘴喷射出来的液体燃料或天然气进行混合和燃烧，转化成1500～2000℃的高温燃气。

4-108 冷却空气的作用是什么？

答：冷却空气通过火焰筒壁上的多排冷却射流孔，逐渐进入火焰管的内部部件，并沿着内壁的表面流动，从而在内壁附近形成一层温度较低的冷却空气膜，具有冷却高温的火焰管壁使免遭火焰烧坏的作用。

4-109 二次空气的作用是什么？

答：通过火焰管后段的混合射流孔，进入由燃烧区流来的1500～2000℃的高温燃气中，掺混高温燃气使其比较均匀的降低到透平前燃气初温。

4-110 为降低氮氧化物生成应采取哪些措施？

答：（1）向燃烧区注水或注水蒸气，强制降低火焰温度。

（2）向余热锅炉中布设催化反应器，向烟气中喷氨水将生成的氮氧化物还原成氮气。

（3）采用新式燃烧技术，均相预混稀薄燃烧或是催化作用下的极稀薄燃烧。

4-111 什么是预混燃烧？预混燃烧有哪几种方式？其特点是什么？

答：预混燃烧是指将燃料与空气混合成均匀的可燃气体后，引入燃烧区的燃烧方式。

燃烧方式有：

（1）余气系数＞1，均相预混贫燃料燃烧。

（2）余气系数＜1，均相预混富燃料燃烧。

燃烧特点是预混燃烧的火焰以湍流方式传播，燃烧速度取决于化学反应的速度，火焰面的温度取决于燃料空气掺混比。

4-112 简述预混燃烧的优缺点。

答：优点：通过控制掺混比，可以使得燃烧温度低于理论燃烧温度，也低于或略高于热力氮氧化物生成的起始温度，可以降低氮氧化物的生成量。

缺点：可燃气体稀薄，燃烧温度低，低负荷时容易熄火，可能造成一氧化碳排放量增大。

4-113　为克服稀薄预混燃烧的缺点应采取的对策有哪些？

答：（1）合理选择掺混比，使火焰面的温度达到1700～1800℃，即可以兼顾低氮燃烧的要求，也兼顾稳定燃烧的要求。

（2）采用燃料空气供应量恒定的扩散燃烧喷嘴作为稳定的点火源，保持一小股扩散火焰，在低负荷时采用扩散燃烧。

（3）采用可调节的空气旁路，负荷变化时，通过改变空气量实现掺混比的优化。

（4）分级方式来组织燃料燃烧，当负荷变化时，改变参与燃烧的级数来实现掺混比的优化。分级燃烧分为串联和并联两种方式。

4-114　绘图说明串联式分级燃烧和并联式分级燃烧。

答：串联式分级燃烧和并联式分级燃烧如图4-2所示。

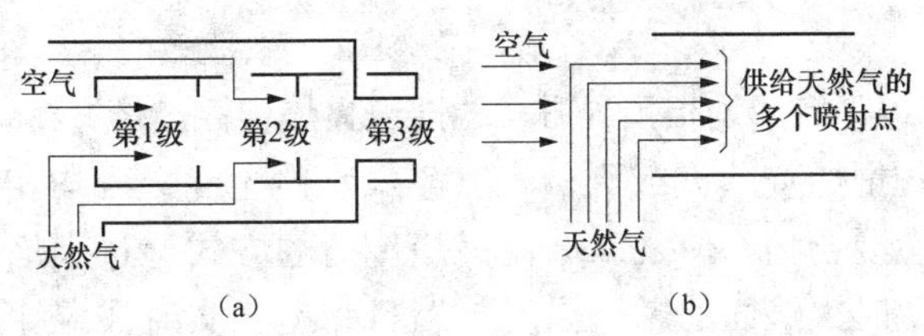

图4-2　分级燃烧

(a) 串联式分级燃烧；(b) 并联式分级燃烧

4-115　简述DLN燃烧室的含义。

答：DLN是DRY LOW Nox的缩写，表示干式低氮燃烧室。

4-116　9E燃气轮机燃烧室的组成及各部件的功能是什么？

答：燃烧室（加热系统）由14个分管回流式燃烧室组成，

各燃烧室之间由联焰管相连。燃烧室的作用是为压气机压缩后的高温、高压燃气提供一个稳定燃烧的场所，燃烧后，增加工质的焓，提高工质的做功能力。

4-117　分管燃烧室的优点有哪些？

答：（1）燃烧空间中的空气流动模型与燃烧炬容易配合，燃烧性能较易组织，便于解体检修和维护。

（2）便于在试验台上进行全尺寸和全参数的试验，试验结果可靠且节省费用。

4-118　分管燃烧室的缺点有哪些？

答：（1）空间利用程度差。

（2）流阻损失大。

（3）需要用联焰管传焰点火。

（4）制造工艺要求高。

4-119　何谓均相预混方式的湍流火焰传播燃烧方法？

答：把燃烧蒸汽或天然气（空气）预先混合成均相的、稀释的可燃混合物，使之以湍流火焰传播的方式通过火焰面进行燃烧。此时火焰面的燃烧温度与燃料和空气实时掺混比的数值相对应（不再只是理论燃烧温度了），通过对燃料与空气气实时掺混比的控制，使火焰面的温度低于1650℃，以控制热 NO_X 的生成。

4-120　燃烧室有哪几部分组成？

答：主要有火焰筒、过渡段、导流衬套、帽罩、喷嘴、端盖、前外壳和外壳组成，其中帽罩、喷嘴、端盖、前外壳又形成一个可以单独拆卸的头部组件。每个燃烧室的头部均布置有预混喷嘴，喷嘴沿圆周方向均布。

4-121　点火火花塞的工作原理是什么？

答：通过感应点火线圈来供给高压电，感应点火线圈能把低压 24V 直流电感应升压变为 15000V 高压交流电，使火花塞在空间放电起弧，从而点燃燃料。

4-122　火焰检测器有哪些功能？火焰检测器故障、无火焰的判断标准是什么？

答：火焰检测器完成两个功能：

（1）用于程序控制。燃机在正常启动过程中、点火期间监视燃烧室是否点燃非常重要。若燃料已经喷入而没有及时点燃应报警或停机，以免发生爆燃事故。

（2）用于保护系统。火焰检测系统类似其他保护系统，只有自检功能。

当一个火焰检测器检测不到火焰时发出“检测器故障”信号。当三个检测器均检测不到火焰时才能遮断停机。

当燃气轮机在低于启动过程最小点火转速时，所有通道都必须指出“无火焰”，如其不满足条件，有的通道误动作而指出“有火焰”，则作为“火焰检测故障”而报警，燃气轮机将不能启动。到达点火转速以后，一旦两个火焰检测器见火，就允许启动程序继续进行。当启动程序完成以后，有一个检测器指示“无火焰”就作为“火焰检测故障”而报警，但燃气轮机继续运行。当有两个火焰检测器都指出“无火焰”时才能遮断轮机。

4-123　简述 9E 燃气轮机的燃烧系统的燃烧过程。

答：9E 燃气轮机燃烧系统是分管回流式的，组成燃烧系统的分管式火焰筒布置在压气机排气缸的外周围上，火焰筒插入固定在环形燃烧室围带上的燃烧室缸体内，该系统也包括燃油喷嘴，火花塞点火系统，火焰探测器和联焰管。

在燃烧室中，燃料与压气机排气混合燃烧，产生的燃气用于驱动透平。来自压气机出口的高压空气首先包围在过渡段周围，然后进入包围火焰筒的环形空间，空气通过小孔，鱼磷孔冷却火焰筒内壁，控制燃烧过程和掺冷燃烧后的高温燃气。燃油喷嘴喷雾供给每个燃烧室燃料，且燃料与燃烧室内一定量的燃烧空气混合后进行燃烧。

轴流式压气机的排气在导流罩的导流下，沿火焰筒的外部从前端流入，部分空气通过火焰筒罩壳孔和漩流板进入火焰筒反应区。反应区的高温燃气通过热渗透混合区后进入冷掺混区与掺冷空气混合。掺混区的测量孔容许适量的空气进入与燃气混合将燃气冷却到透平叶片材料所能承受的安全温度，沿火焰筒长度方向分布的环形槽，其上的鱼鳞冷却空气孔为冷却火焰筒内壁提供冷却空气气膜；过渡段将燃烧室出口的圆形排气过渡为燃机透平一级喷嘴入口扇形进气，其进出口截面积一致，过渡圆滑，保证最小的压力损失及过渡段的最小热冲击。

4-124　9E燃气轮机的燃烧室是怎样点火的?

答: 点火是通过分别安装在火焰筒内的两个15000V可伸缩式（弹簧伸出，燃气压力压回）火花塞放电来实现的。点火时，一个或两个火花塞的火花使燃烧室点火，其他火焰筒通过布置在火焰筒的反应区域的联焰管点燃，随着转子转速和燃气压力的升高，从而导致火花塞回缩，电极离开反应区，保护电极。

4-125　9E燃气轮机如何感应燃烧情况进行燃烧控制?

答: 燃机启动点火后及正常运行时，火焰的存在或消失信号传给控制系统是必要的。火焰探测器安装在不同的火焰筒内，探测器由一小充气管组成，充气管内有两个相离很近的电极，将引起气体的电离，这样就会产生一个脉冲电流和引起电源的放电。只要紫外线存在的话，电源就会连续不断地重复充电和放电过程。火焰地存在是由测量脉冲频率的电气模块确定的，且将火焰的状态转换到燃机的控制系统。

每秒的脉冲数即频率高于 64Hz 则认为该火焰筒着火，在 MARK-VI 上显示为 FD _ INTENSE；若点火失败“FAILURE TO FIRE”或火焰丢失“LOSS OF FLAME”，则在 MARK-VI 显示屏上产生一个报警或跳闸信号。

4-126 火焰筒上的联焰管的作用是什么？

答：火焰筒通过联焰管相互连接。这些联焰管能将内置火花塞的点火火焰筒内的火焰传到未点燃的火焰筒中。

4-127 简述 9E 燃气轮机燃烧室内的燃油喷嘴的作用。

答：每一个火焰筒的端部都配置有燃油喷嘴，燃油喷嘴将等量的燃料喷入火焰筒。9E 燃气轮机的燃料喷嘴采用旋流设计，带雾化空气，适应双燃料燃烧。液体燃料在燃油喷嘴过渡件出口由高压空气雾化，然后进入燃烧区。气体燃料被容许通过位于漩流器内边的测量孔直接进入每一火焰筒。

漩流器的作用是使燃气产生漩流提高燃烧效果，使燃机达到无烟运行。天然气和燃油在双燃料设计的燃机中可以同时燃烧，每种燃料的百分比由运行人员和控制系统决定。

4-128 以 S209FA 型燃气-蒸汽联合循环热电联产机组为例，简述其燃烧室概况。

答：S209FA 型燃气-蒸汽联合循环热电联产机的燃气轮机燃烧室为两级串联的干式低氮的结构型式。每台机组配置 18 个 DLN 燃烧器，圆周布置，顺气流方向看为逆时针排列；12 点位置为 18 号燃烧器，每个燃烧器内有 5 个燃料喷嘴，中圈送入从 D5 控制阀来的天然气，外圈送入从 PM_1 或 PM_4 控制阀来的预混天然气。

燃机共有两个高压电极火花塞，2 号、3 号燃烧器各一个，点火时弹簧推入，当转子转速升高，压气机排气压力升高时，火花塞自动退出。

火焰探测器为紫外线探测器，共 4 个，15 号、16 号、17 号、18 号燃烧器各一个。每个火焰探测器最高工作温度为 125℃，要用进水温度为 10～52℃的冷却水，采用盘旋管进行冷却，每个传感器冷却水流量为 3.8～5.7L/min。

第五章

蒸汽轮机本体和辅助设备

第一节　汽 轮 机 概 述

5-1　简述 S209FA 型燃气-蒸汽联合循环热电联产机组的汽轮机系统。

答： S209FA 型燃气-蒸汽联合循环热电联产机组的汽轮机型号为 LN275/CC154 型，即三压、一次中间再热、双缸双排汽、带抽汽供热汽轮机机组。汽轮机高中压缸合缸，低压缸为双流程向下排汽式。汽轮机缸体、轴承箱及护套采用水平中分面型。本机具有不揭缸进行轴系动平衡的能力，采用全周进汽，不设调节级；调节系统采用电子液压调节系统。

5-2　汽轮机工作的基本原理是怎样的？汽轮机发电机组是如何发电的？

答： 汽轮机最基本的工作原理为：具有一定压力、温度的蒸汽，进入汽轮机，流过喷嘴并在喷嘴内膨胀获得很高的速度。高速流动的蒸汽流经汽轮机转子上的动叶片做功，当动叶片为反动式时，蒸汽在动叶中发生膨胀产生的反动力使动叶片做功，动叶带动汽轮机转子按一定的速度均匀转动。

从能量转换的角度讲，蒸汽的热能在喷嘴内转换为汽流动能，动叶片又将动能转换为机械能；反动式叶片中蒸汽在动叶膨胀部分，直接由热能转换成机械能。

汽轮机的转子与发电机转子是用联轴器连接起来的，汽轮机转子以一定速度转动时，发电机转子也跟着转动，由于电磁感应的作用，发电机静子线圈中产生电流，通过变电配电设备向用户供电。

5-3 汽轮机如何分类?

答: 汽轮机按热力过程可分为:

(1) 凝汽式汽轮机（代号为N）。

(2) 一次调整抽汽式汽轮机（代号为C）。

(3) 二次调整抽汽式汽轮机（代号为C、C）。

(4) 背压式汽轮机（代号为B）。

按工作原理可分为:

(1) 冲动式汽轮机。

(2) 反动式汽轮机。

(3) 冲动反动联合式汽轮机。

按蒸汽压力可分为:

(1) 低压汽轮机。蒸汽压力为1.18～1.47MPa。

(2) 中压汽轮机。蒸汽压力为1.96～3.92MPa。

(3) 高压汽轮机。蒸汽压力为5.88～9.81MPa。

(4) 超高压汽轮机。蒸汽压力为11.77～13.75MPa。

(5) 亚临界压力汽轮机。蒸汽压力为15.69～17.65MPa。

(6) 超临界压力汽轮机。蒸汽压力为22.16MPa。

5-4 汽轮机的型号如何表示?

答: 汽轮机型号表示汽轮机基本特性，我国目前采用汉语拼音和数字来表示汽轮机型号，其型号由三段组成:

× ××-×××/×××/×××-×

(第一段)(第二段)(第三段)

第一段表示型式及额定功率（MW），第二段表示蒸汽参数，第三段表示设计变型序号。

例如N100-90/535型表示凝汽式100MW汽轮机，蒸汽压力为8.82MPa，蒸汽温度为535℃。

5-5　什么是凝汽式汽轮机？

答：凝汽式汽轮机是指进入汽轮机的蒸汽在做功后全部排入凝汽器，凝结成水全部返回锅炉。

进入汽轮机的蒸汽，只有一部分能量转变成功，凝结水中剩余一部分，其余的被冷却排汽的冷却水带走，其损失很大。为了减少这些损失，采用带回热设备的凝汽式汽轮机，就是把进入汽轮机做过一部分功的蒸汽抽出来，在回热加热器内加热锅炉的给水，使给水温度提高，节约燃料，提高经济性。

5-6　什么是中间再热式汽轮机？

答：中间再热式汽轮机就是蒸汽在汽轮机内做了一部分功后，从中间引出，通过锅炉的再热器提高温度（一般升高到机组额定温度），然后再回到汽轮机继续做功，最后排入凝汽器的汽轮机。

5-7　中间再热式汽轮机主要有什么优点？

答：中间再热式汽轮机优点主要是提高机组的经济性。在同样的初参数下，再热机组比不再热机组的效率提高了4%左右。其次是对防止大容量机组低压末级叶片水蚀特别有利，因为末级蒸汽湿度比不采用再热的机组大大降低。

5-8　什么是给水回热循环？

答：把汽轮机中部分做过功的蒸汽抽出，送入加热器中加热给水，该循环称为给水回热循环。

5-9　采用给水回热循环的意义是什么？

答：采用给水回热加热后，一方面从汽轮机中间部分抽出一部分蒸汽，加热给水提高了锅炉给水温度，使得抽汽不在凝汽器中冷凝放热，减少了冷源损失。另一方面，提高了给水温度，减少给水在锅炉中的吸热量。因此，在蒸汽的初参数、终参数相同的情况下，采用给水回热循环的热效率比朗肯循环热效率高。

5-10 联合循环中汽轮机的作用是什么？

答：利用燃气轮机排气的余热加热给水获得蒸汽来做功，以增加整个机组的做功量。

5-11 联合循环汽轮机和普通热力发电厂的汽轮机有什么不同？

答：联合循环中的汽轮机利用燃气轮机排气中的余热，是余热利用型的动力设备。余热数量与燃气轮机的性能有关，因此无法按汽轮机负荷需要的变动进行主动调解。联合循环汽轮机没有调节级，故两者高压部分的通流部分区别很大。联合循环汽轮机没有复杂的抽汽加热系统，汽缸结构对称，但是流量在整个汽轮机中不变，甚至可能因为补汽而增加，故低压部分要求的排汽面积很大，通流部分设计困难。

联合循环中的主体是燃气轮机，燃气轮机的突出优点是系统简单，启动、停机迅速，与燃气轮机配套的汽轮机的结构和系统必须能适应燃气轮机的这些特点。联合循环中的汽轮机的结构设计应尽可能满足热适应性强，操作灵活等特点的要求。

5-12 对联合循环用汽轮机的特性要求有哪些？

答：（1）考虑到燃气轮机降负荷时，排气温度和流量都减小，能够提供给汽轮机的蒸汽数量和温度都降低，为避免汽轮机排汽干度过低，不利于汽轮机运行，应采用滑压运行。

（2）滑压运行无需控制进气压力和进气流量，取消调节级，采用全周进气，节流调节。

（3）联合循环机组的燃气轮机启停速度快，通常用来调峰，因此要求汽轮机也能快速启停，因此对应的汽轮机系统应简洁，减少热惯性。

(4) 汽轮机系统不设给水加热器，凝汽器出来的凝结水直接进入余热锅炉吸收其排气中的热量，减少余热锅炉排气热损失，简化了汽轮机的汽水系统，减少了汽轮机上的抽气口，使汽轮机大部分结构上下对称，避免了局部热应力的影响，利用机组快速启动。

(5) 考虑到余热锅炉可以提供不同压力的一次或二次蒸汽，要求汽轮机能够接受补汽。

(6) 取消回热系统和接受锅炉补汽使汽轮机排汽量增大，故凝汽器面积比同容量的常规机组大。

(7) 燃气轮机启动速度快于汽轮机，启动过程中燃气轮机的排气余热不能被汽轮机全部利用，通常在汽轮机中需设置大容量的蒸汽旁路装置，便于甩负荷时回收工质，节约水资源。

5-13　什么是调整抽汽式汽轮机？

答：从汽轮机某一级中经调压器控制抽出大量已经做了部分功的一定压力范围的蒸汽，供给其他热用户使用，机组仍设有凝汽器，该种型式的机组称为调整抽汽式汽轮机。调整抽汽式汽轮机能使蒸汽中的含热量得到充分利用，同时因设有凝汽器，当用户用汽量减少时，仍能根据低压缸的容量保证汽轮机带一定电负荷。

5-14　联合循环汽轮机的蒸汽压力等级如何选用？

答：由于燃气轮机的排气温度较低，汽轮机一般选用的是高压、次高压和中压系列。对于大型联合循环装置，也选用超高压系列。

5-15　如何确定联合循环汽轮机的进气参数？

答：蒸汽初温由燃气轮机的排气温度来确定。进入蒸汽轮机进口的蒸汽温度等于燃气轮机排气温度减去余热锅炉中的传热温差，为25～50℃。蒸汽压力根据蒸汽温度来确定。

5-16 常见联合循环汽轮机的蒸汽循环类型有哪些?

答:（1）单压无再热循环。

（2）双压无再热循环。

（3）双压再热循环。

（4）三压无再热循环。

（5）三压再热循环。

5-17 以一台双压循环的高低压合缸的单缸汽轮机为例，简述其结构。

答: 双压循环汽轮机具有低压补汽，故将高压段和低压段分成两个内缸，外缸合二为一。高压部分的转子采用锥形整体鼓式转子，通流部分的平均直径和叶高逐级放大。高压缸的内外缸空间大，内缸温度均匀，便于快速启动和停机。低压部分轴向排汽和两个凝汽器紧凑连接。汽缸对称性好。汽轮机膨胀死点位于前轴承的止推面，当汽轮机温度变化时，转子、汽缸及凝汽器均朝一个方向膨胀，故结构利于快速启停。由于这种结构的进汽排汽压比小，不能布置很大的排汽面积，故适用于主蒸汽参数较低的中小功率汽轮机。

5-18 联合循环汽轮机不采用回热循环的主要原因是什么?

答: 联合循环的燃气轮机通常以天然气为燃料，含硫量极低，因此排烟温度可降至80～90℃，该温度与凝汽器出口的给水温度相差不大，故原来由抽汽加热系统承担的加热给水的任务可由余热锅炉的尾部受热面来承担，原来的汽轮机系统中复杂的回热加热器系统可取消。

5-19 联合循环汽轮机和火力发电厂汽轮机的相同之处有哪些?

答:（1）有基本相同的进汽参数和排汽参数。联合循环汽轮机进汽参数受限于燃气轮机的排气温度，仅限于中压、次高压和高压，排汽参数则视冷却水温度和流量而定。

（2）都是汽轮机，都可直接带动发电机。故工作环境和技术要求两者没有本质区别。

5-20　适当降低联合循环汽轮机进汽压力的主要目的是什么？

答：由于联合循环汽轮机不采用回热循环，低压部分流量大，通流部分设计困难，因此采用与进汽温度相匹配的较低蒸汽压力来解决这个设计上的问题。

5-21　联合循环汽轮机怎样解决体积流量变化大的问题？

答：（1）适当降低进汽温度。

（2）对于双压或三压汽轮机，可采用分缸的办法解决此问题。

第二节　汽 轮 机 本 体

5-22　简述联合循环中汽轮机结构的特点。

答：（1）无需设置调节级，也无需设置多级抽汽加热器，除进汽口和排汽口外，汽缸大部分可做成轴对称型。汽缸轴对称有助于减少启动时转子和静子间的热惯性差及间隙值，可以加快汽轮机启动速度。

（2）双层缸，内外缸之间通以蒸汽，内缸壁较薄，利于快速启动和停机。

（3）进汽口与排汽口也做成上下对称或左右对称，即进汽控制阀、快速切断阀，再热蒸汽进汽控制阀和切断阀，以及主蒸汽进汽管都做成两组，沿圆周对称布置。如需补汽，补汽口设置在高低压分缸处。另外，排汽口、凝汽器和旁路系统也应尽量采取对称布置。

（4）高压部分的转子平均直径小，为保证叶片高度，转子做成锥形的，从第1级开始，通流部分逐级放大。不像普通汽轮机，采用等直径、等叶高、等叶型的结构。

（5）高压级叶片短，厚度大，采用整体式围带，又称冠状围带。

（6）汽缸中分面采用高窄法兰结构，中分面螺栓尽量靠近转子轴心，使得法兰和螺栓比较容易加热和膨胀，以减少内外温差产生的热应力。

（7）采用径向式汽封，减少径向动静间隙，加大轴向动静间隙，既可以保证运行时减小漏气，提高效率，又可以防止快速启动时动静之间碰撞和摩擦。

（8）中压部分没有抽汽，但可能有二次汽进入。需要调整汽轮机通流部分以减少流量增加或蒸汽密度增大造成的影响。

（9）低压部分湿度较高，需设置除湿结构。

（10）设有百分之百容量的蒸汽旁路系统。

5-23　简述联合循环汽轮机末几级叶片的设计特点。

答：（1）低压通流部分叶片采用高效的全三维叶型，动叶自带围带，保证子午面通道的光顺。

（2）低压各级长叶片采用弯扭联合成型。

（3）末两级叶片采取良好的强化措施来防止水蚀。

（4）适当增大末级叶片根部的反动度，提高机组的变工况性能。

（5）低压部分叶片前缘采用防水滴撞击加硬合金，静子装接水槽，安装特别的除湿装置。

5-24　为什么大部分联合循环汽轮机采用高低压分缸布置？

答：当主蒸汽进气压力温度变高，进汽与排汽的压比和密度比变大，高低压通流部分无法在一个整体中协调布置，采用高低压缸分缸布置成为必然。当低压部分因为补汽而流量较大时，可以采用分流式布置，高压缸内出口的主蒸汽与余热锅炉来的二次蒸汽汇合后，进入低压缸中心，分流流入左右对称的通流部分，并进入各自的凝汽器。该布置降低了末级叶片的高度，同时可以自动平衡轴向推力，利于机组安全运行。

5-25　为什么联合循环汽轮机采用滑压运行方式？

答：联合循环汽轮机的蒸汽来自余热锅炉，余热锅炉的热量来自燃气轮机排气。当外界需要联合循环的功率下降时，首先要调节的是燃气轮机的燃料喷量，燃料量下降会引起燃气轮机温度下降和流量下降，促使进入余热锅炉的烟气能量下降。若余热锅炉不设补燃装置，汽轮机得到的能量无法进行自身调节。因此想要维持汽轮机进汽压力与设计工况相同，主蒸汽流量会更多地下降，并在膨胀后增大湿度，对汽轮机运行不利。采用滑压运行方式，降低了汽轮机进汽压力，缓解了汽轮机排汽湿度增加的不利因素，故联合循环汽轮机应采用滑压方式运行。

5-26　联合循环汽轮机采用热电联供的好处是什么？

答：热电循环机组的发电效率高达45%～60%，损失主要来自余热锅炉的排气能量损失和汽轮机的排汽能量损失，即凝汽器冷源损失。若采用热电联供，系统的能源利用率可达85%。同时，根据用户需要提供不同能级品味的热量，从能源利用角度来看，非常合理。热电联供的热量既可以来自余热锅炉，也可以取自汽轮机。

燃煤热电厂受供热负荷的限值，汽轮机容量不会太大，发电效率不高，经济效益低。另外，热量难以储存，当供热需求小时，通常发电量也只能降低，热电厂的实际运行经济性受到很大影响。与常规燃煤热电厂相比联合循环发电机组，发电功率和效率由燃气轮机决定，即使汽轮机负荷下降很多，只要维持燃气轮机在最佳负荷范围运行，整个机组的发电效率变化不大。另外，通过燃气轮机排气旁通，余热锅炉内各个压力段间热量分配，以及抽汽和凝汽量之间的调节手段灵活，热电负荷之间的最佳调度有可能实现。

5-27 大功率机组总体结构方面有哪些特点？

答：大功率汽轮机由于采用了高参数蒸汽、中间再热及低压缸分流等措施，汽缸的数目相应增加，因此也带来了机组布置、级组分段、定位支持、热膨胀处理等许多新问题。从总体结构上讲，大功率汽轮机有以下特点：

（1）为了适应蒸汽高压高温的特点，蒸汽室与调节汽门从高压汽缸壳上分离出来，构成单独的进汽阀体，从而简化了高压缸的结构，保证了铸件质量，降低了由于运行温度不均而产生的热应力。

（2）高、中压级的布置采用两种方式。一种是高、中压级合并在一个汽缸内，另一种是高、中压级分缸的结构。

（3）大功率汽轮机各转子之间一般用刚性联轴器连接，由此带来机组定位和胀差过大的问题，必须设置合理的滑销系统。

（4）大机组都装有胀差保护装置，一旦胀差超过极限时，便发出信号报警或紧急停机。

（5）大机组大都不把轴承布置在汽缸上，而采用全部轴承座直接由基础支持的方法。

5-28 为什么大机组高、中压缸采用双层缸结构？

答：对大机组的高、中压缸来说，形状应尽量简单，避免特别厚、重的中分面法兰，以减少热应力、热变形及由此而引起的结合面漏汽。

采用双层缸结构后，很高的汽缸内、外蒸汽压差由内、外两层分担承受，汽缸壁和法兰相对讲可以做得比较薄，也有利于机组启停和工况变化时减小金属温差。因此目前高压汽轮机高、中压汽缸大多采用双层缸结构。

5-29　汽轮机本体主要由哪几个部分组成？

答：汽轮机本体主要由以下几个部分组成：

（1）转动部分。由主轴、叶轮和安装在叶轮上的动叶片及联轴器等组成。

（2）固定部分。由喷嘴室汽缸、隔板、静叶片、汽封等组成。

（3）控制部分。由调节系统、保护装置和油系统等组成。

5-30　汽缸的作用是什么？

答：汽缸是汽轮机的外壳。汽缸的作用主要是将汽轮机的通流部分（喷嘴、隔板、转子等）与大气隔开，保证蒸汽在汽轮机内完成做功过程。此外，汽缸还支承汽轮机的某些静止部件（隔板、喷嘴室、汽封套等），承受它们的质量，还要承受由于沿汽缸轴向、径向温度分布不均而产生的热应力。

5-31　汽轮机的汽缸可分为哪些种类？

答：（1）汽轮机的汽缸一般制成水平对分式，即分上汽缸和下汽缸。

（2）为合理利用钢材，中小型汽轮机汽缸常以一个或两个垂直结合面分为高压段、中压段和低压段。

（3）大功率的汽轮机根据工作特点分别设置高压缸、中压缸和低压缸。

（4）高压高温采用双层汽缸结构后，汽缸分内缸和外缸。

（5）汽轮机末级叶片以后将蒸汽排入凝汽器，这部分汽缸称排汽缸。

5-32　为什么汽缸通常制成上下缸的形式？

答：汽缸通常制成具有水平结合面的水平对分形式。上、下汽缸之间用法兰螺栓连在一起，法兰结合面要求平整，光洁度高，以保证上、下汽缸结合面严密不漏汽。汽缸分成上、下缸，主要是便于加工制造与安装、检修。

5-33　按制造工艺分类，汽轮机汽缸有哪些不同型式？

答：主要分为铸造与焊接两种。

汽缸的高、中压段一般采用合金钢或碳钢铸造结构；低压段根据容量和结构要求采用铸造或简单铸件、型钢及钢板的焊接结构。

5-34　汽轮机的汽缸是如何支承的？

答：汽缸的支承要求平稳并保证汽缸能自由膨胀而不改变其中心位置。

汽缸都是支承在基础台板（也叫座架、机座）上的；基础台板又用地脚螺栓固定在汽轮机基础上。小型汽轮机用整块铸件做基础台板，大功率汽轮机的汽缸则支承在若干块基础台板上。

汽轮机的高压缸通过水平法兰所伸出的猫爪（也称搭爪）支承在前轴承座上，又分为上缸猫爪支承和下缸猫爪支承两种方式。

5-35　下缸猫爪支承方式有什么优缺点？

答：中、低参数汽轮机的高压缸通常是利用下汽缸前端伸出的猫爪作为承力面，支承在前轴承座上。这种支承方式较简单，安装检修也较方便，但是由于承力面低于汽缸中心线（相差下缸猫爪的高度数值），当汽缸受热后，猫爪温度升高，汽缸中心线向上抬起，而此时支持在轴承上的转子中心线未变，结果将使转子与下汽缸的径向间隙减小，与上汽缸径向间隙增大。对高参数、大功率汽轮机来说，由于法兰很厚，温度很高，猫爪膨胀的影响是不能忽视的。

5-36　上缸猫爪支承法的主要优点是什么?

答: 上缸猫爪支承方式也称中分面（指汽缸中分面）支承方式。主要的优点是由于以上缸猫爪为承力面，其承力面与汽缸中分面在同一水平面上，受热膨胀后，汽缸中心仍与转子中心保持一致。

当采用上缸猫爪支承方式时，上缸猫爪也称工作猫爪。下缸猫爪也称安装猫爪，只在安装时起支持作用，下面的安装垫铁在检修和安装时起作用，当安装完毕，安装猫爪不再承力。此时上缸猫爪支承在工作垫铁上，承担汽缸质量。

5-37　大功率汽轮机的高、中压缸采用双层缸结构有什么优点?

答: 大功率汽轮机的高、中压缸采用双层缸结构有以下优点:

(1) 整个蒸汽压差由外缸和内缸分担，从而可减薄内、外缸缸壁及法兰的厚度。

(2) 外层汽缸不致与高温蒸汽相接触，因而外缸可以采用较低级的钢材，节省优质钢材。

(3) 双层缸结构的汽轮机在启动、停机时，汽缸的加热和冷却过程都可加快，因而缩短了启动和停机的时间。

5-38　高、中压汽缸采用双层缸结构后应注意什么问题?

答: 高压、中压汽缸采用双层结构后有很多的优点，但也需注意一个问题。

国产 200、300MW 级机组，在高压内、外缸之间由于隔热罩的不完善，以及抽汽口布置不当，会造成外缸内壁温度升高，当强度超过设计允许值时，应设法予以改善，否则有可能使汽缸产生裂纹。125MW 级机组取消正常运行中夹层冷却蒸汽后，由于某些原因，也出现外缸内壁温度过高的现象。

5-39　大机组的低压缸有哪些特点？

答：大机组的低压缸有以下特点：

（1）低压缸的排汽容积流量较大，要求排汽缸尺寸庞大，故一般采用钢板焊接结构代替铸造结构。

（2）再热机组的低压缸进汽温度一般都超过230℃，与排汽温度差达200℃，因此也采用双层结构。通流部分在内缸中承受温度变化，低压内缸用高强度铸铁铸造，而兼作排汽缸的整个低压外缸仍为焊接结构。庞大的排汽缸只承受排汽温度，温差变化小。

（3）为防止长时间空负荷运行，排汽温度过高而引起的排汽缸变形，在排汽缸内还装有喷水降温装置。

（4）为减少排汽损失，排汽缸设计成径向扩压结构。

5-40　什么是排汽缸径向扩压结构？

答：所谓径向扩压结构，实质上是指整个低压外缸（汽轮机的排汽部分）两侧排汽部分用钢板连通。离开汽轮机的末级排汽由导流板引导径向、轴向扩压，充分利用排汽余速后。排入凝汽器。

采用径向扩压主要原因是充分利用排汽余速，降低排汽阻力，提高机组效率。

5-41　低压外缸的一般支承方式是怎样的？

答：低压汽缸（双层缸时的外缸）在运行中温度较低，金属膨胀不显著，因此低压外缸的支承不采用高、中压汽缸的中分面支承方式，而是把低压缸直接支承在台板上。内缸两侧搁在外缸内侧的支承面上，用螺栓固定在低压外缸上。内、外缸以键定位，外缸与轴承座仅在下汽缸设立垂直导向键（立销）。

5-42　排汽缸的作用是什么？

答：排汽缸的作用是将汽轮机末级动叶排出的蒸汽导入凝

汽器。

5-43　为什么排汽缸要装喷水降温装置？

答：在汽轮机启动、空载及低负荷时，蒸汽流通量很小，不足以带走蒸汽与叶轮摩擦产生的热量，从而会引起排汽温度升高，排汽缸温度也会升高。排汽温度过高会引起排汽缸较大的变形，破坏汽轮机动静部分中心线的一致性，严重时会引起机组振动或其他事故。因此大功率机组都装有排汽缸喷水降温装置。小机组没有喷水降温装置，应尽量避免长时间空负荷运行而引起排汽缸温度超限。

5-44　为什么汽轮机有的采用单个排汽口，而有的采用几个排汽口？

答：大功率汽轮机的极限功率实质上受末级通流截面的限制，增大叶片高度能增大机组功率，但增大叶片高度又受材料强度和制造工艺水平的限制。如采用同样的叶片高度，将汽轮机由单排汽口改为双排汽口，极限功率可增大一倍。为增加汽轮机的极限功率，大功率汽轮机多采用多个排汽口。

5-45　汽缸进汽部分布置有哪几种方式？

答：从调节汽门到调节级喷嘴区域称为进汽部分，包括蒸汽室和喷嘴室，是汽缸中承受压力、温度最高的区域。一般中、低参数汽轮机进汽部分与汽缸浇铸成一体，或者将它们分别浇铸好后，用螺栓连接在一起。高参数汽轮机单层汽缸的进汽部分则是将汽缸、蒸汽室、喷嘴分别浇铸好后，焊接在一起，该结构由于汽缸本身形状得到简化，而且蒸汽室、喷嘴室沿着汽缸四周对称布置，汽缸受热均匀，因而热应力较小，又因高温、高压蒸汽只作用在蒸汽室与喷嘴室上，汽缸接触的是调节级喷嘴出口后的汽流，因而汽缸可以选用比蒸汽室、喷嘴室低一级的材料。

5-46 双层缸结构的汽轮机为什么要采用特殊的进汽短管?

答: 对于采用双层缸结构的汽轮机，因为进入喷嘴室的进汽管要穿过外缸和内缸，才能与喷嘴室相连接，而内外缸之间在运行时具有相对膨胀，进汽管既不能同时固定在内、外缸上又不能让大量高温蒸汽外泄。因此采用了一种双层结构的高压进汽短管，把高压进汽导管与喷嘴室连接起来。高压进汽短管外层通过螺栓与外缸连接在一起，内层则套在喷嘴室的进汽管上，并有密封环加以密封，既保证了高压蒸汽的密封，又允许喷嘴室进汽管与双层套管之间的相对膨胀。为遮挡进汽连接管的辐射热量，在双层套管的内外层之间还装有带螺旋圈的遮热衬套管，或称遮热筒，遮热衬套管上端的小管就是汽缸内层中冷却蒸汽流出或启动时加热蒸汽流入的通道。

第三节 汽 轮 机 的 级

5-47 隔板的结构有哪几种形式?

答: 隔板的具体结构是根据隔板的工作温度和作用在两侧的蒸汽压差来决定的，主要有以下三种形式:

(1) 焊接隔板。焊接隔板具有较高的强度和刚度，较好的汽密性，加工较方便，被广泛用于中、高参数汽轮机的高、中压部分。

(2) 窄喷嘴焊接隔板。高参数大功率汽轮机的高压部分，每一级的蒸汽压差较大，其隔板做得很厚，而静叶高度很短，采用宽度较小的窄喷嘴焊接隔板。优点是喷嘴损失小，但有相当数量的导流筋存在，将增加汽流的阻力。国产 125、300MW 级汽轮机均采用窄喷嘴焊接隔板。

(3) 铸造隔板。铸造隔板加工制造比较容易，成本低，但是静叶片的表面光洁度较差，使用温度也不能太高，一般应小于 300℃，因此多用在汽轮机的低压部分。

5-48　什么是喷嘴弧？

答： 采用喷嘴调节配汽方式的汽轮机第 1 级喷嘴，通常根据调节汽门的个数成组布置，这些成组布置的喷嘴称为喷嘴弧段，简称喷嘴弧。

5-49　喷嘴弧有哪几种结构形式？

答： 喷嘴弧结构形式如下：

（1）中参数汽轮机上采用的由单个铣制的喷嘴叶片组装、焊接成的喷嘴弧。

（2）高参数汽轮机采用的整体铣制焊接而成或精密浇铸而成的喷嘴弧。

5-50　汽轮机喷嘴、隔板、静叶的定义是什么？

答： 喷嘴是由两个相邻静叶片构成的不动汽道，是一个把蒸汽的热能转变为动能的结构元件。装在汽轮机第 1 级前的喷嘴成若干组，每组由一个调节汽门控制。

隔板是汽轮机各级的间壁，用以固定静叶片。

静叶是指固定在隔板上静止不动的叶片。

5-51　什么是汽轮机的级？

答： 由一列喷嘴和一列动叶栅组成的汽轮机最基本的工作单元称为汽轮机的级。

5-52　什么是调节级和压力级？

答： 当汽轮机采用喷嘴调节时，第 1 级的进汽截面积随负荷的变化产生相应变化，因此通常称喷嘴调节汽轮机的第 1 级为调节级。其他各级统称为非调节级或压力级。压力级是以利用级组中合理分配的压力降或焓降为主的级，是单列冲动级或反动级。

5-53　什么是双列速度级?

答: 为了增大调节级的焓降，利用第 1 列动叶出口的余速，减小余速损失，使第 1 列动叶片出口汽流经固定在汽缸上的导叶改变流动方向后，进入第 2 列动叶片继续做功。此时把具有一列喷嘴和一级叶轮上有两列动叶片的级，称为双列速度级。

5-54　高压高温汽轮机为什么要设汽缸、法兰螺栓加热装置?

答: 高压高温汽轮机的汽缸即要承受很高的压力和温度，同时又要保证汽缸结合面有很好的严密性，因此汽缸的法兰必须做得又宽又厚，给汽轮机的启动就带来了一定的困难，即沿法兰的宽度会产生较大温差。如温差过大，所产生的热应力将会使汽缸变形或产生裂纹。一般来说，汽缸比法兰容易加热，而螺栓的热量是靠法兰传递，因此螺栓加热更慢。对于双层汽缸的机组来说，外缸受热比内缸慢很多，外缸法兰受热更慢，由于法兰温度上升较慢，牵制了汽缸的热膨胀，引起转子与汽缸间过大的膨胀差，从而使汽轮机通流部分的动、静间隙消失，发生摩擦。

为了适应快速启、停的需要，减小额外的热应力和减少汽缸与法兰、法兰与螺栓及法兰宽度上的温差，有效地控制转子与汽缸的膨胀差，机组采用双层缸结构，内外汽缸除法兰螺栓均设有加热装置，还设有汽缸夹层加热装置。

5-55　为什么汽轮机第 1 组喷嘴安装在喷嘴室，而不固定在隔板上?

答: 第 1 级喷嘴安装在喷嘴室的目的为:

（1）将与最高参数的蒸汽相接触的部分尽可能限制在很小的范围内，使汽轮机的转子、汽缸等部件仅与第 1 级喷嘴后降温减压后的蒸汽相接触。使转子、汽缸等部件采用低 1 级的耐高温材料。

（2）由于高压缸进汽端承受的蒸汽压力较新蒸汽压力低，

故可在同一结构尺寸下，使该部分应力下降，或者保持同一应力水平，使汽缸壁厚度减薄。

（3）使汽缸结构简单匀称，提高汽缸对变工况的适应性。

（4）降低了高压缸进汽端轴封漏汽压差，为减小轴端漏汽损失和简化轴端汽封结构带来一定好处。

5-56　隔板套的作用是什么？采用隔板套有什么优点？

答：隔板套的作用是用来安装固定隔板。

采用隔板套可使级间距离不受或少受汽缸上抽汽口的影响，从而使汽轮机轴向尺寸相对减小。此外，还可简化汽缸形状，又便于拆装，并允许隔板受热后能在径向自由膨胀，为汽缸的通用化创造方便条件。

5-57　什么是汽轮机的转子？转子的作用是什么？

答：汽轮机中所有转动部件的组合称为转子。

转子的作用是承受蒸汽对所有工作叶片的回转力，并带动发电机转子、主油泵和调速器转动。

5-58　什么是大功率汽轮机的转子蒸汽冷却？

答：汽轮机的转子蒸汽冷却是大机组为防止转子在高温、高转速状况下无蒸汽流过带走摩擦产生的热量，而使转子、汽缸温度过高，热应力过大而设置的结构。如再热机组热态用中压缸进汽启动时，达到一定转速，高压缸排汽止回阀旁路自动打开，一部分蒸汽逆流经过汽缸由进汽口排至凝汽器，达到冷却转子、汽缸的目的。

5-59　为什么大功率汽轮机采用转子蒸汽冷却结构？

答：大功率汽轮机普遍采用整锻转子或焊接转子。随着转子整体直径的增大，离心应力和同一变工况速度下热应力增大，在高温条件下受离心力作用而产生的金属蠕变速度及脆变危险也增大了。因此，更有必要从结构上来提高转子的热强度（特别是启动下的热强度）。从结构上减小金属蠕变变形和降低启动工况下热应力的有效方法之一，就是在高温区段对转子进行蒸汽冷却。

5-60　汽轮机转子一般有哪几种型式？

答：汽轮机转子有以下几种型式：

（1）套装叶轮转子。叶轮套装在轴上，国产25MW级汽轮机转子和100MW级汽轮机低压转子都是该型式。

（2）整锻型转子。由一整体锻件制成，叶轮联轴器、推力盘和主轴构成一个整体。

（3）焊接转子。由若干个实心轮盘和两个端轴拼焊而成。如125MW级汽轮机低压转子为焊接式鼓型转子。

（4）组合转子。高压部分为整锻式，低压部分为套装式。如100MW组机组高压转子、200MW组机组中压转子。

5-61　套装叶轮转子有哪些优缺点？

答：套装叶轮转子的优点：加工方便，材料利用合理，叶轮和锻件质量易于保证。

缺点：不宜在高温条件下工作，快速启动适应性差，材料高温蠕变和过大的温差易使叶轮发生松动。

5-62　整锻转子有哪些优缺点？

答：整锻转子的优点：避免了叶轮在高温下松动的问题，结构紧凑，强度、刚度高。

缺点：生产整锻转子需要大型锻压设备、锻件质量较难保证，而且加工要求高，贵重材料消耗量大。

5-63　组合转子有什么优缺点？

答：组合转子兼有整锻转子和套装叶轮转子的优点，广泛用于高参数中等容量的汽轮机上。

5-64 焊接转子有哪些优缺点?

答: 焊接转子的优点：强度高，相对质量轻，结构紧凑，刚度大，而且能适应低压部分需要大直径的要求。

缺点：焊接转子对焊接工艺要求高，要求材料有良好的焊接性能。

随着冶金和焊接技术的不断发展，焊接转子的应用日益广泛。如BBC公司生产的1300MW级双轴汽轮机的高、中、低压转子就全部采用焊接转子。

5-65 汽轮机主轴断裂和叶轮开裂的原因有哪些?

答: 主轴断裂和叶轮开裂的原因多数是材料及制造上的缺陷造成的，如材料内部有气孔、夹渣、裂纹、材料的冲击韧性值及塑性偏低，叶轮机械加工粗糙、键装配不当造成局部应力过大。另外，长期过大的交变应力及热应力作用易引起材料内部微观缺陷发展，造成疲劳裂纹甚至断裂。

运行中，叶轮严重腐蚀和严重超速是引起主轴、叶轮设备事故的主要原因。

5-66 防止叶轮开裂和主轴断裂应采取哪些措施?

答: 防止叶轮开裂和主轴断裂应采取的措施有：

(1) 制造厂应对材料质量提出严格要求，加强质量检验工作。尤其应特别重视表面及内部的裂纹发生，加强设备监督。

(2) 运行中尽可能减少启停次数，严格控制升速和变负荷速度，以减少设备热疲劳和微观缺陷发展引起的裂纹，严防超压、超温运行，特别是要防止严重超速。

5-67 叶轮的作用是什么? 叶轮是由哪几部分组成的?

答: 叶轮的作用是用来装置叶片，并将汽流力在叶栅上产生的扭矩传递给主轴。

汽轮机叶轮一般由轮缘、轮面和轮毂三部分组成。

5-68　运行中的叶轮受到哪些作用力?

答: 叶轮工作时受力情况很复杂，除叶轮自身、叶片零件质量引起的巨大的离心力外，还有温差引起的热应力，动叶引起的切向力和轴向力，叶轮两边的蒸汽压差和叶片、叶轮振动时的交变应力。

5-69　叶轮上开平衡孔的作用是什么?

答: 叶轮上开平衡孔是为了减小叶轮两侧蒸汽压差，减小转子产生过大的轴向力。但在调节级和反动度较大、负载很重的低压部分最末1、2级，一般不开平衡孔，保证叶轮强度不被削弱，并可减少漏汽损失。每个叶轮上开设单数个平衡孔，可避免在同一径向截面上设2个平衡孔，从而使叶轮截面强度不被过分削弱。通常开5个或7个孔。

5-70　按轮面的断面型线不同，可把叶轮分成几种类型?

答: 按轮面的断面型线不同，可把叶轮分为以下类型:

(1) 等厚度叶轮。该种叶轮轮面的断面厚度相等，用在圆周速度较低的级上。

(2) 锥形叶轮。该种叶轮轮面的断面厚度沿径向呈锥形，广泛用于套装式叶轮上。

(3) 双曲线叶轮。该种叶轮在的断面沿径向呈双曲线形，加工复杂，仅用在某些汽轮机的调节级上。

(4) 等强度叶轮。叶轮设有中心孔，强度最高，多用于盘式焊接转子或高速单级汽轮机上。

5-71　套装叶轮的固定方法有哪几种?

答: 套装叶轮的固定方法有以下几种:

（1）热套加键法。

（2）热套加端面键法。

（3）销钉轴套法。

（4）叶轮轴向定位采用定位环。

5-72　动叶片的作用是什么？

答：在冲动式汽轮机中，由喷嘴射出的汽流，给动叶片一定的冲动力，将蒸汽的动能转变成转子上的机械能。

在反动式汽轮机中，除喷嘴出来的高速汽流冲动动叶片做功外，蒸汽在动叶片中也发生膨胀，使动叶出口蒸汽速度增加，对动叶片产生反动力，推动叶片旋转做功，将蒸汽热能转变为机械能。由于两种机组的工作原理不同，其叶片的形状和结构也不一样。

5-73　叶片工作时受到哪几种作用力？

答：叶片在工作时受到的作用力主要有两种：一种是叶片本身质量和围带、拉金质量所产生的离心力；另一种是汽流通过叶栅槽道时使叶片弯曲的作用力，以及汽轮机启动、停机过程中，叶片中的温度差引起的热应力。

5-74　汽轮机叶片的结构是怎样的？

答：叶片由叶型、叶根和叶顶三部分组成。叶型部分是叶片的工作部分，构成汽流通道。按照叶型部分的横截面变化规律，可以把叶片分成等截面叶片和变截面叶片。

等截面叶片的截面积沿叶高是相同的，各截面的型线通常也一样。变截面叶片的截面积则沿叶高按一定规律变化，一般来说叶型也沿叶高逐渐变化，即叶片绕各截面形心的连线发生扭转，因此通常称为扭曲叶片。

叶根是叶片与轮缘相连接的部分，其结构应保证在任何运行条件下叶片都能牢靠地固定在叶轮上，同时应制造简单，装配方便。

叶型以上的部分叫叶顶。随叶片成组方式不同，叶顶结构也各异。采用铆接与焊接围带时，叶顶做成凸出部分（端钉）。采用弹性拱形围带时，叶顶必须做成与弹性拱形片相配合的铆接部分。当叶片用拉筋连成组或作为自由叶片时，叶顶通常削薄，以减轻叶片质量并防止运行中与汽缸相碰时损坏叶片。

5-75 汽轮机叶片的叶根有哪些类型?

答: 叶根的类型较多，有以下几种：

（1）T形叶根。

（2）外包凸肩T形叶根。

（3）菌形叶根。

（4）双T形叶根。

（5）叉形叶根。

（6）枞树形叶根。

5-76 装在动叶片上的围带和拉筋（金）起什么作用?

答: 动叶顶部装围带（也称覆环）和动叶中部串拉筋，都是使叶片之间连接成组，增强叶片的刚性，调整叶片的自振频率，改善振动情况。另外，围带还有防止漏汽的作用。

5-77 汽轮机高压段为什么采用等截面叶片?

答: 一般在汽轮机高压段，蒸汽容积流量相对较小，叶片短，叶高比d/L（d为叶片平均直径，L为叶片高度）较大，沿整个叶高的圆周速度及汽流参数差别相对较小。此时依靠改变不同叶高处的断面型线，不能显著地提高叶片工作效率，因此多将叶身断面型线沿叶高做成相同的，即做成等截面叶片。这样做虽使效率略受影响，但加工方便，制造成本低，而强度也可得到保证，有利于实现部分级叶片的通用化。

5-78 为什么汽轮机有的级段要采用扭曲叶片?

答: 大机组为增大功率，往往将叶片做得很长。随着叶片高度的增加，当叶高比具有较小值（一般为小于10）时，不同叶高处圆周速度与汽流参数的差异已不容忽视。此时叶身断面型线必须沿叶高相应变化，使叶片扭曲变形，以适应汽流参数沿叶高的变化规律，减小流动损失；同时，从强度方面考虑，为改善离心力所引起的拉应力沿叶高的分布，叶身断面面积也应由根部到顶部逐渐减小。

5-79　防止叶片振动断裂的措施主要有哪几点？

答：防止叶片振动断裂的措施有：

（1）提高叶片、围带、拉筋的材料、加工与装配质量。

（2）采取叶片调频措施，避开危险共振范围。

（3）避免长期低频率运行。

第四节　汽轮机辅助部件

5-80　多级凝汽式汽轮机最末几级为什么要采用去湿装置？

答：多级凝汽式汽轮机的最末几级蒸汽温度很低，一般均在湿蒸汽区工作。湿蒸汽中的微小水滴不但消耗蒸汽的动能形成湿汽损失，还将冲蚀叶片，威胁叶片安全。一般规定汽轮机末级排汽的湿度不超过10%～12%。因此必须采取去湿措施，以保证凝汽式汽轮机乏汽满足允许湿度的要求。大功率机组采用中间再热，对减少低压级叶片湿度带来显著的效果。当末级湿度达不到要求时，应加装去湿装置和提高叶片的抗冲蚀能力。

5-81　汽轮机去湿装置有哪几种？

答：去湿装置根据其所安装的位置分为级前和动叶片前两种。去湿装置是利用水珠受离心力作用而被抛向通流部分外圆的原理工作的。一般将水滴甩进到去湿装置的槽中，然后引入凝汽器。另外还采用具有吸水缝的空心静叶，利用凝汽器内很低的压力，把附着在静叶表面的水滴沿静叶片上开设的吸水缝直接吸入凝汽器。

5-82　汽封的作用是什么？汽封的结构类型和工作原理是怎样的？

答： 为了避免动、静部件之间的碰撞，必须留有适当的间隙，这些间隙的存在势必导致漏汽，因此必须加装密封装置称为汽封。根据汽封在汽轮机中所处位置可分为：轴端汽封（简称轴封）、隔板汽封和围带汽封（通流部分汽封）三类。

汽封的结构类型有曲径式和迷宫式。曲径式汽封有梳齿形（平齿、高低齿）、J形、枞树形三种。

曲径式汽封的工作原理是，一定压力的蒸汽流经曲径式汽封时，必须依次经过汽封齿尖与轴凸肩形成的狭小间隙，当经过第一个间隙时通流面积减小，蒸汽流速增大，压力降低。随后高速汽流进入小室，通流面积突然变大，流速降低，汽流转向，发生撞击和产生涡流等现象，速度降到近似为零，蒸汽原具有的动能转变成热能。当蒸汽经过第二个汽封间隙时，又重复上述过程，压力再次降低。蒸汽流经最后一个汽封齿后，蒸汽压力与大气压力相差甚小。因此在一定的压差下，汽封齿越多，每个齿前后的压差就越小，漏汽量也越小。当汽封齿数足够多时，漏汽量为零。

5-83　什么是通流部分汽封？其作用是什么？

答： 动叶顶部和根部的汽封称为通流部分汽封，用来阻碍蒸汽从动叶两端漏汽。通常的结构型式为动叶顶端围带及动叶根部有个凸出部分以减小轴向间隙，围带与装在汽缸或隔板套上的阻汽片组成汽封以减小径向间隙，使漏汽损失减小。

5-84　轴封的作用是什么？

答： 轴封是汽封的一种。汽轮机轴封的作用是阻止汽缸内的蒸汽向外漏泄，低压缸排汽侧轴封是防止外界空气漏入汽缸。

5-85 轴封加热器的作用是什么?

答: 汽轮机采用内泄式轴封系统时,一般设有轴封加热器(亦称轴封冷却器),用以加热凝结水,回收轴封漏汽,从而减少轴封漏汽及热量损失,并改善车间的环境条件。

随轴封漏汽进入的空气,常用由连通管引到射水抽气器扩压管处,射水抽气扩压管的负压抽除,从而确保轴封加热器的微真空状态,各轴封的第一腔室也保持微真空,轴封汽不会外泄。

5-86 汽轮机为什么会产生轴向推力?运行中轴向推力怎样变化?

答: 纯冲动式汽轮机动叶片内蒸汽没有压力降,但由于隔板汽封的漏汽,使叶轮前后产生一定的压差,且一般的汽轮机中,每一级动叶片蒸汽流过时都有大小不等的压降,在动叶片前后产生压差。叶轮和叶片前后的压差及轴上凸肩处的压差使汽轮机产生由高压侧向低压侧、与汽流方向一致的轴向推力。

影响轴向推力的因素很多,轴向推力的大小基本上与蒸汽流量的大小成正比,即负荷增大时轴向推力增大。当负荷突然减小时,有时会出现与汽流方向相反的轴向推力。

5-87 减小汽轮机的轴向推力可采取哪些措施?

答: 减小汽轮机轴向推力可采取以下措施:

(1)高压轴封两端以反向压差设置平衡活塞。

(2)高、中压缸反向布置。

(3)低压缸对称分流布置。

(4)叶轮上开平衡孔。

余下的轴向推力,由推力轴承承受。

5-88　什么是汽轮机的轴向弹性位移？

答：汽轮机的轴向位移反映的是汽轮机转动部分和静止部分的相对位置，轴向位移变化，也是转子和静子轴向相对位置发生了变化。

所谓轴向弹性位移是指汽轮机推力盘及工作推力瓦片后的支承座、垫片瓦架等在汽轮机负荷增加、推力增加时，会发生弹性变形，由此产生随着负荷增加而增加的轴向弹性位移。当负荷减小时，弹性位移也会减少。

5-89　汽轮机为什么要设滑销系统？

答：汽轮机在启动及带负荷过程中，汽缸的温度变化很大，因而热膨胀值较大。为保证汽缸受热时能沿给定的方向自由膨胀，保持汽缸与转子中心一致；在汽轮机停机时，保证汽缸能按给定的方向自由收缩，汽轮机均设有滑销系统。

5-90　汽轮机的滑销有哪些种类？各起什么作用？

答：根据滑销的构造型式、安装位置可分为下列六种。

（1）横销。一般安装在低压汽缸排汽室的横向中心线上，或安装在排汽室的尾部，左右两侧各装一个。横销的作用是保证汽缸横向的正确膨胀，并限制汽缸沿轴向移动。由于排汽室的温度是汽轮机通流部分温度最低的区域，故横销都装于此处，整个汽缸由此向前或向后膨胀，形成了轴向死点。

（2）纵销。多装在低压汽缸排汽室的支撑面、前轴承箱的底部、双缸汽轮机中间轴承的底部等和基础台板的接合面间。所有纵销均在汽轮机的纵向中心线上，纵销可保证汽轮机沿纵向中心线正确膨胀，并保证汽缸中心线不能作横向滑移。因此，纵销中心线与横销中心线的交点形成整个汽缸的膨胀死点，在汽缸膨胀时，该点始终保持不动。

（3）立销。装在低压汽缸排汽室尾部与基础台板间，高压汽缸的前端与轴承座间，所有的立销均在机组的轴线上。立销的作用可保证汽缸的垂直定向自由膨胀，并与纵销共同保持机组的正确纵向中心线。

(4) 猫爪横销。起着横销作用，又对汽缸起着支承作用。猫爪一般装在前轴承座及双缸汽轮机中间轴承座的水平接合面上，是由下汽缸或上汽缸端部突出的猫爪、特制的销子和螺栓等组成。猫爪横销的作用是：保证汽缸在横向的定向自由膨胀，同时随着汽缸在轴向的膨胀和收缩，推动轴承座向前或向后移动，以保持转子与汽缸的轴向相对位置。

(5) 角销。装在排汽缸前部左右两侧支撑与基础台板间。销子与销槽的间隙为0.06～0.08mm。

(6) 斜销。是一种辅助滑销，不经常采用，能起到纵向及横向的双重导向作用。

5-91 什么是汽轮机膨胀的“死点”？通常布置在什么位置？

答：横销引导轴承座或汽缸沿横向滑动并与纵销配合成为膨胀的固定点，称为“死点”。也即纵销中心线与横销中心线的交点。“死点”固定不动，汽缸以“死点”为基准向前后左右膨胀滑动。

对凝汽式汽轮机来说，死点多布置在低压排汽口的中心线或其附近，在汽轮机受热膨胀时，对凝汽器影响较小。

5-92 汽轮机联轴器起什么作用？有哪些种类？各有何优缺点？

答：联轴器也称靠背轮。汽轮机联轴器是用来连接汽轮发电机组的各个转子，并把汽轮机的功率传给发电机的。

汽轮机联轴器可分为刚性联轴器、半挠性联轴器和挠性联轴器。各自的优缺点为：

(1) 刚性联轴器。优点是构造简单、尺寸小、造价低、不需要润滑油。缺点是转子的振动、热膨胀都能相互传递，校中心要求高。

（2）半挠性联轴器。优点是能适当弥补刚性靠背轮的缺点，校中心要求稍低。缺点是制造复杂、造价较大。

（3）挠性联轴器。优点是转子振动和热膨胀不互相传递，允许两个转子中心线稍有偏差。缺点是要多装一道推力轴承，并且一定要有润滑油，直径大，成本高，检修工艺要求高。

大机组一般高低压转子之间采用刚性联轴器，低压转子与发电机转子之间采用半挠性联轴器。

5-93　刚性联轴器可分为哪几种？

答：刚性联轴器分为装配式和整锻式两种型式。装配式刚性联轴器是把两半联轴器分别用热套加双键的方法，套装在各自的轴端上，找准中心、铰孔，并用螺栓紧固；整锻式刚性联轴器与轴整体锻出，该联轴器的强度和刚度都比装配式高，且没有松动现象。为使转子的轴向位置做少量调整，在两半联轴器之间装有垫片，安装时按具体尺寸配制一定厚度的垫片。

5-94　什么是半挠性联轴器？

答：半挠性联轴器的结构是在两个联轴器间用半挠性波形套筒连接，并用螺栓紧固。波形套筒在扭转方向是刚性的，在弯曲方向则是挠性的。

5-95　挠性联轴器的结构型式是怎样的？

答：挠性联轴器有齿轮式和蛇形弹簧式两种型式。齿轮式挠性联轴器多用在小型汽轮机上，其结构是两个齿轮用热套加键的方式分别装两个轴端上，并用大螺帽紧固，防止从轴上滑脱。两个齿轮的外面有一个套筒，套筒两端的内齿分别与两个齿轮啮合，从而将两个转子连接起来。套筒的两侧安置挡环限制套筒的轴向位置，挡环用螺栓固定在套筒上。

5-96　汽轮机的盘车装置起什么作用？

答：汽轮机冲动转子前或停机后，进入或积存在汽缸内的蒸汽使上缸温度比下缸温度高，从而使转子不均匀受热或冷却，产生弯曲变形。因而在冲转前和停机后，必须使转子以一定的速度连续转动，以保证其均匀受热或冷却。换句话说，冲转前和停机后盘车可以消除转子热弯曲。同时还有减小上下汽缸的温差和减少冲转力矩的功用，还可在启动前检查汽轮机动静之间是否有摩擦及润滑系统工作是否正常。

5-97　电动盘车装置主要有哪几种型式？

答：中型和大型机组都采用电动盘车。电动盘车装置主要有两种型式。

（1）具有螺旋轴的电动盘车装置。

（2）具有摆动齿轮的电动盘车装置。

5-98　具有螺旋轴的电动盘车装置的构造和工作原理是怎样的？

答：螺旋轴电动盘车装置由电动机、联轴器、小齿轮、大齿轮、啮合齿轮、螺旋轴、盘车齿轮、保险销、手柄等组成。啮合齿轮内表面铣有螺旋齿与螺旋轴相啮合，啮合齿轮沿螺旋轴可以左右滑动。

当需要投入盘车时，先拔出保险销，推手柄，手盘电动机联轴器直至啮合齿轮与盘车齿轮全部啮合。当手柄被推至工作位置时，行程开关接点闭合，接通盘车电源，电动机启动至全速后，带动汽轮机转子转动进行盘车。

当汽轮机启动冲转后，转子的转速高于盘车转速时，使啮合齿轮由原来的主动轮变为被动轮，即盘车齿轮带动啮合齿轮转动，螺旋轴的轴向作用力改变方向，啮合齿轮与螺旋轴产生相对转动，并沿螺旋轴移动退出啮合位置，手柄随之反方向转动至停用位置，断开行程开关，电动机停转，基本停止工作。

若需手动停止盘车，可操作盘车电动机停按钮，电动机停转，啮合齿轮退出，盘车停止。

5-99 具有摆动齿轮的盘车装置的构造和工作原理是怎样的?

答：具有摆动齿轮的盘车装置主要由齿轮组、摆动壳、曲柄、连杆、手轮、行程开关、弹簧等组成。齿轮组通过两次减速后带动转子转动。

盘车装置脱开时，摆动壳被杠杆系统吊起，摆动齿轮与盘车齿轮分离；行程开关断路，电动机不转，手轮上的锁紧销将手轮锁在脱开位置；连杆在压缩弹簧的作用下推紧曲柄，整个装置不能运动。

投入盘车时，拔出锁紧销，逆时针转动手轮，与手轮同轴的曲柄随之转动，克服压缩弹簧的推力，带动连杆向右下方运动；拉杆同时下降，使摆动壳和摆动轮向下摆动，当摆动轮与盘车齿轮进入啮合状态时，行程开关闭合，接通电动机电源，齿轮组即开始转动。由于转子尚处于静止状态，摆动齿轮带着摆动壳继续顺时针摆动，直到被顶杆顶住。此时摆动壳处于中间位置，摆动轮与盘车齿轮完全啮合并开始传递力矩，使转子转动起来。

盘车装置自动脱开过程为：冲动转子以后，盘车齿轮的转速突然升高，而摆动齿轮由主动轮变为被动轮，被迅速推向右方并带着摆动壳逆时针摆动，推动拉杆上升。当拉杆上端点超过平衡位置时，连杆在压缩弹簧的推动下推着曲柄逆时针旋转，顺势将摆动壳拉起，直到手轮转过预定的角度，锁紧销自动落入锁孔将手轮锁住。此时行程开关动作，切断电动机电源，各齿轮均停止转动，盘车装置又恢复到投用前脱开状态。操作盘车停止按钮，切断电源，也可使盘车装置退出工作。

5-100　主轴承的作用是什么？

答： 轴承是汽轮机的一个重要组成部件，主轴承也叫径向轴承。作用是承受转子的全部质量，以及由于转子质量不平衡引起的离心力，确定转子在汽缸中的正确径向位置。由于每个轴承都要承受较高的载荷，而且轴颈转速很高，因此汽轮机的轴承都采用以液体摩擦为理论基础的轴瓦式滑动轴承，借助于有一定压力的润滑油在轴颈与轴瓦之间形成油膜，建立液体摩擦，使汽轮机安全稳定地运行。

5-101　轴承的润滑油膜是怎样形成的？

答： 轴瓦的孔径较轴颈稍大，静止时，轴颈位于轴瓦下部直接与轴瓦内表面接触，在轴瓦与轴颈之间形成了楔形间隙。

当转子开始转动时，轴颈与轴瓦之间会出现直接摩擦。但随着轴颈的转动，润滑油由于黏性而附着在轴的表面上，被带入轴颈与轴瓦之间的楔形间隙中。随着转速的升高，被带入的油量增多，由于楔形间隙中油流的出口面积不断减小，油压不断升高，当压力增大到足以平衡转子对轴瓦的全部作用力时，轴颈被油膜托起，悬浮在油膜上转动，从而避免了金属直接摩擦，建立了液体摩擦。

5-102　汽轮机主轴承主要有哪几种结构型式？

答： 汽轮机主轴承主要有四种结构型式：

（1）圆筒瓦支持轴承。

（2）椭圆瓦支持轴承。

（3）三油楔支持轴承。

（4）可倾瓦支持轴承。

5-103　固定式圆筒形支持轴承的结构是怎样的？

答： 固定式圆筒形支持轴承用在容量为50～100MW的汽轮

机上。轴瓦外形为圆筒形，由上下两半组成，用螺栓连接。下轴瓦支持在三块垫铁上，垫铁下衬有垫片，调整垫片的厚度可以改变轴瓦在轴承洼窝内的中心位置。上轴瓦顶部垫铁的垫片可以用来调整轴瓦与轴承上盖间的紧力。润滑油从轴瓦侧下方垫铁中心孔引入，经过下轴瓦体内的油路，自水平结合面的进油孔进入轴瓦。由于轴的旋转，使油先经过轴瓦顶部间隙，再经过轴颈和下瓦间的楔形间隙，最后从轴瓦两端泄出，由轴承座油室返回油箱。在轴瓦进油口处有节流孔板来调整进油量大小。轴瓦的两侧装有防止油甩出的油挡。轴瓦水平结合面处的锁饼用来防止轴瓦转动。

轴瓦一般用优质铸铁铸造，在轴瓦内部车出燕尾槽，并浇铸锡基轴承合金（即巴氏合金），也称乌金。

5-104　什么是自位式支持轴承？

答：圆筒形支持轴承和椭圆形支持轴承按支持方式可分为固定式和自位式（又称球面式）两种。

自位式与固定式不同的只是轴承体外形呈球面形状。当转子中心变化引起轴颈倾斜时，轴承可以随轴颈转动自动调位，使轴颈和轴瓦之间的间隙在整个轴瓦长度内保持不变。但是此轴承的加工和调整较为麻烦。

5-105　椭圆形支持轴承与圆筒形支持轴承有什么区别？

答：椭圆形支持轴承的结构与圆筒形支持轴承基本相同，只是轴承侧边间隙加大，通常侧边间隙是顶部间隙的2倍。其轴瓦曲率半径增大，使轴颈在轴瓦内的绝对偏心距增大，轴承的稳定性增加。同时轴瓦上、下部都可以形成油楔（因此又有双油楔轴承之称）。由于上油楔的油膜力向下作用，使轴承运行的稳定性好，此轴承在大、中容量汽轮机组中得到广泛运用。

5-106　什么是三油楔支持轴承？

答：三油楔支持轴承的轴瓦上有三个长度不等的油楔，从理论上分析，三个油楔建立的油膜其作用力从三个方向拐向轴颈中心，可使轴颈稳定地运转。但该轴承上、下轴瓦的结合面与水平面倾斜角为35°。给检修与安装带来不便。

从部分机组三油楔支持轴承发生油膜振荡的现象来看，此轴承的承载能力并不很大，稳定性也并不十分理想。

5-107　什么是可倾瓦支持轴承？

答：可倾瓦支持轴承通常由3～5个或更多个能在支点上自由倾斜的弧形瓦块组成，因此也称为活支多瓦形支持轴承，或摆动轴瓦式轴承。由于其瓦块能随着转速、载荷及轴承温度的不同而自由摆动，在轴颈周围形成多油楔。且各个油膜压力总是指向中心，具有较高的稳定性。

可倾瓦支持轴承还具有支承柔性大、吸收振动能量好、承载能力大、耗功小和适应正反方向转动等特点。但可倾瓦支持轴承的结构复杂，安装、检修较为困难，成本较高。

5-108　几种不同型式的支持轴承各适应于哪些类型的转子？

答：圆筒形支持轴承主要适用于低速重载转子；三油楔支持轴承、椭圆形支持轴承分别适用较高转速的轻中和中、重载转子；可倾瓦支持轴承适用于高转速轻载和重载转子。

5-109　推力轴承的作用是什么？推力轴承有哪些种类？主要构造是怎样的？

答：推力轴承的作用是承受转子在运行中的轴向推力，确定和保持汽轮机转子和汽缸之间的轴向相互位置。

推力轴承可以设置为单独式，也可以和支持轴承合并为一体，称为联合式（推力支持联合轴承）。按结构形状分多颚式和扇形瓦片式两种。现在普遍采用的为扇形瓦片式，主要构造由工作瓦片、非工作瓦片、调整垫片、安装环等组成。推力盘的两侧分别安装10至12片工作瓦片和非工作瓦片。各瓦片都安装在安装环上，工作瓦片承受转子正向轴向推力，非工作瓦片承受转子的反向轴向推力。

5-110 什么是推力间隙？

答：推力盘在工作瓦片和非工作瓦片之间的移动距离称为推力间隙，一般不大于0.4mm。瓦片上的乌金厚度一般为1.5mm，其值小于汽轮机通流部分动静之间的最小间隙，以保证即使在乌金熔化的事故情况下，汽轮机动静部分也不会相互摩擦。

5-111 汽轮机推力轴承的工作过程是怎样的？

答：安装在主轴上的推力盘两侧工作面和非工作面各有若干块推力瓦块，瓦块背面有一销钉孔，靠此孔将瓦块安置在安装环的销钉上，瓦块可以围绕销钉略为转动。

瓦块上的销钉孔设在偏离中心7.54mm处，因此瓦块的工作面和推力盘之间就构成了楔形间隙。当推力盘转动时油在楔形间隙中受到挤压，压力提高使该层油膜上具有承受转子轴向推力的能力。安装环安置在球面座上，油经过节流孔送入推力轴承进油室，分为两路，经推力轴承球面座上的进油孔进入主轴周围的环形油室，并在瓦块之间径向流过。在瓦块与瓦块之间留有宽敞的空间，便于油在瓦块中循环。

推力轴承球面座上装有回油挡油环，油环围在推力盘外圆形成环形回油室。在工作面和非工作面回油挡环的顶部各设两个回油孔，而且还可以用针形阀来调节回油量。

在推力瓦块安装环与推力盘之间也装有挡油环，该挡油环包围住推力瓦块，形成推力轴承的环形进油室。

5-112　自动主汽门的作用是什么？对自动主汽门有什么要求？

答：自动主汽门的作用是在汽轮机保护装置动作后，迅速切断汽轮机的进汽并使汽轮机停止运行。因此，自动主汽门是保护装置的执行元件。

为了保证安全，要求自动主汽门动作迅速，关闭严密，对于高压汽轮机来说，在正常进汽参数和排汽压力的情况下，自动主汽门关闭后（调节汽门全开），汽轮机转速应能够降低到1000r/min以下。自汽轮机保护系统动作到主汽门完全关闭的时间，通常要求不大于0.5～0.8s。

5-113　为什么通常主汽门都是以油压开启，而以弹簧力来关闭？

答：这是因为在任何事故情况下，包括在油源断绝时，主汽门仍应能迅速关闭，所以一般主汽门都设计成以弹簧力来关闭的。

5-114　危急保安器有哪两种型式？

答：按结构特点不同，危急保安器可分为飞锤式和飞环式两种。两种型式的危急保安器工作原理完全相同。其基本原理是当汽轮机转速达到危急保安器规定的动作转速时，飞锤（或飞环）飞出，打击脱扣杆件，使危急遮断滑阀（危急遮油门）动作，关闭自动主汽门和调节汽门，使汽轮机迅速停机。

5-115　飞锤式危急保安器的结构和动作过程是怎样的？

答：飞锤式的危急保安器装在主轴前端纵向孔内，由飞锤、外壳、弹簧和调整螺母等组成。飞锤的重心和旋转中心偏离6.5mm，又称偏心飞锤。飞锤被弹簧压住，在转速低于动作转速时，弹簧力大于离心力，飞锤不动。当转速高于飞出转速时，飞锤离心力大于弹簧力，飞锤向外飞出。飞锤一旦动作，偏心距将随之增大，离心力也随之增加，因此飞锤必然加速走完全部行程。飞锤的行程由限位衬套的凸肩限制，正常情况下，全行程为6mm。飞锤飞出后打击脱扣杠杆，使危急遮断油门动作，关闭主汽门和调节汽门，切断汽轮机进汽，使汽轮机迅速停机。

在汽轮机转速降至某一转速时，飞锤离心力小于弹簧力，飞锤在弹簧力的作用下，回到原来位置，该转速称为复位转速，一般复位转速在3050r/min左右。

飞锤的动作转速，可通过改变弹簧的初紧力加以调整，转动调整螺母使导向衬套移动，来改变弹簧的初紧力。

5-116　飞环式危急保安器与飞锤式危急保安器结构上有什么不同?

答: 飞环式危急保安器和飞锤式危急保安器主要不同之处就是，用一个套在汽轮机主轴上的具有偏心质量的飞环式代替偏心飞锤。当汽轮机转速升高到动作转速时，偏心环的离心力克服弹簧力而向外飞出。飞环的飞出转速也可以通过调整螺母改变弹簧力来调整。

5-117　危急遮断器滑阀的结构和动作原理是怎样的?

答: 危急保安器的飞锤或飞环飞出后，都通过撞击危急遮断器油门上的拉钩来实现关闭主汽门和调节汽门。因此危急保安器和危急遮断器油门共同组成超速保护装置。

危急遮断器滑阀的结构型式很多，主要由活塞、拉钩、导销、压弹簧、扭弹簧及外壳组成。每只危急保安器配用一只危急遮断滑阀。

在正常运行中，活塞被拉钩顶住，活塞所处位置使二次油室、安全油室均不与任何油路相通。当转速升高到危急保安器动作后，飞环打击在拉钩上，使拉钩逆时针方向旋转而脱钩，活塞在下部弹簧的作用下抬起，使二次油和安全油分别与回油管接通，同时泄掉安全油和二次油，自动主汽门和调节汽门关闭停机。若需危急遮断滑阀重新挂钩，可操作复位装置使复位油进入活塞上部，在复位油压的作用下，活塞下行，拉钩借扭弹簧的作用顺时针转回原位重新顶住活塞，复位油随即切断，危急遮断滑阀处于工作位置。

5-118　汽轮机轴向位移保护装置起什么作用？

答：汽轮机转子与静子之间的轴向间隙很小，当转子的轴向推力过大，致使推力轴承乌金熔化时，转子将产生不允许的轴向位移，造成动静部分摩擦，导致设备严重损坏事故，因此汽轮机都装有轴向位移保护装置。其作用是：当轴向位移达到一定数值时，发出报警信号；当轴向位移达到危险值时，保护装置动作，切断汽轮机进汽，停机。

5-119　低油压保护装置的作用是什么？

答：润滑油油压过低，将导致润滑油膜破坏，不但要损坏轴瓦，而且会造成动静之间摩擦等恶性事故，因此，在汽轮机的油系统中都装有润滑油低油压保护装置。

低油压保护装置一般具有以下作用：

（1）润滑油压低于正常要求数值时，发出信号，提醒运行人员注意并及时采取措施。

（2）油压继续下降到某数值时，自动投入备用油泵（备用交流润滑油泵和直流油泵），以提高油压。

（3）备用油泵投入后，仍继续跌到某一数值应掉闸停机。

5-120　低真空保护装置的作用是什么？

答：汽轮机运行中真空降低，不仅会影响汽轮机的出力和降低热经济性，而且真空降低过多还会因排汽温度过高和轴向推力增加影响汽轮机安全。因此大功率的汽轮机均装有低真空保护装置。

当真空降低到一定数值时，发出报警信号，真空降至规定的极限时，能自动停机。以保护汽轮机免受损坏。

第五节 汽轮机辅助设备

5-121 凝汽设备由哪些设备组成？凝汽设备的作用是什么？

答：汽轮机凝汽设备主要由凝汽器、循环水泵、抽气器、凝结水泵等组成。

凝汽设备的作用是：

(1) 凝汽器用来冷却汽轮机排汽，使排汽凝结成水，由凝结水泵送到除氧器，经给水泵送到锅炉。凝结水在发电厂是非常珍贵的，尤其对高温、高压设备。因此在汽轮机运行中，监视和保证凝结水是非常重要的。

(2) 在汽轮机排汽口造成高度真空，使蒸汽中所含的热量尽可能被用来发电，因此，凝汽器工作的好坏，对发电厂经济性影响极大。

(3) 在正常运行中凝汽器有除气作用，能除去凝结水中含有的氧，从而提高给水质量防止设备腐蚀。

5-122 凝汽器的工作原理是怎样的？

答：凝汽器中真空的形成主要原因是由于汽轮机的排汽被冷却成凝结水，其比体积急剧缩小。如蒸汽在绝对压力 4kPa 时蒸汽的体积比水的体积大 3 万多倍。当排汽凝结成水后，体积就大为缩小，使凝汽器内形成高度真空。

5-123 对凝汽器的要求是什么？

答：对凝汽器的要求有：

(1) 有较高的传热系数和合理的管束布置。

(2) 凝汽器本体及真空管系统要有高度的严密性。

(3) 汽阻及凝结水过冷度要小。

(4) 水阻要小。

(5) 凝结水的含氧量要小。

(6) 便于清洗冷却水管。

(7) 便于运输和安装。

5-124　凝汽器有哪些分类方式?

答: 按换热的方式，凝汽器可分为混合式和表面式两大类。

表面式凝汽器又可根据以下分类方式再进行分类:

(1) 按冷却水的流程，分为单道制、双道制、三道制。

(2) 按水侧有无垂直隔板，分为单一制和对分制。

(3) 按进入凝汽器的汽流方向，分为汽流向下式、汽流向上式、汽流向心式、汽流向侧式。

5-125　什么是混合式凝汽器? 什么是表面式凝汽器?

答: 汽轮机的排汽与冷却水直接混合换热的称为混合式凝汽器。该种凝汽器的缺点是凝结水不能回收，一般应用于地热电厂。

汽轮机排汽与冷却水通过铜管表面进行间接换热的凝汽器称为表面式凝汽器。现在一般电厂都是用表面式凝汽器。

5-126　通常表面式凝汽器的构造由哪些部件组成?

答: 凝汽器主要由外壳、水室、管板、铜管、与汽轮机连接处的补偿装置和支架等部件组成。凝汽器有一个圆形（或方形）的外壳，两端为冷却水水室，冷却水管固定在管板上，冷却水从进口流入凝汽器，流经管束后，从出水口流出。汽轮机的排汽从进汽口进入凝汽器与温度较低的冷却水管外壁接触而放热凝结。排汽所凝结的水最后聚集在热水井中，由凝结水泵抽出。不凝结的气体流经空气冷却区后，从空气抽出口抽出。上述为凝汽器的工作过程。

5-127　大机组的凝汽器外壳由圆形改为方形有什么优缺点?

答: 凝汽器外壳由圆形改为方形（矩形），使制造工艺简化，并能充分利用汽轮机下部空间。在同样的冷却面积下，凝汽器的高度可降低，宽度可缩小，安装也比较方便。但方形外壳受压性能差，需用较多的槽钢和撑杆进行加固。

5-128　汽流向侧式凝汽器有什么特点?

答: 汽轮机的排汽进入凝汽器后，因抽气口处压力最低，所以汽流向抽气口处流动。汽流向侧式凝汽器有上下直通的蒸汽通道，保证了凝结水与蒸汽的直接接触。一部分蒸汽由此通道进入下部，其余部分从上面进入管束的两半，空气从两侧抽出。在该类凝汽器中，当通道面积足够大时，凝结水过冷度很小，汽阻也不大。国产机组多数采用此型式。

5-129　汽流向心式凝汽器又有什么特点?

答: 汽流向心式凝汽器，蒸汽被引向管束的全部外表面，并沿半径方向流向中心的抽气口。在管束的下部有足够的蒸汽通道，使向下流动的凝结水及热水井中的凝结水与蒸汽相接触，从而凝结水得到很好的回热。该种凝汽器还由于管束在蒸汽进口侧具有较大的通道，同时蒸汽在管束中的行程较短，因此汽阻比较小。此外，由于凝结水与被抽出的蒸汽空气混合物不接触，保证了凝结水的良好除氧作用。其缺点是体积较大。

5-130　简述凝汽器结构的主要特点。

答: （1）凝汽器冷却水管采用带状布置，按三角形排列。管子两端用胀管法固定时，铜管造成一定的拱度，中间紧固在六块中间隔板上，以增加管子的刚性，改善管子的振动特性，避免共振，同时可以补偿壳体和钢管的热膨胀差。

（2）外壳钢板焊接，弹簧支座支承，上面通过排汽管与低压缸排汽口焊接。运行中凝汽器与冷却水的重量基本上都由弹簧支座支承。采用弹簧支座便于汽轮机和凝汽器受热膨胀或冷却时收缩。

（3）集水箱中设有淋水盘式的真空除氧装置。

5-131　凝汽器钢管在管板上如何固定？有什么优、缺点？

答：凝汽器铜管在管板上的固定方法主要有垫装法、胀管法、焊接法（钛管）。

（1）垫装法是将管子两端置于管板上，用填料加以密封。优点是当温度变化时，铜管能自由胀缩，但运行较长时间后，填料会腐烂而造成漏水。

（2）胀管法是将铜管置于管板上后，用专用的胀管器将铜管扩胀，扩管后的铜管管端外径比原来大1～1.5mm，与管板间保持严密接触，不易漏水。该方法工艺简单、严密性好，目前广泛在凝汽器上使用。

5-132　凝汽器与汽轮机排口是怎样连接的？排汽缸受热膨胀时如何补偿？

答：凝汽器与排汽口的连接方式有焊接、法兰连接、伸缩节连接三种。

大机组为保证连接处的严密性，一般用焊接连接。当用焊接方法或法兰盘连接时，凝汽器下部用弹簧支撑。排汽缸受热膨胀时，靠支承弹簧的压缩变形来补偿。

小机组用伸缩节连接时，凝汽器放置在固定基础上，排汽缸的温度变化时，膨胀靠伸缩节补偿。

也有的凝汽器上部用波形伸缩节与排汽缸连接，下部仍用弹簧支承。

5-133　什么是凝汽器的热力特性曲线？

答：凝汽器内压力的高低是受许多因素影响的，其中主要因素是汽轮机排入凝汽器的蒸汽量、冷却水的进口温度、冷却水量。这些因素在运行中都会发生很大的变化。

凝汽器的压力与凝汽量、冷却水进口温度、冷却水量之间的变化关系称为凝汽器的热力特性。在冷却面积一定，冷却水量也一定时，对应于每一个冷却水进水温度，可求出凝汽器压力与凝汽量之间的关系，将此关系绘成曲线，即为凝汽器的热力特性曲线。

5-134　什么是凝汽器的冷却倍率？

答：凝结 1kg 排汽所需要的冷却水量，称为冷却倍率。其数值为进入凝汽器的冷却水量与进入凝汽器的汽轮机排汽量之比。一般取 50～80。

5-135　什么是凝汽器的极限真空？

答：凝汽设备在运行中应该从各方面采取措施以获得良好真空。但真空的提高也不是越高越好，而有一个极限。真空的极限由汽轮机最后一级叶片出口截面的膨胀极限所决定。当通过最后一级叶片的蒸汽已达到膨胀极限时，如果继续提高真空，不可能得到经济上的效益，反而会降低经济效益。

简单地说，当蒸汽在末级叶片中的膨胀达到极限时，所对应的真空称为极限真空，也称为临界真空。

5-136　什么是凝汽器的最有利真空？

答：对于结构已确定的凝汽器，在极限真空内，当蒸汽参数和流量不变时，提高真空使蒸汽在汽轮机中的可用焓降增大，就会相应增加发电机的输出功率。但是在提高真空的同时，需要向凝汽器多供冷却水，从而增加循环水泵的耗功。由于凝汽器真空提高，使汽轮机功率增加与循环水泵多耗功率的差数为最大时的真空值称为凝汽器的最有利真空（即最经济真空）。

影响凝汽器最有利真空的主要因素是：进入凝汽器的蒸汽流量、汽轮机排汽压力、冷却水的进口温度、循环水量（或是循环水泵的运行台数）、汽轮机的出力变化及循环水泵的耗电量变化等。实际运行中应根据凝汽量及冷却水进口温度来选用最有利真空下的冷却水量，即合理调度使用循环水泵的容量和台数。

5-137　什么是凝汽器的额定真空?

答：一般汽轮机铭牌排汽绝对压力对应的真空即为凝汽器的额定真空。是指机组在设计工况、额定功率、设计冷却水量时的真空。但此数值并不是机组的极限真空值。

5-138　凝汽器铜管的清洗方法有哪些?

答：当凝汽器冷却水管结垢或被杂物堵塞时，便破坏了凝汽器的正常工作，使真空下降。因此必须定期清洗铜管，使其保持较高的清洁程度。

清洗方法通常有以下几种：

（1）机械清洗。即作业工人用钢丝刷、毛刷等机械清洗水垢。缺点是时间长，劳动强度大，此法已很少采用。

（2）酸洗。当凝汽器铜管结有硬垢，真空无法维持时应停机进行酸洗。用酸液溶解去除硬质水垢。去除水垢的同时还要采取适当措施防止铜管被腐蚀。

（3）通风干燥法。凝汽器有软垢污泥时，可采用通风干燥法处理，其原理是使管内微生物和软泥龟裂，再通水冲走。

（4）反冲洗法。凝汽器中的软垢还可以采用冷却水定期在铜管中反向流动的反冲洗法来清除。该方法的缺点是要增加管道阀门的投资，系统较复杂。

（5）胶球连续清洗法。是将比重接近水的胶球投入循环水中，利用胶球通过冷却水管，清洗铜管内松软的沉积物。此方法是一种较好的清洗方法，目前我国各电厂普遍采用此法。

（6）高压水泵（15～20MPa）提供高速水流击振冲洗法。

5-139　简述凝汽器胶球清洗系统的组成和清洗过程。

答：胶球连续清洗装置所用胶球有硬胶球和软胶球两种，清洗原理也有区别。硬胶球的直径比铜管内径小1～2mm，胶球随冷却水进入铜管后不规则地跳动，并与铜管内壁碰撞，加之水流的冲刷作用，将附着在管壁上的沉积物清除掉，达到清洗的目的。软胶球的直径比铜管大1～2mm，质地柔软的海绵胶球随水进入铜管后，即被压缩变形与铜管壁全周接触，从而将管壁的污垢清除掉。

胶球自动清洗系统由胶球泵、装球室、收球网等组成。清洗时把海绵球填入装球室，启动胶球泵，胶球便在比循环水压力略高的压力水流带动下，经凝汽器的进水室进入铜管进行清洗。由于胶球输送管的出口朝下，因此胶球在循环水中分散均匀，使各铜管的进球率相差不大。胶球把铜管内壁抹擦一遍，流出铜管的管口时，自身的弹力作用使其恢复原状，并随水流到达收球网，被胶球泵入口负压吸入泵内，重复上述过程，可反复清洗。

5-140　凝汽器胶球清洗收球率低有哪些原因?

答：收球率低的原因有：

（1）活动式收球网与管壁不密合，引起“跑球”。

（2）固定式收球网下端弯头堵球，收球网脏污堵球。

（3）循环水压力低、水量小，胶球穿越铜管能量不足，堵在管口。

（4）凝汽器进口水室存在涡流、死角，胶球聚集在水室中。

（5）管板检修后涂保护层，使管口缩小，引起堵球。

（6）新球较硬或过大，不易通过铜管。

（7）胶球比重太小，停留在凝汽器水室及管道顶部，影响回收。胶球吸水后的比重应接近于冷却水的比重。

5-141　怎样保证凝汽器胶球清洗的效果?

答: 为保证胶球清洗的效果，应做好下列工作：

(1) 凝汽器水室无死角，连接凝汽器水侧的空气管、放水管等要加装滤网，收球网内壁光滑不卡球，且装在循环水出水管的垂直管段上。

(2) 凝汽器进口应装二次滤网，并保持清洁，防止杂物堵塞铜管和收球网。

(3) 胶球的直径一般要比铜管大 1～2mm 或相等，应通过试验确定。发现胶球磨损直径减小或失去弹性，应更换新球。

(4) 投入系统循环的胶球数量应达到凝汽器冷却水一个流程铜管根数的 20%。

(5) 每天定期清洗，并保证 1h 清洗时间。

(6) 保证凝汽器冷却水进出口一定的压差，可采用开大清洗侧凝汽器出水阀以提高出口虹吸作用和提高凝汽器进口压力的办法。

5-142　凝汽器进口二次滤网的作用是什么? 二次滤网有哪两种型式?

答: 虽然在循环水泵进口装设有拦污栅、回转式滤网等设备，但仍有许多杂物进入凝汽器，这些杂物容易堵塞管板、铜管，也会堵塞收球网，这样不仅降低了凝汽器的传热效果，而且有可能会使胶球清洗装置不能正常工作。为了使进入凝汽器的冷却水进一步得到过滤，需在凝汽器循环水进口管上装设二次滤网。

对二次滤网的要求，既要过滤效果好，又要水流的阻力损失小，二次滤网分内旋式和外旋式滤网二种。

外旋式滤网带蝶阀的旋涡式，改变水流方向产生扰动，使杂物随水排出。

内旋式滤网的网芯由液压设备转动，上面的杂物被固定安置的挡板刮下，并随水流排入凝汽器循环水出水管。

两种形式比较而言，内旋式二次滤网清洗排污效果好。

5-143　凝汽器铜管腐蚀、损坏造成泄漏的原因有哪些？

答：运行中的凝汽器铜管腐蚀损伤大致可分为三种类型。

（1）电化学腐蚀。由于铜管本身材料质量关系引起电化学腐蚀，造成铜管穿孔，脱锌腐蚀。

（2）冲击腐蚀。由于水中含有机械杂物在管口造成涡流，使管子进口端产生溃疡点和剥蚀性损坏。

（3）机械损伤。造成机械损伤的原因主要是铜材的热处理不好，管子在胀接时产生的应力及运行中发生共振等原因造成铜管裂纹。

凝汽器铜管的腐蚀，其主要型式是脱锌。腐蚀部分的表面因脱锌而成海绵状，使铜管变得脆弱。

5-144　防止铜管腐蚀的方法有哪些？

答：防止铜管腐蚀有以下方法：

（1）采用耐腐蚀金属制作凝汽器管子，如用钛管制成冷却水管。

（2）硫酸亚铁或铜试剂处理。经硫酸亚铁处理的铜管不但能有效地防止新铜管的脱锌腐蚀，而且对运行中已经发生脱锌腐蚀的旧铜管，也可在其锌层表面形成一层紧密的保护膜，有效地抑制脱锌腐蚀的继续发展。

（3）阴极保护法。阴极保护法也是一种防止溃疡腐蚀的措施，采用此方法可以保护水室、管板和管端免遭腐蚀。

（4）冷却水进口装设过滤网和冷却水进行加氯处理。

（5）采取防止脱锌腐蚀的措施，添加脱锌抑制剂。防止管壁温度上升，消除管子内表面停滞的沉积物，适当增加管内流速。

（6）加强新铜管的质量检查试验和提高安装工艺水平。

5-145　改变凝汽器冷却水量的方法有哪几种？

答： 改变冷却水量的方法有：

(1) 采用母管制供水的机组，根据负荷增减循环水泵运行的台数，或根据水泵容量大小进行切换使用。

(2) 对于可调叶片的循环水泵，调整叶片角度。

(3) 调节凝汽器循环水进水门，改变循环水量。

5-146　凝汽器为什么要有热井？

答： 热井的作用是集聚凝结水，有利于凝结水泵的正常运行。

热井储存一定数量的水，保证甩负荷时不使凝结水泵马上断水。热井的容积一般要求相当于满负荷时约 0.5～10min 内所聚集的凝结水流量。

5-147　凝汽器汽侧中间隔板起什么作用？

答： 为了减少铜管的弯曲和防止铜管在运行过程中振动，在凝汽器壳体中设有若干块中间隔板。中间隔板中心一般比管板中心高 2～5mm，大型机组隔板中心抬高 5～10mm。管子中心抬高后，能确保管子与隔板紧密接触，改善管子的振动特性；管子的预先弯曲能减少其热应力；还能使凝结水沿弯曲的管子中央向两端流下，减少下一排管子上积聚的水膜，提高传热效果，放水时便于把水放净。

5-148　抽气器的作用是什么？

答： 抽气器的作用是不断地将凝汽器内的空气及其他不凝结的气体抽走，以维持凝汽器的真空。

5-149　抽气器有哪些种类和型式？

答： 抽气器大体可分为两大类：

(1) 容积式真空泵。主要有滑阀式真空泵、机械增压泵和液环泵等。因价格高、维护工作量大，国产机组很少采用。

（2）射流式真空泵。主要是射汽抽气器和射水抽气器等，射汽抽气器按其用途又分为主抽气器和辅助抽气器。国产中、小型机组用射汽抽气较多，大型机组一般采用射水抽气器。

5-150　射水式抽气器的工作原理是怎样的？射水式抽气器主要有哪些优缺点？

答：从射水泵来的具有一定压力的工作水经水室进入喷嘴，喷嘴将压力水的压力能转变为速度能，水流高速从喷嘴射出，使空气吸入室内产生高度真空，抽出凝汽器内的汽、气混合物，一起进入扩散管，水流速度减慢，压力逐渐升高，最后以略高于大气压力排出扩散管。在空气吸入室进口装有止回阀，可防止抽气器发生故障时，工作水被吸入凝汽器中。

射水式抽气器具有结构紧凑、工作可靠、制造成本低等优点，因而广泛用于汽轮机凝汽设备中。缺点是要消耗一部分电力和水，占地面积大。

5-151　射汽式抽气器的工作原理是怎样的？射汽式抽气器主要有什么优缺点？

答：射汽式抽气器由工作喷嘴、混合室和扩压管三部分组成。工作蒸汽经过喷嘴时热降很大，流速增高，喷嘴出口的高速蒸汽流，使混合室的压力低于凝汽器的压力，因此凝汽器中的空气就被吸进混合室中。吸入的空气和蒸汽混合在一起进入扩压管，在扩压管中流速逐渐降低，而压力逐渐升高。对于一个二级的主抽气器，蒸汽经过一级冷却室冷凝成水，空气再由第二级射汽抽气器抽出。其工作过程与第一级完全一样，只是在第二级射汽抽气器的扩压管中，蒸汽和空气的混合气体压力升高到比大气压力略高一点，经过冷却器把蒸汽凝结成水，空气排到大气中。

射汽式抽气器的优点是效率比较高，可以回收蒸汽的热量。

缺点是制造较复杂、造价高，喷嘴容易堵塞。抽气器用的蒸汽，使用主蒸汽节流减压时损失比较大。

随着汽轮机蒸汽参数的提高，使得依靠新蒸汽节流来获得汽源的射汽式抽气器系统显得复杂且不合理；大功率单元机组多采用滑参数启动，在机组启动之前也不可能有足够汽源供给射汽式抽气器，所以射汽式抽气器现在在大机组上应用较少。

5-152　射水抽气器的工作水供水有哪两种方式？

答：射水抽气器的工作供水有以下两种方式：

（1）开式供水方式。工作水是用专用的射水泵从凝汽器循环水入口管引出，经抽气器后排出的气、水混合物引至凝汽器循环水出口管中。

（2）闭式循环供水方式。设有专门的工作水箱（射水箱），射水泵从进水箱吸入工作水，至抽气器工作后排到回水箱，回水箱与进水箱有连通管连接，因而水又回到进水箱。为防止水温升高过多，运行中连续加入冷水，并通过溢水口，排掉一部分温度升高的水。

5-153　进入锅炉的给水为什么必须经过除氧？给水除氧的方式有哪两种？

答：如果锅炉给水中含有氧气，将会使给水管道、锅炉设备及汽轮机通流部分遭受腐蚀，缩短设备的寿命。防止腐蚀最有效的办法是除去水中的溶解氧和其他气体，该过程称为给水的除氧。

除氧的方式分物理除氧和化学除氧两种。物理除氧是设除氧器，利用抽汽加热凝结水达到除氧目的；化学除氧是在凝结水中加化学药品进行除氧。

5-154　什么是泵？泵可分为哪些不同类型？

答：泵是用来把原动机的机械能转变为液体的动能和压力

能的一种设备。

泵一般用来输送液体，可以从位置低的地方送到位置高的地方，或者从压力低的容器送至压力高的容器。泵的种类可分为：

(1) 叶片泵。包括离心泵、轴流泵、混流泵、旋涡泵、自吸泵。

(2) 容积泵。包括齿轮泵、螺杆泵、活塞泵。

(3) 其他型式泵。包括喷射泵、真空泵。

5-155 电厂主要有哪三种水泵？各自的作用是什么？

答：给水泵、凝结水泵、循环水泵是电厂最主要的三种水泵。

给水泵的作用是把除氧器储水箱内具有一定温度、除过氧的给水，提高压力后输送给锅炉，以满足锅炉用水的需要。

凝结水泵的作用是将凝汽器热井内的凝结水升压后送至回热系统。

循环水泵的作用是向汽轮机凝汽器供给冷却水，用以冷凝汽轮机的排汽。在电厂中，循环水泵还要向冷油器、冷水器、发电机的空气冷却器等提供冷却水。

5-156 离心泵的工作原理是什么？

答：在泵内充满液体的情况下，叶轮旋转产生离心力，叶轮槽道中的液体在离心力的作用下甩向外围，流进泵壳，使叶轮中心形成真空，液体就在大气压力的作用下，由吸入池流入叶轮。液体不断地被吸入和打出，在叶轮里获得能量的液体流出叶轮时具有较大的动能，这些液体在螺旋形泵壳中被收集起来，并在后面的扩散管内把动能变成压力能。

5-157 轴流泵的工作原理是什么？

答：轴流泵的工作原理就是在泵内充满液体的情况下，叶轮旋转时对液体产生提升力，把能量传递给液体，使水沿着轴向前进，同时跟着叶轮旋转。轴流泵常用作循环水泵。

5-158　什么是自吸泵？自吸泵的工作原理是什么？

答：不需在吸入管道中充满水就能自动地把水抽上来的离心泵称为自吸泵。

自吸泵的工作原理是：在泵内存满水的情况下，叶轮旋转产生离心力，液体沿槽道流向涡壳。在泵的入口形成真空，使进水止回门打开，吸入进水管内的空气进入泵内，在叶轮槽道中，空气与径向回水孔（或回水管）中的水混合，一起沿槽道沿蜗壳流动，进入分离室。在分离室中，空气从液体中分离出来，液体重新回到叶轮，反复循环，直至将吸入管道中的空气排尽，使液体进入泵内，完成自吸过程。

5-159　什么是喷射泵？喷射泵的工作原理是什么？

答：利用较高能量的液体，通过喷嘴产生高速液体后形成负压来吸取液体的装置称喷射泵。

喷射泵的工作原理是利用较高能量的液体，通过喷嘴产生高速度，裹挟周围的流体一起向扩散管运动，使接受室中产生负压，将被输送液体吸入接受室，与高速流体一起在扩散管中升压后向外流出。

5-160　离心泵有哪些种类？

答：离心泵按工作叶轮数目可分为单级泵、多级泵。

按工作压力可分为低压泵、中压泵、高压泵。

按叶轮进水方式可分为单吸泵、双吸泵。

按泵壳结合缝型式可分为水平中开式泵、垂直结合面泵。

按泵轴位置可分为卧式泵、立式泵。

按叶轮出来的水引向压出室的方式可分为蜗壳泵、导叶泵。

按泵的转速可否改变可分为定速泵、调速泵。

5-161　离心泵由哪些构件组成?

答: 离心泵的主要组成部分有转子和静子两部分。

转子包括叶轮、轴、轴套、键和联轴器等;静子包括泵壳、密封设备(填料筒、水封环、密封圈)、轴承、机座、轴向推力平衡设备等。

5-162　离心泵的平衡盘装置的构造和工作原理是什么?

答: 离心泵平衡盘装置由平衡盘、平衡座和调整套(有的平衡盘和调整套为一体)组成。

平衡盘装置的工作原理是:从末级叶轮出来的带有压力的液体,经平衡座与调整套间的径向间隙流入平衡盘与平衡座间的水室中,使水室处于高压状态。平衡盘后有平衡管与泵的入口相连,其压力近似为泵的入口压力。在平衡盘两侧压力不相等时,就产生了向后的轴向平衡力,轴向平衡力的大小随轴向位移变化、调整平衡盘与平衡座间的轴向间隙(即改变平衡盘与平衡座间水室压力)而变化,从而达到平衡的目的。但此平衡经常是动态平衡。

5-163　离心真空泵有哪些优缺点?

答: 与射水抽气器比较,离心真空泵有耗功低、耗水量少的优点,并且其噪声也很小。

离心真空泵的缺点是:过载能力很差,当抽吸空气量太大时,真空泵的工作恶化,真空破坏,对真空严密性较差的大机组来说是一个威胁。故可考虑采用离心真空泵与射水抽气器共用的办法,当机组启动时用射水抽气器,正常运行时用真空泵来维持凝汽器的真空。

5-164　离心真空泵的结构是怎样的?

答: 离心真空泵主要由泵轴、叶轮、叶轮盘、分配器、轴承、支持架、进水壳体、端盖、泵体、泵盖、逆止阀、喷嘴、喷射管、扩散管等零部件组成。泵轴是由装在支持架轴承室内的两个球面滚珠轴承支承，其一端装有叶轮盘，在叶轮盘上固定着叶轮；在叶轮内侧的泵体上装有分配器，改变分配器中心线与叶轮中心线的夹角 α（一般最佳角度为 8°），就能改变工作水离开叶轮时的流动方向，如果把分配器的角度调整到使工作水流沿着混合室轴心线方向流动，此时流动损失最小，而泵的引射蒸汽与空气混合物的能力最高。

5-165 离心真空泵的工作原理是怎样的?

答: 当泵轴转动时，工作水从泵下部入口被吸入，并经过分配器从叶轮的流道中喷出，水流以极高速度进入混合室，由于强烈的抽吸作用，在混合室内产生绝对压力为 3.54kPa 的高度真空，此时凝汽器中的汽气混合物，由于压差作用冲开止回阀，被不断地抽到混合室内，并同工作水一道通过喷射管、喷嘴和扩散管被排出。

5-166 什么是泵的特性曲线?

答: 泵的特性曲线就是在转速为某一定值下，流量与扬程，所需功率及效率间的关系曲线。即 Q-H 曲线、Q-N 曲线、Q-η 曲线。

5-167 泵的主要性能参数有哪些?

答: 泵的主要性能参数有：

（1）扬程。单位质量液体通过泵后所获得的能量，用 H 表示，单位为 m。

（2）流量。单位时间内泵提供的液体数量。流量分为体积流量和质量流量，体积流量用 Q 表示，单位为 m^3/s，质量流量用 G 表示，单位为 kg/s。

（3）转速。泵每分钟的转数，用 n 表示，单位为 r/min。

（4）轴功率。原动机传给泵轴上的功率。用 P 表示，单位为 kW。

(5) 效率。泵的有用功率与轴功率的比值。用 η 表示。效率是衡量泵在水力方面完善程度的一个指标。

5-168 离心泵的并联运行有何要求？特性曲线差别较大的泵并联有何不好？

答： 并联运行的离心泵应具有相似而且稳定的特性曲线，并且在泵的出口阀门关闭的情况下，具有接近的出口压力。

特性曲线差别较大的泵并联，若两台并联泵的关死点扬程相同，而特性曲线陡峭程度差别较大时，两台泵的负荷分配差别较大，易使一台泵过负荷。若两台并联泵的特性曲线相似，而关死扬程差别较大，可能出现一台泵带负荷运行，另一台泵空负荷运行，白白消耗电能，并且易使空负荷运行泵汽蚀损坏。

5-169 什么是离心泵的串联运行？串联运行有什么特点？

答： 液体依次通过两台以上离心泵向管道输送的运行方式称为串联运行。

串联运行的特点是：每台水泵所输送的流量相等，总的扬程为每台水泵扬程之和。串联运行时，泵的总性能曲线是各泵的性能曲线在同一流量下，各扬程相加所得点相连组成的光滑曲线，其工作点是泵的总性能曲线与管道特性曲线的交点。

5-170 什么是离心泵的并联运行？并联运行有什么特点？

答： 两台或两台以上离心泵同时向同一条管道输送液体的运行方式称为并联运行。

并联运行的特点是：每台水泵所产生的扬程相等，总的流量为每台泵流量之和。

并联运行时泵的总性能曲线是每台泵的性能曲线在同一扬程下各流量相加所得的点相连而成的光滑曲线。泵的工作点是泵的总性能曲线与管道特性曲线的交点。

5-171 离心泵为什么会产生轴向推力?

答: 因为离心泵工作时，叶轮两侧承受的压力不对称，所以会产生叶轮出口侧往进口侧方向的轴向推力。

除上述原因外，还有因反冲力引起的轴向推力，不过此力较小，在正常情况下不考虑。在水泵启动瞬间，没有因叶轮两侧压力不对称引起的轴向推力，该反冲力会使轴承转子向出口窜动。对于立式泵，转子的重量也是轴向推力的一部分。

5-172 离心泵流量有哪几种调节方法？各有什么优缺点?

答: 离心泵流量有以下调节方法：

(1) 节流调节法。用泵出口阀门的开度大小来改变泵的管路特性，从而改变流量。该调节方法的优点是操作十分简单，缺点是节流损失大。

(2) 变速调节。改变水泵转速，使泵的特性曲线升高或降低，从而改变泵的流量，该调节方法，没有节流损失，是较为理想的调节方法。

(3) 改变泵的运行台数。用改变泵的运行台数来改变管道的总流量。该调节方法简单，但工况点在管路特性曲线上的变化很大，因此进行流量的微调是很困难的。

(4) 汽蚀调节法。如凝结水泵采用低水位运行方式，通过改变凝汽器的水位高低，改变水泵特性曲线，从而改变流量。该方法简单易行、省电，但叶轮易损，并伴有振动、噪声。

(5) 轴流泵和混流泵常采用改变叶轮、叶片角度的办法，此法调节流量十分经济。

5-173 水泵调速的方法有哪几种?

答: 水泵调速方法有：

(1) 采用电动机调速。

（2）采用液力偶合器和增速齿轮变速。

（3）用小汽轮机直接变速驱动。

5-174 何谓凝结水泵的低水位运行？有什么优缺点？

答：利用凝结水泵的汽蚀特性自动调节凝汽器水位的运行方式，称为低水位运行。其优点是：不设水位自动调节装置，系统简化，投资减小，可减少值班人员的操作，并且提高了运行的可靠性，还可节省电能。其缺点是：凝结水泵经常在汽蚀条件下工作，对水泵叶轮要求较高，且噪声大、振动大，影响水泵寿命。特别在低负荷运行时汽蚀时间长，故汽轮机低负荷时不宜低水位运行。

5-175 凝结水泵有什么特点？

答：凝结水泵所输送的是相应于凝汽器压力下的饱和水，因此在凝结水泵入口易发生汽化，故水泵性能中规定了进口侧的灌注高度，借助水柱产生的压力，使凝结水离开饱和状态，避免汽化。因而凝结水泵安装在热井最低水位以下，使水泵入口与最低水位维持0.9～2.2m的高度差。

由于凝结水泵进口是处在高度真空状态下，容易从不严密的地方漏入空气并积聚在叶轮进口，使凝结水泵出水中断。因此一方面要求进口处严密不漏气，另一方面在泵入口处接一抽空气管道至凝汽器汽侧（也称平衡管），以保证凝结水泵的正常运行。

5-176 凝结水泵为什么要装再循环管？

答：凝结水泵接再循环管主要是为了解决水泵汽蚀的问题。

为了避免凝结水泵发生汽蚀，必须保持一定的出水量。当空负荷和低负荷时凝结水量少时，凝结水泵采用低水位运行，汽蚀现象逐渐严重，凝结水泵工作极不稳定，此时通过再循环管，凝结水泵的一部分出水流回入凝汽器，能保证凝结水泵的正常工作。

此外，轴封冷却器、射汽抽气器的冷却器在空负荷和低负荷时必须流过足够的凝结水，因此一般凝结水再循环管都从这些设备的后面接出。

5-177 什么是给水泵？给水泵的作用是什么？有什么工作特点？

答：供给锅炉用水的泵称为给水泵。其作用是连续不断地、可靠地向锅炉供水。

由于给水温度高（为除氧器压力对应的饱和温度），在给水泵进口处水容易发生汽化，会形成汽蚀而引起出水中断。因此一般都把给水泵布置在除氧器水箱以下，以增加给水泵进口的静压力，避免汽化现象的发生，保证水泵的正常工作。

5-178 平衡水泵轴向推力平衡的方法有哪几种？

答：单级泵轴向推力平衡方法有：

(1) 在叶轮前、后盖板处设有密封环，叶轮后盖板上设有平衡孔（平衡孔一般为 4～6 个，总面积是密封面间隙面积的 5 倍）或装平衡管。

(2) 叶轮双面进水。

(3) 叶轮出口盖板上装背叶片，除此以外，多余的轴向推力由推力轴承承受。

多级泵轴向推力平衡方法有：

(1) 叶轮对称布置。

(2) 平衡盘装置法。

(3) 平衡鼓和双向止推轴承法。

(4) 采用平衡鼓带平衡盘的办法。

5-179 多级泵采用平衡盘装置有什么缺点？

答：平衡盘装置在多级泵上广泛使用，用来平衡轴向推力，其缺点为：

(1) 在启动、停泵或发生汽蚀时，平衡盘不能有效地工作，容易造成平衡盘与平衡座之间的摩擦和磨损。

(2) 由于转轴位移的惯性，易造成平衡力大于或小于轴向力的现象，致使泵轴往返窜动，造成低频窜振。

(3) 高压水往往通过叶轮轴套与转轴之间的间隙窜水反流，干扰了泵内水的流动，又冲刷了部件，从而影响水泵的效率、寿命和可靠性。

5-180　水泵的轴端密封装置有哪些类型？

答：水泵的轴封装置主要有填料轴封，浮动环轴封、机械密封、迷宫式轴封，此外还有液体动力型轴封。

填料密封由填料箱、填料、填料环、填料压盖、双头螺栓和螺母等组成。填料轴封就是在填料箱内施加柔软方型填料来实现密封。如果水泵轴封处压力高，转速快，摩擦产生的热量大，输送的水温度也很高，对填料必须设冷却装置。填料密封的优点是检修方便、工艺简单，对多级水泵来说密封效果好。

5-181　什么是机械密封装置？

答：机械密封是无填料的密封装置。机械密封装置是靠固定在轴上的动环和固定在泵壳上的静环，以及两个端面的紧密接近（由弹簧力滑推，同时又是缓冲补偿元件）达到密封的。在机械密封装置中，压力轴封水一方面要顶住高压泄出水，另一方面要窜进动静环之间，维持一层流膜，使动静环端面不接触。由于流动膜很薄，且易被高压水压着，因此泄出水量很少，此装置只要设计得当，保证轴封水在动、静环端面上形成流动膜，就可满足“干转”下的运转。机械密封的摩擦耗功较少，一般为填料密封摩擦功率的10%～15%，且轴向尺寸不大，造价低，被认为是一种很有前景的密封装置。

第三部分
燃气轮机运行岗位技能知识

第六章

燃 气 轮 机 系 统

第一节 燃气轮机进气系统

6-1 简述 9E 燃气轮机的系统构成。

答： 9E 燃气轮机的系统由①进气系统；②启动系统；③润滑油系统；④跳闸油系统；⑤冷却水系统；⑥冷却与密封空气系统；⑦雾化空气系统；⑧燃油系统；⑨进口导叶 IGV 系统；⑩火灾保护系统；⑪加热和通风系统；⑫压缩空气系统构成。

6-2 9E 燃气轮机系统属于“ON BASE”部分的有哪些？

答： 9E 燃气轮机系统“ON BASE”部分的主要有：启动系统、滑油系统、跳闸油系统、液压油系统、冷却与密封空气系统、雾化空气系统、液体燃料系统、气体燃料系统、进口可转导叶系统、冷却水系统、火灾保护系统、加热和通风系统。

6-3 9E 燃气轮机系统属于“OFF BASE”部分的有哪些？

答： 9E 燃气轮机系统“OFF BASE”部分的主要有：抽油烟系统、轻油前置系统、重油前置系统、抑钒剂加注系统、箱体外冷却系统、CO_2 灭火系统、空滤及进气系统，水洗撬体及压缩空气系统。

6-4 简述燃气轮机进、排气系统的组成及其系统流程。

答： 燃气轮机进、排气系统由：进气室、消音器、入口加热装置、进气弯头、过渡段、压气机、燃机透平、排气框架、排气扩压段、排气导管、烟囱组成。

进排气系统的流程：进气室（进口筛网－惯性分离器－高效过滤器）/旁路门－消音器－进气弯头－过渡段－进气室－燃气轮机－排气框架－排气扩压段－排气导管－烟囱（或HRSG）

6-5　9E燃气轮机进气系统包括哪些部件？简述各部件的作用。

答：燃气轮机进气系统是一个接受，过滤和导引外界空气进入压气机入口的装置。包括进气防雨雾筛网、圆筒形及圆锥形组合过滤器、滤器安装架及隔板、空滤反清洗管路、进气导流罩、膨胀节、消音器、压气机入口连接弯管。该设备装置在燃机的尾部，且跨越在燃机控制间或辅机间上方。

进气滤室由滤筒组件和维护通道，人孔门等组成。9E燃气轮机的进气滤为带自脉冲清洗的锥式滤和筒式滤组件；该滤芯的自清洗为反向脉冲的压缩空气来实现，由控制系统实现，分自动反吹清洗和手动反吹清洗两种方式。自动清洗为燃气轮机进气滤压差升至539Pa时进行，气滤压差降至441Pa时停止；手动方式是根据滤芯运行情况或天气情况，随时进行的。

进气消音器用来消除或减弱由压气机运行时传来的高频噪声。进气弯头和过渡进气道是按声学原理连接在一起，以进一步帮助降燥。

6-6　燃气轮机进气系统的主要作用是什么？

答：主要作用是对进入机组的空气进行过滤，滤掉其中的杂质，保证机组高效率地可靠运行。

6-7　怎样算是好的进气系统？

答：一个好的进气系统，应能在各种温度、湿度和污染的环境中，改善进入机组的空气质量，确保机组高效率可靠地运行。

6-8 进气系统的功能是什么?

答: 进气系统的功能是：对进入机组的空气进行过滤，消音，并将气源引到压气机的入口。

6-9 简述燃气轮机进气系统的设备组成。

答: 进气系统由一个封闭的进气室和进气管道组成。进气管道中有消音设备。进气管道下游与压气机进气道相连接。

6-10 进口筛网的作用是什么?

答: 进口筛网的作用是防止小动物、树枝、纸片等物体进入机组。同时，通过筛网中填充物料的弯曲布置型式，对湿度较大的空气（雨、雾天气）中的水蒸气起到一定的凝结的作用，凝结水直接排除保证进气的干燥性。

6-11 圆筒形及圆锥形组合过滤器的作用是什么?

答: 能过滤掉空气中直径大于 5μm 的杂质，保证压气机进行的洁净度。

6-12 滤器安装架及隔板的作用是什么?

答: 用来固定空气过滤器，同时隔离滤前及滤后的气流。

6-13 试绘制 S209FA 型燃气-蒸汽联合循环热电联产机组燃气轮机空气进排气系统流程图。

答: 燃气轮机空气进排气系统流程图如图 6-1 所示。

6-14 简述 S209FA 型燃气-蒸汽联合循环热电联产机组的燃气轮机进气系统。

答: (1) 进气系统包括：带防风雨罩的过滤器、采用高效

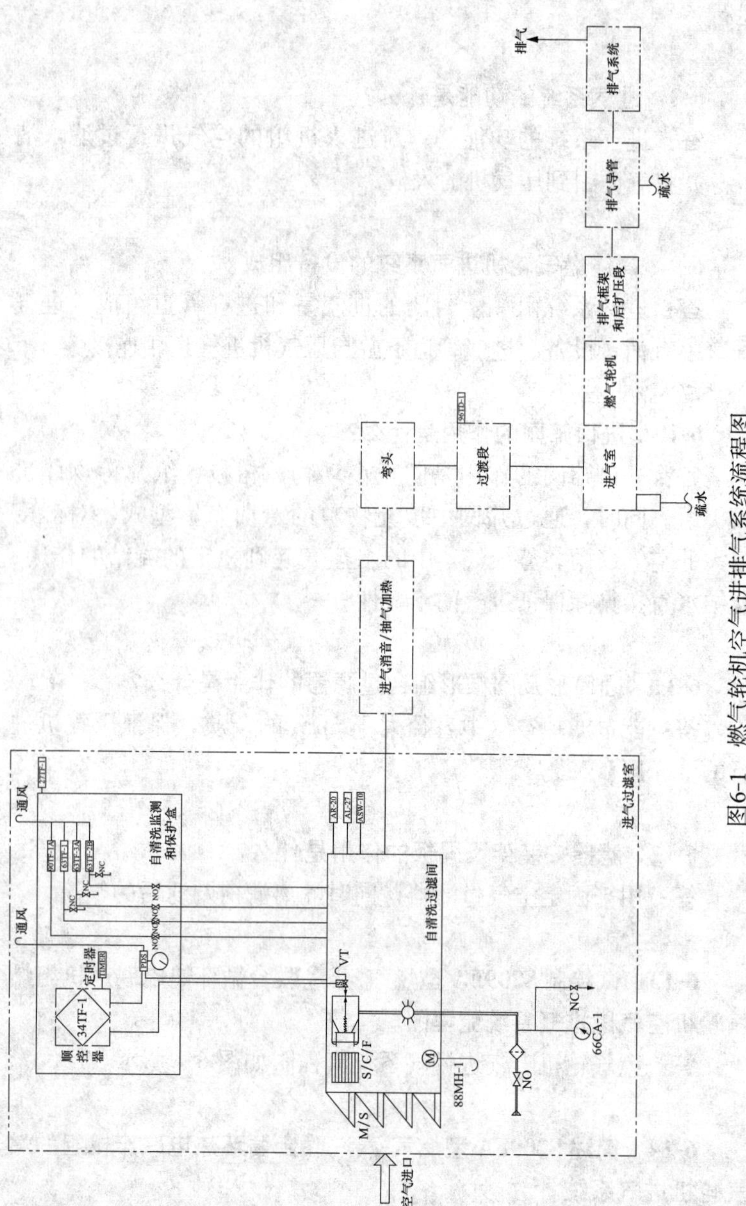

图6-1 燃气轮机空气进排气系统流程图

过滤器的自动清洗过滤系统和进口风管系统。过滤器室位于进口风管支撑结构的顶部，进口风管系统与进口抽气加热组件一起装在进口风管支撑结构上。空气进入过滤室，依次通过过渡段、消音器、进口加热组件、拦污网、导流弯管、IGV，最后通过进口压力测量装置进入压气机内。

（2）当过滤器两侧的压力降大于预定值时，差压开关动作，激活反脉冲型自动清洗系统，自动程序控制装置按特殊顺序清扫滤芯。自动程序控制装置操纵一系列电磁阀，每台电磁阀控制一小部分过滤器的清扫。清扫期间，每个电磁阀释放瞬时脉冲的高压空气，该脉冲用形成的瞬时反向气流冲击过滤器，使积聚的灰尘破散，跌落到灰斗中，并在完成清扫循环后排出来。当过滤器两侧的压降小于预定值时，差压开关动作，清扫循环结束。

6-15　以 S209FA 型燃气-蒸汽联合循环热电联产机组为例，简述燃气轮机进口空气系统的设备规范及作用。

答：燃气轮机进口空气系统的设备规范及作用为：

（1）空气处理装置遮断电磁阀防止 APU（空气处理单元）干燥塔超温。

（2）空气干燥器 2 台（一用一备），功率为 100kW。

（3）空气处理装置冷却风机（88AD）一台，工作转速 1725r/min。

（4）APU 压力释放阀 2 个，动作压力 1034kPa，用于防止 APU 干燥塔超压。

（5）空气过滤器自清洗型。大于 5μm 的颗粒均能被清除，滤尘效率 98%，包含过滤器元件 672 对，设计流量 526.7m^3/s，收尘容量 0.016kg/m^2，过滤器材料寿命取决于环境，预计寿命为 17 520～35 040h。

（6）进气消音器。进口消音器部分是组合模块架进口抽气加热器的一部分，设有消音器 20 台，消音器定义长度为 2.4m，挡板为平行板式设计，噪声衰减 98dB。

6-16　以 S209FA 型燃气-蒸汽联合循环热电联产机组为例，绘制燃气轮机进气滤反吹系统图，并说明其进口空气滤网反吹程序的逻辑。

答：燃气轮机进气滤反吹系统图如图 6-2 所示。

进口空气滤网反吹程序的逻辑为：

（1）进气过滤器压差高至 0.76kPa，APU（空气处理单元）自动反吹。

（2）进气过滤器压差高至 1.49kPa，MARK- VI 报警。

（3）进气过滤器压差高至 1.99kPa，燃机自动减负荷停机。

（4）进气过滤器脉冲自清洗单元（APU）出口空气压力低至 586kPa，MARK- VI 报警。

（5）APU 供气压力低至 758kPa，MARK-VI 报警。

（6）APU 供气过滤器后压力低至 414kPa，MARK-VI 报警。

（7）APU 空气温度高至 43℃，冷却风扇 88AD 自动投运。

（8）APU 空气温度低至 38℃，自动停运冷却风扇。

6-17　空滤反清洗管路的作用是什么？

答：提供空滤的反清洗管路，对积聚在空滤进气侧的杂质灰尘进行反吹，机组运行时能防止杂质灰尘在空滤表面聚成饼状而难以清除，在停机后反清洗能吹掉空滤表面的积灰，提高滤器的通透性，较低进气压力损失，提高机组效率。

6-18　简述进气导流罩的作用。

答：平顺地改变气流地方向，使得压损在尽可能小的情况下导入消音器及压气机入口。

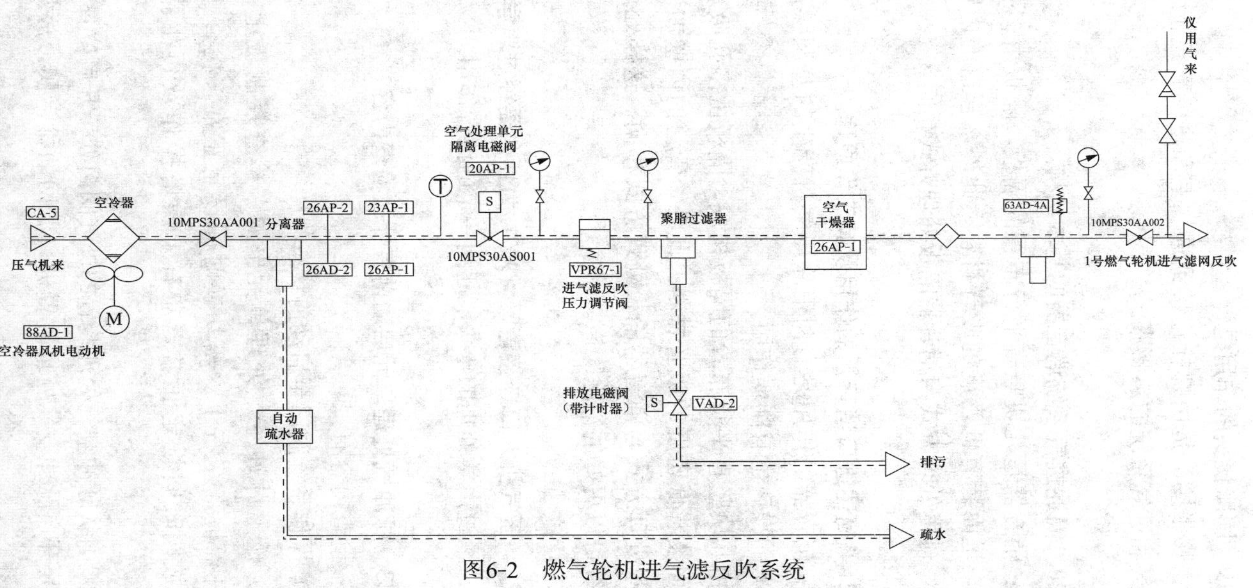

图6-2 燃气轮机进气滤反吹系统

6-19　膨胀接头的作用是什么？

答：膨胀接头是用螺栓连接到进气室和进气管道上，用来补偿进气和进气系统的热膨胀。

6-20　简述进气系统消音器的基本结构。

答：消音器是几块竖直平行布置的隔板，隔板由多孔吸音板做成，里面装有低密度的吸音材料。此外，管道的内壁还装有衬里，衬里处理方式与消音器隔板处理方式相同。

6-21　简述进口消音器的作用及其工作原理。

答：消音器的作用是专门消除压气机产生的基调噪声，对其他频率的噪声也有削弱作用。

是由几块竖直平行布置的隔板构成，隔板由多孔吸音板做成，里面装着低密度的吸音材料。此外，管道的内壁加装有衬里，衬里处理方式与消音器隔板处理方式相同。这样处理过的进气系统可以更好的消除噪声。

6-22　压气机入口连接弯管（90°）为什么要经过声学处理？

答：经过声学处理的弯头能起到一定的消音作用。

6-23　脉冲气处理单元启动前有什么检查内容？

答：检查内容有：

（1）操作系统阀门至启动前状态。

（2）送上脉冲空气处理单元电源，检查控制板上 POWER 灯亮，检查左右干燥塔切换时间设定正常，检查干燥塔底部排放阀时间设定正常，左右干燥塔操作及再生指示应正常。

（3）确认脉冲空气处理装置的进气阀门处于开启位置。

（4）开启脉冲空气处理装置进口滤网的排污阀，放尽存水后应关闭。

（5）当燃气轮机启动后，脉冲空气处理装置应自动投入运行。

（6）脉冲空气处理装置空冷器完好，无泄漏。

6-24 简述进气系统空气处理单元中 20AP-2、M/S、96TD-1 的作用。

答： 20AP-2 为空气处理单元（APU）的温度开关，当温度超过设定值 62.78±2.778℃时，关闭电磁阀 20AP-1，切断 APU 供汽。

M/S 是惯性分离器（质量分离），对空气进行过滤，能够自动清洗而无需日常维护的空气过滤器。

96TD-1 是露点传感器，当进入过渡段的空气低于其相应压力下的露点温度的时候，露点传感器便会报警并将信号反馈给操作人员。

6-25 燃气轮机进口空气系统投运前应做哪些准备和检查？

答：（1）检查燃气轮机进口空气系统检修工作已结束，系统管道、阀门完好，现场清洁。

（2）检查燃气轮机进口空气系统中的各热工仪表在投入状态且工作正常。

（3）检查进气滤网上无异物，燃气轮机进气小室内清洁无杂物，门关闭完好。

（4）按阀门卡检查确认阀门的位置正确。

（5）测 APU 绝缘合格，送上电源。

（6）检查燃气轮机 MARK-VI 无进口空气系统相关报警。

6-26 以 S209FA 型燃气-蒸汽联合循环热电联产机组为例，简述燃气轮机进口空气系统的启停过程。

答：（1）燃气轮机进口空气系统的启动：

1）检查燃气轮机进口空气滤网反吹系统在 AUTO 位。

2）当机组启动时，将由MARK-VI控制系统来控制燃气轮机压气机的转速，同时燃气轮机进口空气系统开始运行后，空气流过进口过滤器。

3）进口过滤器差压（63TF-1）将随时受到监控，并将在1.5kPa时报警。

4）若差压继续升高，差压开关（63TF-2A，63TF-2B）将使机组在进口过滤器差压达2kPa燃气轮机自动减负荷停机。

5）燃气轮机到达基本负荷之前，流过过滤器的空气流量将继续增大。

6）一旦达到基本负荷，进口空气流量将保持相对恒定，仅受到发电机负荷、环境条件和过滤器净化度的影响。

7）当燃气轮机运行参数入口滤网差压在0.76kPa时，进气滤网反吹系统会被启动。

8）当进气差压大时，手动设置进气滤反吹清吹，将进气滤反吹控制面板上按钮打至“MANUAL”，点击清吹按钮。

9）燃气轮机停机时，若进气滤网需吹扫，可打开压缩空气供进气滤反吹隔离门，由压缩空气提供清吹气源。

（2）燃气轮机进口空气系统的停运：

1）燃气轮机进气滤网反吹系统在自动控制模式下，当差压小于动作值0.76kPa时，自动停止清吹。

2）燃气轮机进气滤网反吹系统在手动控制模式下，手动按下清吹控制面板停止按钮，则停止清吹。

6-27　燃气轮机进口空气系统运行中的检查与监视的主要项目有哪些？

答：（1）检查燃气轮机进气一次滤网清洁，无杂物。

（2）检查压气机进气滤网压差小于540Pa正常。

（3）若遇湿度较大的雷雨天或者下雪天，进气滤网差压较大时，及时投入手动反吹。

（4）若在运行中滤网压差大于980Pa，及时联系检修人员清理滤网。

(5) 若在运行中滤网压差大于1470Pa，为确保机组安全应向调度申请降低燃气轮机负荷。

(6) 检查进气过滤器反冲清洗系统进口供气压力1000kPa左右正常。

(7) 检查APU模块出口压力700kPa左右正常。

(8) 检查APU模块冷却风机88AD-1工作正常（43℃启动，38℃停止）。

(9) 检查APU模块干燥塔运行、切换正常，排污通畅。

6-28　试绘制S209FA型燃气-蒸汽联合循环热电联产机组的燃气轮机燃料气管道清吹系统图。

答：燃气轮机燃料气管道清吹系统图如图6-3所示。

6-29　简述入口空气滤网吹扫条件。

答：(1) 清吹系统的时钟控制。此控制可以按照操作人员计划的时间进行过滤器清吹。

(2) 相对湿度超过80%，过滤器清吹系统将启动脉冲清吹直到相湿度降到规定要求。

(3) 当压气机进气滤网压差大于1kPa时，脉冲空气自清吹系统投入，直至进气滤网差压小于1kPa为止。若需要手动进行清吹，则可把脉冲空气自清吹模块控制盘上的清吹开关打在“MANUAL”位置，将一直进行清吹，直到燃气轮机停运和过滤器被更换。

6-30　压气机进口可调导叶的作用是什么？

答：作用于防止喘振、减小启动功率、提高部分负荷效率、提高联合循环效率、调节燃气透平排气温度、改善压气机各级的流动情况。

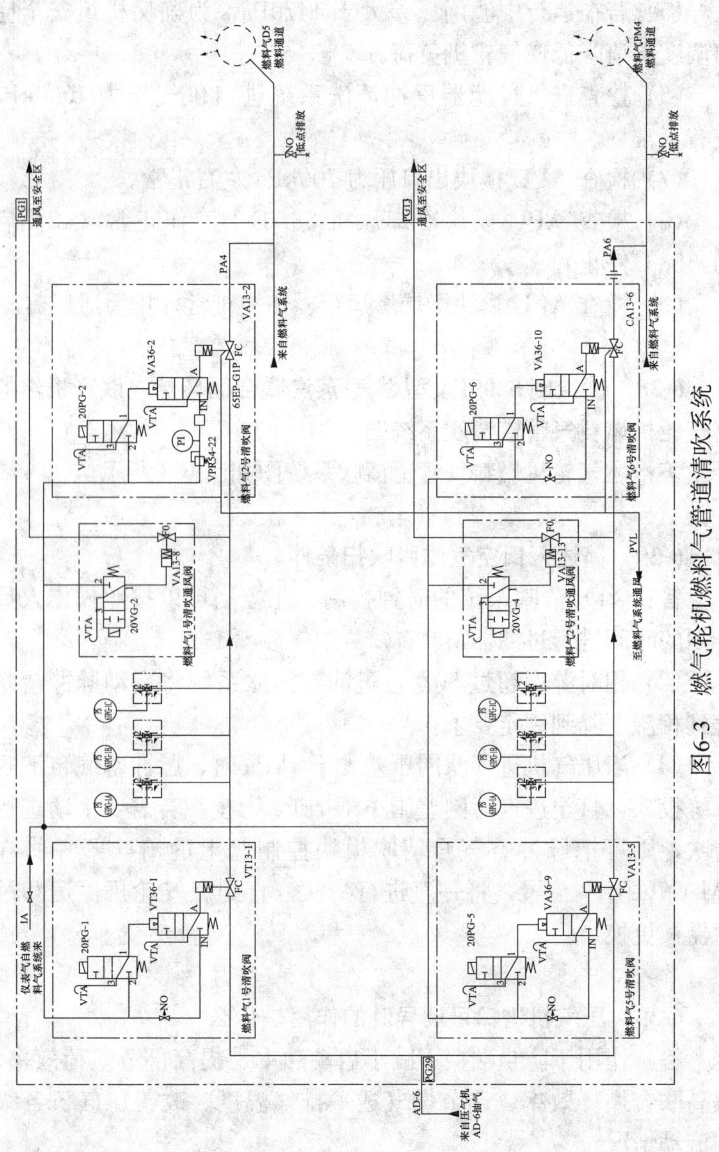

图6-3 燃气轮机燃料燃气管道清吹系统

第二节 燃气轮机启动系统

6-31 什么是燃气轮机的启动系统？

答：启动燃气轮机的外部动力设备，称为启动系统。

6-32 为什么燃气轮机要设外部启动系统？

答：燃气轮机主要由压气机、燃烧室和透平三大部件组成。在正常运行时，压气机是由燃气透平来驱动的。透平功率的 2/3 要用来拖动压气机，其余的 1/3 功率作为输出功率。在启动点火之前和点火之后，透平发出的功率小于压气机所需要的功率时，必须由燃气轮机主机外部的动力来拖动机组的转子，因此必须采用外部动力设备。在启动之后（燃气轮机自持转速之后），再把外部动力设备断开。

6-33 简述燃气轮机启动系统的作用。

答：燃气轮机从静止状态完成启动盘车或燃气轮机从静止状态、盘车状态启动燃气轮机至并网运行都需要启动系统的帮助。启动系统的第二个作用是作为停机后的冷机盘车设备。

6-34 燃气轮机常用外部启动设备有哪些？

答：启动用的外部动力设备一般有柴油机和电动机两种。

6-35 简述 9E 燃气轮机启动系统的组成。

答：9E 燃气轮机采用电动机启动系统。启动装置主要由：启动电动机、盘车电动机、液力变扭器、辅助齿轮箱等组成。液力变扭器（液力耦合器，油透平）把启动机和主机转子用液力地方式连接在一起，以满足启动机地扭矩特性和主机转子启动扭矩特性的要求。

6-36　简述9E燃气轮机启动电动机设备规范。

答： 9E燃气轮机启动电动机为三相异步电动机，1000kV-3000r/min-6600V-50Hz。

6-37　简述液力变扭器的作用。

答： 连接在启动电动机与辅助齿轮箱之间，主要为燃气轮机的启动提供所需的扭矩和速度；导叶是液力变扭器部件的一部分，通过角度的改变调节变扭器的输出扭矩。

6-38　为什么启动装置要设置充油、泄油电磁阀？

答： 通过该电磁阀的通电或失电，使得辅助滑油泵出口至液力变扭器的滑油油压在液力助动阀的助动筒处建立或泄载，使得液力变扭器充油或泄油。

6-39　燃气轮机冷机盘车的目的是什么？

答： 冷机盘车的目的是停机后使主机转子均匀地冷却，保护转子主轴不因受热（或冷却）不均匀而产生弯曲，保证再次启动时不产生强烈地振动而使机组受到损害。

6-40　简述盘车电动机的作用和设备规范。

答： 30kW-750r/min-415V-50Hz，提供了在燃气轮机停机后的冷机过程中燃气轮机转子连续低速（120r/min）旋转的动力。

6-41　简述9E燃气轮机启动装置的速度传感器的动作时限。

答： 根据实际转速与转速设定点的比值，即实际转速百分比 TNH 的大小进行判断。

（1）14HR为零转速继电器，$TNH < 0.06\%$ 时上电，$TNH \geq 0.31\%$ 时失电。

（2）14HP 为低盘转速继电器，$TNH \geqslant 4\%$时上电，$TNH < 3.3\%$时失电。

（3）14HT 为起机延时及继电器，$TNH \geqslant 8.4\%$时上电，$TNH < 6\%$时失电。

（4）14HM 为最小点火转速继电器，$TNH \geqslant 10\%$时上电，$TNH < 9.5\%$时失电。

（5）14HA 为加速转速继电器，$TNH \geqslant 50\%$时上电，$TNH < 40\%$时失电。

（6）14HC 为脱扣转速继电器，$TNH \geqslant 60\%$时上电，$TNH < 50\%$时失电。

（7）14HF 为起励转速继电器，$TNH \geqslant 95\%$时上电，$TNH < 90\%$时失电。

（8）14HS 为最小运行转速继电器，$TNH \geqslant 95\%$时上电，$TNH < 94\%$时失电。

6-42　简述 9E 燃气轮机启动系统在冷态启动时，盘车顺序控制程序。

答：（1）燃气轮机的运行模式需选择“TURNING GEAR”及“ON COOLDOWN”模式。

（2）给出启动命令，燃气轮机主控选择在“OFF”模式下，给出启动命令后，启动电动机将启动。

（3）2s 延时后，电磁阀上电，对液力变扭器充油。

（4）液力变扭器导叶角的角度控制电动机调整至最大角度 50°。

（5）燃气轮机大轴起转。

（6）当燃气轮机转速达到低盘转速继电器规定的上电转速后，启动电动机停运，燃气轮机转速将下降，直至低盘转速继电器失电。

（7）低盘转速继电器失电，盘车电动机将启动，液力变扭器导叶角调整至盘车角度 43°，燃气轮机转速将上升至盘车转速约 120r/min 左右。

6-43 为什么要保持盘车转速相对稳定?

答: 有利于通风、润滑及油膜的稳定、冷却等作用。

第三节 燃气轮机润滑油系统

6-44 试绘制燃气轮机润滑油系统图。

答: 燃气轮机润滑油系统图如图 6-4 所示。

6-45 简述润滑油系统的作用是什么?

答: 润滑油系统通过润滑油泵，向燃气透平、蒸汽透平和发电机轴承、联轴器、顶轴油系统以及发电机密封油系统供油。在机组的启动、正常运行、及停机过程中，向轮机与发电机的轴承，传动装置（辅助齿轮箱）提高数量充足、温度与压力适当、清洁的润滑油，吸收燃气轮机运行时轴瓦及各润滑部件所产生的热量，从而防止轴承烧毁，轴颈过热弯曲而造成机组振动；另外，一部分润滑油分流出来经过过滤后用作液压控制油及启动系统中液力变扭器的工作油等；发电机端滑油母管上还有一分支去发电机顶轴油系统。

综上所述润滑油系统的作用是通过润滑油泵，向燃气透平、蒸汽透平和发电机轴承、联轴器、顶轴油系统，以及发电机密封油系统供油。

（1）润滑燃气透平、蒸汽透平和发电机轴承。

（2）冷却各联轴器。

（3）向顶轴油系统供油，通过顶轴油泵向燃气轮机轴承提供顶轴油。

（4）向发电机密封油系统供油。

（5）同时润滑油也吸收来自轴承与大轴上的热量。

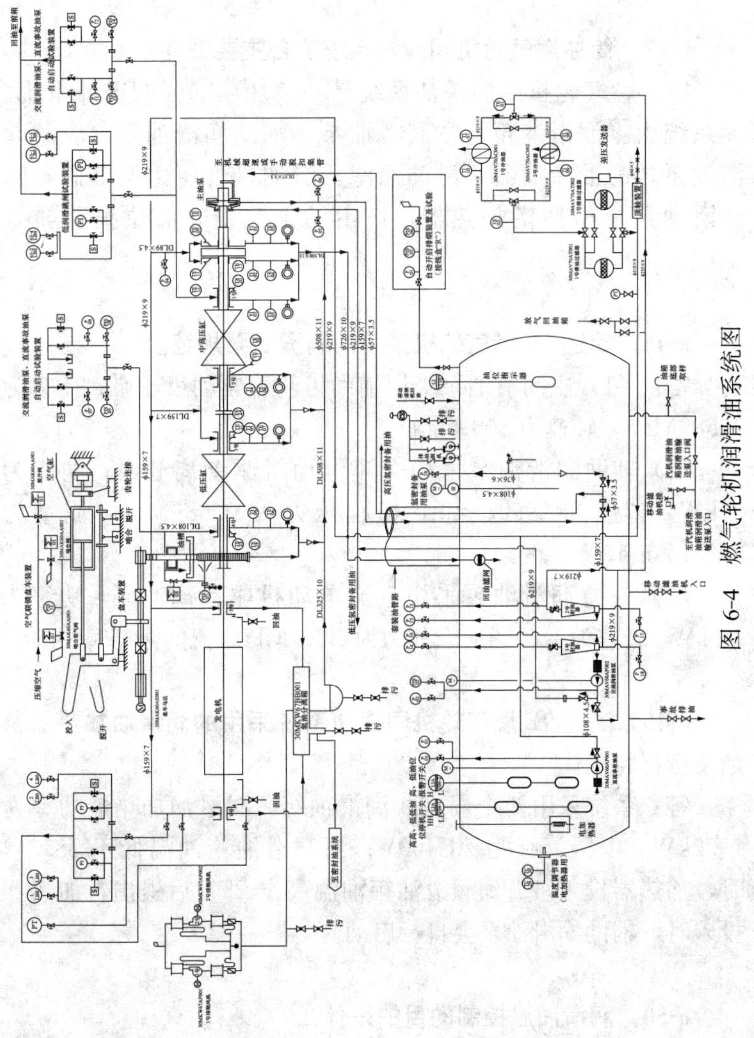

图 6-4　燃气轮机润滑油系统图

6-46　燃气轮机需要润滑的主要部件有哪些?

答: 燃气轮机的轴承、发电机的轴承、辅助齿轮箱等。

6-47　简述燃气轮机润滑油系统的各主要部件。

答: 燃气轮机的润滑油系统是一个加压的强制循环系统。该系统由:润滑油箱,主润滑油泵,辅助润滑油泵,应急润滑油泵,滑油冷油器,滑油油滤,滑油母管压力调节阀,辅助滑油泵电机防潮加热器,润滑油加热器,液位报警器等组成。

6-48　简述9E燃气轮机采用的润滑油泵规范。

答: (1) 主润滑油泵采用辅助齿轮箱驱动齿轮泵,压力为0.689MPa,转速为3000r/min。

(2) 辅助润滑油泵采用交流电动机驱动离心泵;功率为90kW,转速为2960r/min,扬程压力为0.689MPa,流量为3002L/min。

(3) 应急润滑油泵采用直流电动机驱动离心泵,功率为7.5kW,转速为1750r/min,压力为0.137MPa,流量为1596L/min。

6-49　简述9E燃气轮机润滑油系统采用的润滑油加热器参数及运行特点。

答: 系统采用两个浸入式润滑油箱,润滑油加热器功率为10.2kW,电压等级为AC400V;当润滑油箱油温低于18.3℃时,加热器投入,直到润滑油箱油温高于25℃后退出,加热器投入时,辅助润滑油泵会自行启动。

6-50　润滑油温控制的目的是什么?

答: 采用润滑油箱油温热电阻探测器,用于检测润滑油箱内润滑油温度,以保证燃气轮机运行时的滑油黏度。润滑油箱温度是燃气轮机能否启动的一个条件,若润滑油箱温度降至

10.8℃以下，则燃气轮机不容许启动，同时 MARK-VI 发出“LUBE OIL TANK TEMPERATURE LOW”报警，直到燃气轮机润滑油箱温度升至 15.6℃后，方容许启动燃气轮机。

6-51　说明燃气轮机辅助润滑油泵的动作过程。

答：燃气轮机正常运行时，润滑油母管压力调节阀前压力开关任一逻辑量置“1”，则辅助润滑油泵启动，压力正常后，辅助润滑油泵不会自行停运，需运行人员进行检查确认主润滑油泵及润滑油系统正常后，手动停运辅助润滑油泵。同时燃气轮机在运行转速以上时，在 MARK-VI 上会有“LUBE OIL PRESS LOW”出现，同时闭锁了辅助液压油泵的启动。在运行转速以上，若辅助润滑油泵运行，在 MARK-VI 上还会出现“AUX LUBE OIL PUMP MOTOR RUNNING”报警，若上述现象出现，应急润滑油泵也会同时启动，但若压力恢复正常，应急润滑油泵会自行停运。

6-52　描述与润滑油温度热电偶相关的保护动作。

答：（1）若润滑油母管温度高于 74℃，且燃气轮机转速在 14HS（运行转速，额定转速的 97%～100%）以上，则 MARK-VI 上会发出“LUBE OIL HEADER TEMPERATURE HIGH”报警，温度低至 68℃以后，报警消除。

（2）若润滑油母管温度高于 80℃，且燃气轮机转速在 14HS 以上，则 MARK-VI 上会发出“LUBE OIL HEADER TEMPERATURE HIGH TRIP”报警，燃气轮机跳闸；温度低至 74℃以后，报警消除；主复位跳机锁定信号。

（3）若燃气轮机在运行转速以上，上述润滑油温度计测得的最大与最小温度之差大于或等于 10℃，且持续 10s 后则 MARK-VI 上会出现“LUBE OIL THERMOCOUPLE FAULT”报警。

（4）若润滑油温度计探测的温度小于或等于 7.8℃，则在 MARK-VI 上会出现“LUBE OIL THERMOCOUPLE 1 号、2

号、3 号 FAULT”报警。

（5）若三个热偶电中，有两个出现故障，则燃气轮机会进入自动停机程序。若自动停机后，上述故障消除，且燃机转速保持在运行转速 14HS 以上，可再次发一次“START＋EXECUTE”命令，燃气轮机可恢复运行。

（6）若三个热偶皆出现故障，则燃气轮机会跳闸。

6-53　润滑油系统有哪些机组跳闸保护？其设定值各为多少？

答：有润滑油母管压力低跳闸和润滑油箱油位低跳闸保护。

（1）润滑油母管压力低跳闸定值为 41.4kPa±6.9kPa。

（2）润滑油箱油位低定值为低于正常油位 203mm。

6-54　润滑油系统启动前主要检查哪些项目？

答：（1）润滑油系统检修工作全部结束，工作票终结。

（2）检查设备系统完好，各表计齐全良好，仪表一、二次阀门开启。

（3）检查润滑油箱油位稍高于正常油位。

（4）将下列设备送电且绝缘良好：

1）1、2 号交流润滑密封油泵。

2）直流事故润滑油泵。

3）直流事故密封油泵。

4）1、2 号顶轴油泵。

5）温度调节器油泵。

6）润滑油箱排烟风机。

7）润滑油调节模块加热器。

（5）操作系统阀门至启动前状态。

（6）确认发电机密封油系统已具备启动的条件。

（7）检查并纠正机组 MARK-VI 中轴系润滑油和顶轴油系统的报警。

（8）在 DCS 画面上确认闭式冷却水系统已正常投入运行，

冷油器冷却水进出口门在开启状态，油温调节阀处于自动状态且其仪用空气压力正常。冷却水管道水压在 0.4MPa，水温正常。

(9) 检查油箱油质正常，确认化学已对油质进行化验且合格。

6-55　简述润滑油系统的主要启动步骤。

答：(1) 启动一台排油烟机，将油箱真空调整到 509.6～999.6Pa，将另一台排油烟机投入备用。

(2) 启动一台交流润滑密封油泵，检查电动机电流和出口压力正常，将另一台交流润滑密封油泵置于备用位置；将事故润滑油泵、事故密封油泵置于自动位置。

(3) 检查冷油器/滤网切换阀 FV-19 指向要选用的冷油器/滤网，并检查冷油器/滤网投运正常。待冷油器和滤网投运正常后，利用备用冷油器/滤网注油阀 FV-23 对备用冷油器/滤网进行充油排空气，待其管线空气排尽后，关闭 FV-23。

(4) 投入轴承润滑油压力控制阀，检查轴承润滑油母管压力正常，应高于 0.172MPa。

(5) 检查流量计 FG-263 指示，检查系统泄漏和回油情况。

(6) 调整温度控制阀 TCV-260 的设定值，调节润滑油温度。

(7) 启动一台顶轴油泵。

(8) 将发电机密封油系统投入运行。监视密封油浮球装置液位。在密封油系统的启动过程中，氢气压力低会导致浮球装置液位高，打开（节流）密封油浮球装置手动旁路维持其液位。

6-56　简述润滑油系统的停运条件及停运时的注意事项。

答：(1) 停运条件。

1) 确认盘车电动机已停运，机组大轴确已静止。

2) 确认顶轴油泵已停止运行。

3）确认燃气轮机工作叶轮间最高金属温度和汽轮机金属温度已符合要求。

4）确认发电机密封油系统已停运。

（2）停运注意事项。

1）停运前要确认已切除直流密封油泵与直流润滑油泵的电源或将直流润滑油泵、直流密封油泵置于“OFF”位置。

2）在润滑油系统停运过程中应严密监视润滑油箱的油位，在停运过程中如油位达到高报警值，应及时通过主油箱放油泵将油排放到储油箱。

3）系统停运后要关闭冷油器的冷却水进、出水隔离阀。

6-57　简述正常运行中润滑油冷油器的切换及注意事项。

答：（1）缓慢打开切换阀 FV-19 的旁路阀 FV-23。

（2）给备用冷油器及滤网注油，将空气排出，待空气排完后全关旁路阀 FV-23。

（3）旋转切换阀 FV-19，将备用冷油器及滤网油侧投入运行。

（4）开启冷油器冷却水进出水门，将冷油器水侧投入运行。

（5）检查油温调节阀 TCV260 中作正常。

6-58　简述润滑油母管压力低原因及处理。

答：（1）润滑油母管压力低的原因：

1）润滑油管路大量泄漏、爆裂。

2）润滑油箱油位低。

3）滤网差压过大。

4）交、直流润滑油泵出力不足或故障。

5）润滑油压力母管控制阀 FV-17 工作不正常。

6）润滑油系统阀门误操作。

（2）处理：

1）检查运行油泵的压力，如果低应启动备用油泵。

2）检查润滑油管路有无泄漏、爆裂，若有则应紧急停机。

3）检查润滑油箱油位是否正常，不正常应补油。

4）检查各油泵工作是否正常。

5）检查 FV-17 动作是否正常。

6）检查滤网差压，如果高则切换。

7）检查润滑油管线各阀门位置是否正常。

8）若润滑油母管压力低至跳闸值，应保护动作紧急停机。

6-59　简述润滑油系统回油温度高的原因及处理。

答：（1）润滑油系统回油温度高的原因：

1）冷却水温控阀工作不正常，冷油器出口温度高。

2）轴承进油或回油孔堵塞。

3）润滑油滤网脏。

（2）处理：

1）检查冷却水温控阀工作情况。

2）检查轴承进、回油有无堵塞。

3）将滤网/冷油器切至备用。

6-60　简述机组正常运行中，润滑油系统主要检查和监视内容。

答：（1）检查抽油烟机工作正常，排油烟口排放正常；润滑油箱内的真空为999.6～1489.6Pa。

（2）检查润滑油母管压力正常，应高于0.172MPa；润滑油滤网压差小于104kPa；润滑油温度（43～49℃）正常；密封油压力正常（大于发电机气体压力0.034925MPa ）。

（3）检查润滑油冷却器滤网窥孔有油流，冷油器从外观检查无泄漏。

（4）检查润滑油冷却器油温调节阀 TCV-260 在自动位置，且开度与 DCS 画面上一致。

（5）检查润滑油箱油位大于1/2。

（6）检查冷却水管道、油管道阀门位置正确，无跑冒、滴、漏现象。

（7）检查仪表盘和就地表计，各表计应显示正确。

（8）打开油箱放水门，检查无水。

（9）化验油质合格。

6-61　如何做直流密封油泵的联动试验？

答：（1）联系热工做直流事故密封油泵低油压自启动试验。

（2）启动 1 号交流润滑密封油泵，泵出口压力表 PI-267A 压力大于 0.6MPa。

（3）在 MARK-VI 上将 2 号交流润滑密封油泵置“STOP”位置，在润滑油就地控制盘上将紧急直流润滑油泵置于“OFF”位置，直流事故密封油泵（ESPM）投自动。

（4）停运 1 号交流润滑密封油泵，当密封油压力低于一定数值时，紧急直流密封油泵应当自启。

（5）确认多级电阻计时程序。倾听直流电动机启动器内接触器的运转情况。记录大概的计时值与参考资料（控制，报警和设定值规范）中的值相比。如果计时超过 0.5s 或 0.5s 以上，应调整计时以符合规范要求。

（6）确认直流事故密封油泵（ESPM）运行，压力大于 0.4921MPa。启动 1 号交流润滑密封油泵。在就地控制盘上将直流事故密封油泵（ESPM）控制开关置于“OFF”位，停运直流事故密封油泵（ESPM）。

（7）将 2 号交流润滑密封油泵置于备用位置。

（8）在就地控制盘上将直流事故润滑油泵（EBPM）投自动。

（9）在就地控制盘上将直流事故密封油泵（ESPM）投自动。

6-62　正常运行中运行润滑油泵跳闸应如何处理？

答：（1）检查备用润滑油泵是否联动，若不联动应手动启动备用润滑油泵。

(2) 备用泵启动成功后应检查润滑油温、油压是否正常，并停用故障泵查找原因。

(3) 若备用泵启动不成功，则再启动原故障泵一次，若无效则按停机处理。

6-63　简述盘车与顶轴油系统的作用。

答： 顶轴油系统在燃气轮机启动和停止过程中向燃气轮机轴系提供顶轴用油，用来减小盘动转子和低转速运行时的扭矩。

盘车系统在机组转速到零后保持轴系低转速旋转，使轴系均匀冷却。

6-64　简述盘车与顶轴油系统的投运过程。

答： (1) 顶轴油泵的启动。

1) 启动前的正常启动。开启顶轴油泵进出口门，对顶轴油泵排空气。启动一台顶轴油泵，检查正常后将另一台顶轴油泵切至“备用”位置。

2) 当机组停运后，转速降至1500r/min时，顶轴油泵自动启动。

(2) 盘车的启动。盘车的启动方式分为自动启动、遥控手动启动和就地手动启动。

1) 选择自动启动时，检查盘车就地控制盘点动开关置于“STANDBY”，MARK-VI盘车界面上选择“AUTO MODE”，当停机令发出、高压主汽门关闭且机组在零转速时，盘车自动启动。

2) 当选择遥控手动启动时，检查盘车就地控制盘点动开关置于“STANDBY”，在MARK-VI盘车界面上将盘车方式选择为“手动模式”，当机组达零转速时，按下“MANUAL ENGAGE”按钮，待齿轮啮合后，在MARK-VI盘车界面上手动启动盘车。

3）就地手动启动。在就地盘车控制盘上将 HS-288 开关切至“START”位置，盘车启动。

6-65　简述顶轴油泵连锁与盘车连锁操作过程。

答：（1）顶轴油泵连锁。

1）入口油压低禁止启动顶轴油泵。

2）停机过程中机组转速低于 1500r/min 自动启动，启动过程中转速高于 1500r/min 自动停运。

3）顶轴油泵出口母管油压低联动备用泵。

4）顶轴油泵跳泵联动。

（2）盘车连锁。

1）启动过程中机组转速高于 4.5r/min，盘车自动停运。停机中机组转速低于 1.8r/min，盘车自动启动。

2）润滑油压低跳盘车。

6-66　润滑油应具有哪些性能？

答：良好的抗氧性、良好的清洁浮游性、中和及抗腐蚀能力、合适的黏度和良好的黏温生性质、抗磨损性。

6-67　何谓闪点，汽轮机润滑油的闪点为多少时油质是合格的？

答：闪点指的是试油在规定的条件下加热，当其蒸气与空气的混合物接触火焰时发生闪火的最低温度叫该种油的闪点。一般情况下大于 180℃为合格。

6-68　顶轴油泵运行中跳闸如何处理？

答：（1）检查备用顶轴油泵是否联动，若不联动应手动启动备用顶轴油泵。

（2）备用泵启动成功后应检查油温、顶轴油压是否正常，并停用故障泵进行处理。

（3）若备用泵启动不成功，则再启动原故障泵一次。

6-69　何时需启动油箱加热系统？如何启动？

答：当油箱油温低于 21℃时需启动润滑油箱加热系统，当油位升至 27℃时停运油箱加热系统。步骤为：

（1）启动温度调节油泵，检查泵运行正常，流量开关不低于 56.78L/min。

（2）启动电加热器，并检查正常。

（3）检查管道系统无泄漏，过滤器压差正常，流量正常。

（4）待油温正常后停加热器，停温度调节油泵。

6-70　主机冷油器油温调节故障该如何处理？

答：（1）判断油温调节系统是否故障，冷却水进水阀是否故障。

（2）根据油温上升情况，可手动增加冷却水并调节油温，正常后分析油温故障原因。

（3）在调节过程中若任一轴承回油温度超过 71℃，做好停机准备。

6-71　简述润滑油主油箱的容量、油质型号及液位的正常范围、报警及保护动作值。

答：主油箱容量为 30 280L，油质为 32 号透平油；

液位的正常范围为正常液位±76.2mm，其中：

（1）液位 LS260A 为高报警。正常液位之上数值为 76.2mm±6.35mm。

（2）液位 LS260B 为低报警。正常液位之下数值为－76.2mm±6.35mm。

（3）液位 LS260C、D、E 三取二跳闸，报警，正常液位之下数值为－203.2mm。

6-72 简述正常运行中的润滑油温、油压及轴承回油温度。

答：正常运行中润滑油温为 48.9℃；油压为 0.765～0.848MPa（泵出口），供油母管压力为 0.25MPa。回油温度不超过 71℃。

6-73 简述交流润滑油泵、直流润滑油泵、直流紧急密封油泵的型号及性能参数。

答：（1）交流润滑油泵型号为 SP-BPM-1 及 SP-BPM-2。性能参数：当压力（PS265A）减至 765.3kPa±27.58kPa 时启动 1 号油泵，当压力（PS265B）增至 848.1kPa±31.03kPa 时停 1 号油泵。

（2）直流紧急润滑油泵型号为 SP-EBPM。性能参数：当压力（PS266A）减至 665kPa±27.58kPa 时联动直流油泵；当压力（PS266B）增至 737.7kPa±31.03kPa 时停直流油泵。

（3）直流紧急密封油泵型号为 SP-ESPM。性能参数：当压力 PS263 高于 275.8kPa±13.79kPa 时说明该泵已启动，当压力 PS263 低于 241.3kPa±13.79kPa 时，说明该泵已停。

（4）密封油系统。当压差开关 PDSLL 达 14.26kPa 时或母管压力 PS3404 降至 0.655MPa 时启动紧急密封油泵。

6-74 简述两台顶轴油泵的型号、性能参数及运行方式。

答：（1）型号为 PH6-1，VPR91-1 及 PH6-2，VPR91-2。

（2）性能参数。当顶轴油压力 PS63QB 压力减至 16 892kPa±344.7kPa 时表明顶轴油泵停运。当压力升至 18 099kPa±344.7kPa 时正常。

（3）运行方式。一台运行，一台备用。

6-75 简述滑油母管压力表的连锁保护定值。

答：（1）润滑油母管压力 PS270A 小于 68.95kPa±

6.895kPa时母管压力低报警。

(2) 润滑油母管压力PS270A大于82.74kPa±6.895kPa时母管压力低报警解除。

(3) 压力PS270B、C、D(三取二)小于41.37kPa±6.895kPa时机组跳闸并报警。压力PS270B、C、D(三取二)大于55.16kPa±6.895kPa时跳闸解除。

6-76 简述主油箱排烟风机的保护定值及运行方式。

答: (1) 当压力低于0.9954kPa±0.0249kPa时启备用风机。

(2) 当压力高于0.8958kPa±0.0249kPa时停备用风机。

第四节 燃气轮机跳闸油系统

6-77 绘制燃气轮机跳闸油系统图。

答: 燃气轮机跳闸油系统图如图6-5所示。

6-78 简述跳闸油系统的作用。

答: 跳闸油系统是在机组正常停机或事故停机时负责切断燃料供应的系统,在启机点火及正常运行时,建立跳闸油压力,打开燃油截止阀,保证燃油的供给。

跳闸油系统是在燃气轮机透平的控制和保护系统回路(SPEEDTRONIC CONTROL SYSTEM _ MARK V)之间的主要保护链,导致透平中的保护部件(如燃油截止阀)关断或接通燃气轮机燃料的供给。该系统包含的一些设备有由MARK-VI控制系统发出的电信号控制或直接由机械装置操作燃气轮机保护动作的元器件。

6-79 为什么要设置跳闸油系统?

答: 燃气轮机保护系统由一系列的主、辅系统组成,其中

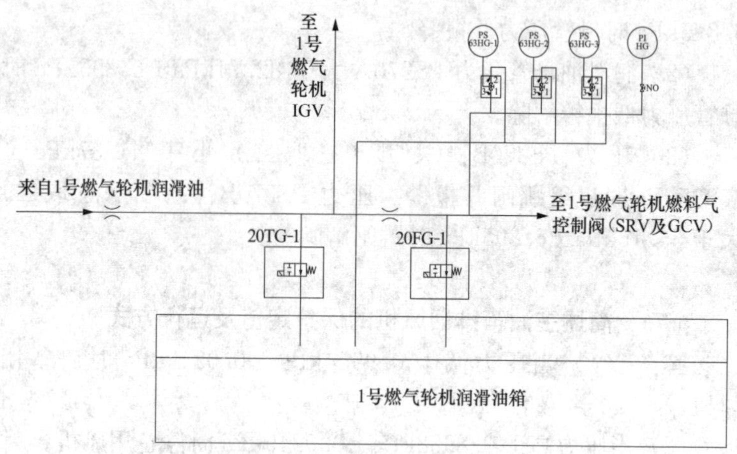

图 6-5　燃气轮机跳闸油系统图

的某些系统是在每一次的正常启、停中起作用。其他的一些系统或保护元件则是在较严峻的运行情况或紧急情况下需要停运燃气轮机时起作用，因此设置跳闸油系统，在机组正常停机或事故停机时负责切断燃料供应的系统，在启机点火及正常运行时，建立跳闸油压力，打开燃油截止阀，保证燃油的供给。

6-80　简述常见跳闸油系统的动作信号。

答： 跳闸油系统收到的停机信号大致有以下几种：

（1）控制系统发出的正常停机信号。

（2）保护系统发出的事故停机信号。

（3）手动跳闸停机信号。

无论跳闸油系统接到哪一种停机信号，都会立即切断向机组的燃料供给。

6-81　简述接到不同停机信号后的动作过程。

答： 无论跳闸油系统接收到哪一种停机信号，都会执行切断向机组的燃料供应，事故停机和紧急停机将会立即执行。接到正常停机信号，切断燃料的供应，靠燃气轮机低转速（35％

SPD以下）时的延时熄火来完成停机过程。若在发电机脱网后超过8min，燃气轮机仍未熄火，控制系统将嵌位FSR为零，燃气轮机熄火。

6-82　简述跳闸油系统的组成。

答：跳闸油系统由电磁阀、气体回路、液体回路、节流孔板、气体燃料回路压力开关、液体燃料回路压力开关等组成。

第五节　燃气轮机冷却系统

6-83　简述燃气轮机内冷却水系统的作用。

答：9E燃气轮机的冷却水系统是一个加压的封闭系统，分燃气轮机内冷却水系统和外冷却水系统。内冷却水系统用来对整个燃气轮机装置中需要冷却的部件和流体进行冷却，其主要冷却的部件和流体有：燃气轮机润滑油，燃气轮机雾化空气，透平支撑腿，发电机的冷却空气，燃气轮机4个火烟探测器，燃气轮机主燃油泵等。

6-84　简述冷却水系统的组成。

答：9E燃气轮机冷却水系统主要由：盘式水－水热交换器、高位补水箱、冷却水泵和相关的阀门及保护测量元件组成。

6-85　冷却水系统的主要冷却设备有哪些?

答：冷却水系统的主要冷却设备有：润滑油冷却器、雾化空气预冷器、透平左右支撑腿、发电机空气冷却器、主燃油泵冷却水室、火焰探测器冷却水室。

6-86　绘制燃气轮机冷却和密封空气系统。

答：燃气轮机冷却和密封空气系统图如图6-6所示。

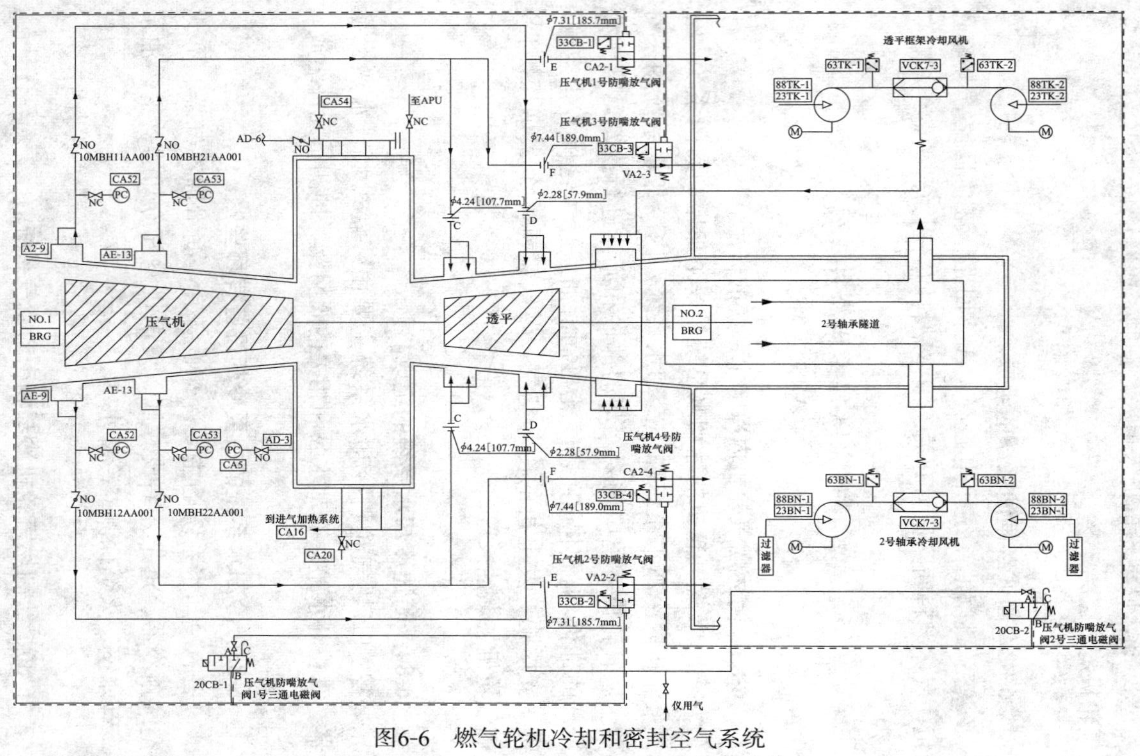

图6-6　燃气轮机冷却和密封空气系统

6-87 为什么要设置冷却空气系统？其冷却对象是什么？

答：防止燃气通道中的高温部件超温受到损坏。用来冷却高温燃气通道的高温热部件。

6-88 为防止燃气通道中的高温部件超温受到损坏，燃气轮机系统采取哪些措施？

答：（1）对高温燃气通道中的热部件进行冷却，冷却用的介质是空气。

（2）为机组设置了温度控制系统和超温报警，以及超温遮断跳闸保护系统。

6-89 简述采用冷却空气系统的好处。

答：保护高温部件不受到超温损害，可以提高透平进气温度，从而提高机组的出力和热效率。

6-90 9E燃气轮机中需要进行冷却的高温部件有哪些？

答：需要进行冷却的高温部件有：透平的喷嘴和动叶，透平的轮盘，以及透平的外壳和排气管道的支撑。冷却所用的空气主要由机组本身的轴流式压气机提供，冷却透平外壳和排气管道的支撑所用的冷却空气由安装在机组之外的离心风机提供。

6-91 为了从压气机引出冷却空气，压气机做了哪些调整？

答：利用压气机的加压空气进行轴承的密封，在启机、停机过程中，从压气机的某一级后面抽出一部分空气排入大气，以防止压气机出现喘振等现象。

6-92 燃气轮机冷却与密封空气系统的功能是什么？

答：（1）对透平高温通道里的热部件进行冷却。

（2）冷却透平外壳和排气管道支撑。

（3）提供透平轴承密封所用地空气。

（4）为压气机防喘振提供放气通道。

（5）为气动阀门提供操作气源。

6-93 简述燃气轮机冷却与密封空气系统中主要设备规范。

答：（1）排气框架冷却风机 88TK 2 台，一用一备，额定电压为 380V，额定电流为 291A，功率为 93kW，转速为 3000r/min；

（2）排气框架冷却风机电动机加热器 23TK 2 台，额定电压为 220V，功率为 225W。

（3）轴承区冷却风机 88BN 2 台，一用一备，额定电压为 380V，额定电流为 27.5A，功率为 15kW，转速为 3000r/min。

（4）轴承区冷却风机电机加热器 23BN 2 台，额定电压为 220V，功率为 100W。

6-94 简述燃气轮机冷却与密封空气系统的启动过程和运行监测参数。

答：（1）燃气轮机的启动过程中，冷却和密封空气系统的启停会自动进行。操作员需监控冷却和密封空气系统的系统参数。

（2）操作人员在整个启动过程中，应检查下列各项：

1）检查燃气轮机暖机结束后，一台 2 号轴承冷却风机自动投入运行。

2）检查轴承区冷却风机电流正常，风机出口压力正常。

3）检查轴承区冷却风机出口挡板位置正确。

4）检查机组达到 95%的工作转速时，一台排气框架冷却风机自动投入运行。

5）检查排气框架冷却风机电流正常，风机出口压力正常。

6）检查排气框架冷却风机出口挡板位置正确。

7）检查机组达到全速时，压气机防喘放气阀（VA2-1，2，3 和 4）关闭。

8）检查冷却和密封空气系统无报警。

（3）燃气轮机启动水洗时，排气框架冷却风机排气框架冷却风机自动投入运行。

（4）燃气轮机冷却与密封空气系统正常运行的监视。

1）检查燃气轮机轴承区冷却风机电流在23A左右（额定27.5A），风机出口压力在1.7kPa左右。

2）检查燃气轮机排气框架冷却风机电流在150A（额定291A）左右，风机出口压力在9.8kPa左右。

3）检查燃气轮机轴承区冷却风机出口挡板位置正确。

4）检查燃气轮机排气框架冷却风机出口挡板位置正确。

5）检查燃气轮机排气框架冷却风机电动机外壳温度在50℃左右，轴承温度小于85℃。

6）检查燃气轮机轴承区冷却风机电动机外壳温度在50℃左右，轴承温度小于85℃。

7）检查燃气轮机轴承区冷却风机电动机无过热、无异常声响，各轴承振动正常且小于0.05mm。

8）检查燃气轮机排气框架冷却风机电动机无过热、无异常声响，各轴承振动正常且小于0.05mm。

9）检查轴承区冷却风机、排气框架冷却风机风机入口滤网清洁，无堵塞。

10）检查备用轴承区冷却风机、排气框架冷却风机处于良好备用状态。

11）检查燃气轮机压气机防喘放气阀（VA2-1，2，3和4）关闭。

6-95　简述燃气轮机冷却与密封空气系统中排气框架冷却风机的控制逻辑。

答：（1）燃气轮机启动时，转速大于95%后，两台排气框架冷却风机中主风机启动。

（2）燃气轮机选择离线水洗后，2 台排气框架冷却风机中主风机启动。

（3）燃气轮机停机时，转速小于 94%，运行风机停运。

（4）运行风机出口压力低于 6.2kPa，备用风机联动。

（5）排气框架冷却风机中的运行风机电气跳闸，备用风机联动。

（6）运行风机过负荷保护动作，备用风机联动。

（7）2 台排气框架冷却风机均跳闸或 2 台风机均报出口压力低，小于 6.23kPa，延时 10s 后进入自动减负荷模式直至有风机恢复正常，减负荷速率 20MW/min。

6-96 简述燃气轮机冷却与密封空气系统中轴承区冷却风机的控制逻辑。

答：（1）在启动时，燃气轮机探测到火焰后，2 台轴承区冷却风机中主风机启动。

（2）燃气轮机停机自动盘车 24h 后，运行风机停运。

（3）火灾保护动作，轴承区冷却风机自动停运。

（4）运行风机出口风压低于 1.12kPa，备用风机联动。

（5）当 2 号轴承区温度高于 168℃，备用风机连锁启动。

（6）运行风机电气跳闸，备用风机连锁启动。

（7）运行风机过负荷保护动作时，备用风机连锁启动。

（8）2 台轴承区冷却风机均跳闸或 2 台风机均报出口压力低，小于 1.12kPa，延时 10s 后进入自动减负荷模式直至有风机恢复正常，减负荷速率 20MW/min。

6-97 冷却与密封空气系统投运前应做哪些准备和检查？

答：（1）检查冷却和密封空气系统检修工作已结束，系统管道、阀门完好，现场清洁。

（2）检查系统中的各热工仪表在投入状态且工作正常。

（3）按阀门卡检查确认系统阀门的位置正确。

（4）检查轴承区冷却风机、排气框架冷却风机电动机接线完好，基础稳固。

（5）检查轴承区冷却风机、排气框架冷却风机挡板位置指示正常。

（6）向防喘放气阀控制电磁阀提供清洁、干燥的压缩空气，压气机防喘放气阀测试合格，阀门传动平稳无卡涩，能在要求时间内开启。

（7）检查轴承区冷却风机、排气框架冷却风机入口滤网清洁，无堵塞。

（8）测轴承区冷却风机、排气框架冷却风机绝缘合格，送电。

6-98　运行中如何切换燃气轮机轴承冷却风机？

答：（1）检查轴承区冷却风机运行正常。

（2）检查备用轴承区冷却风机备用状态良好。

（3）检查 MARK-VI 上无轴承区冷却风机相关报警。

（4）在 MARK-VI 上点击备用轴承区冷却风机为“LEAD”状态。

（5）检查备用轴承区冷却风机启动，电流正常。

（6）检查轴承区冷却风机出口挡板切换正常。

（7）检查原运行轴承区冷却风机停运，自动切为“SPARE”状态。

（8）检查轴承区冷却风机出口压力正常。

（9）检查启动轴承区冷却风机振动小于 0.05mm，温度正常，无异音。

（10）查备用轴承区冷却风机备用状态良好。

6-99　运行中如何切换燃气轮机排气框架冷却风机？

答：（1）检查排气框架冷却风机运行正常。

（2）检查备用排气框架冷却风机备用状态良好。

(3) 检查 MARK-VI 上无排气框架冷却风机相关报警。

(4) 在 MARK-VI 上点击备用排气框架冷却风机为“LEAD”状态。

(5) 检查备用排气框架冷却风机启动，电流正常。

(6) 检查排气框架冷却风机出口挡板切换正常。

(7) 检查原运行排气框架冷却风机停运，自动切为“SPARE”状态。

(8) 检查排气框架冷却风机出口压力正常。

(9) 检查启动排气框架冷却风机振动小于 0.05mm，温度正常，无异音。

(10) 查备用排气框架冷却风机备用状态良好。

6-100 简述冷却与密封空气系统的停运过程。

答： (1) 当燃气轮机停运，转速下降至 94%时，电磁阀 20CB-1 和 2 断电打开，压气机排气经压气机防喘放气阀 VA2-1，2，3 和 4 流入排气扩压段，以防止压气机喘振。

(2) 当燃气轮机停运，盘车 24h 后 2 号轴承冷却风机停运。

(3) 当燃气轮机转速小于 95%TNH 或水洗结束后自动停运排气框架冷却风机。

6-101 简述 9E 燃气轮机中布置的热电偶设置的位置。

答： 为了确保透平转子的部件不受到超温而造成的损害，9E 燃气轮机中布置了 12 支热电偶用来监测透平的轮间温度。

(1) TTWS1FI1，2：第一级前内径处。

(2) TTWS1AO1，2：第一级后外径处。

(3) TTWS2FO1，2：第二级前外径处。

(4) TTWS2AO1，2：第二级后外径处。

(5) TTWS3FO1，2：第三级前外径处。

(6) TTWS3AO1，2：第三级后外径处。

6-102 简述燃气轮机设密封和冷却系统的作用。

答：冷却和密封空气系统是当燃气轮机运行的时候，空气从轴流式压气机的 9 级和 13 级处抽出，提供必需的气流去冷却燃气轮机的转子和静子，以及其他部件。燃气轮机透平的第 1 级动叶和第 2 级动叶的冷却空气取自压气机第 17 级，可防止在正常运行过程中该部件过热，同时也可起到防止压气机发生喘振的作用。

冷却空气系统备有 2 台排气框架冷却风机和 2 台 2 号轴承区域冷却风机，对排气框架和 2 号轴承进行冷却。

6-103 密封和冷却系统中防喘阀何时开启？何时关闭？

答：机组达到 95%*TNH* 时，电磁阀 20CB-1、2 带电，压气机的防喘放气阀（VA2-1、2、3、4）关闭，向燃气轮机动静部件供应冷却空气。

机组低于 95%*TNH* 时，电磁阀 20CB-1、2 失电，压气机的防喘放气阀（VA2-1、2、3、4）开启。

6-104 密封和冷却系统启动前应检查哪些项目？

答：（1）将下列设备电源及操作电源送电：

1）透平框架冷却风机电动机。

2）2 号轴承区域冷却风机电动机。

（2）透平框架冷却风机的连锁位置，其中一台选择“LEAD”位置，“AUTO ROTATE”选择“ON”。

（3）2 号轴承冷却风机的连锁位置，其中一台选择“LEAD”位置，“AUTO ROTATE”选择“ON”。

（4）操作系统阀门至启动前状态。

（5）确认压气机防喘放气阀在全开位置，并且没有压气机防喘放气阀启动闭锁保护。

6-105 简述轴承冷却风机和机架冷却风机的启停逻辑。

答：（1）排气框架冷却风机连锁。

1）当 TNH 大于 95%或选择了压气机水洗，启动选择为“LEAD”的风机。

2）如果选择“LEAD”的风机不能正常启动，延时 10s，将启动另一台风机。

3）风机出口压力低启动备用风机。

4）运行风机跳闸，启动备用风机。

5）当 TNH 大于 95%或压气机水洗结束后停运。

（2）轴承冷却风机连锁。

1）当燃气轮机检测到火焰且没有火灾保护信号，启动选择为“LEAD”的风机。

2）如果选择“LEAD”的风机不能正常启动，延时 10s，将启动另一台风机。

3）风机出口压力低启动备用风机。

4）运行风机跳闸，启动备用风机。

5）当燃气轮机熄火后，连续运行 1440min 后停运。

6）当给出排气框架冷却风机或轴承区冷却风机运行命令信号后，如果 2 台风机都没有反馈或 2 个出口压力开关都不动作，机组自动降负荷到 FSNL。

6-106　简述燃气轮机透平各部件的冷却气源。

答：（1）轮间的冷却气源。

1）一级前轮间被压气机出口轴封漏气冷却，一级后轮间被第 13 级抽气经第 2 级喷嘴冷却。

2）二级前轮间是通过从一级后轮间经级间密封的漏气冷却。二级后轮间被第 13 级抽气经第 3 级喷嘴冷却。

3）三级前轮间是通过从二级后轮间经级间密封的漏气冷却。三级后轮间从排气框架冷却空气环的排气获得冷却空气。

（2）动叶的冷却气源。压气机第 17 级抽气冷却一二级动叶。

（3）静叶的冷却气源。

1）一级静叶由压气机排气进入叶片内部进行冷却。

2）二级静叶由压气机 13 级抽气进入叶片内部进行。

3）三级静叶由压气机 13 级抽气进行叶片内部进行冷却。

6-107　简述压气机抽气系统中 AD-1、AD-6 和 CA-16 的作用。

答： AD-1 的作用是防喘抽气阀动力用气。AD-6 的作用是燃烧器清吹气源。CA-16 的作用是入口加热气源。

6-108　20CB-1、2 是什么？其作用是什么？

答： 20CB-1、2 为压气机防喘抽气阀控制电磁阀。作用是带电关闭防喘抽气阀，失电打开防喘抽气阀。

6-109　燃气轮机 2 号轴承区域是如何进行冷却的？

答：（1）排气框架冷却风机冷却完排气框架后进入 2 号轴承，对 2 号轴承区域进行冷却。

（2）冷却风机冷却 2 号轴承区域。

6-110　88BT-1、2 代表的是什么？其作用是什么？

答： 88BT-1、2 代表透平间冷却风机。用于对透平间和气体燃料间冷却通风。

6-111　透平的动叶是如何进行冷却的？

答： 压气机第 17 级轮毂上开有一个径向抽气槽道，将压缩空气引入转子中心孔送往透平段，用来冷却透平第一级和第二级动叶片。由压气机第 17 级处抽出的压缩空气经转子中心孔对透平的动叶进行冷却，动叶是空心叶片，空气由叶根处加工出的气孔进入空心动叶片，一部分由开在内弧和背弧上的小孔流出，在叶片型面形成一层冷却气膜；另一部分径向通过动叶，从顶部孔口流出以实现对动叶的冷却。

6-112 透平外壳和排气框架的冷却空气是由什么提供的，其编号是多少？

答：是同由 2 台冷却风机提供的，编号是：88TK-1、2。

第六节 雾化空气系统

6-113 为什么设置雾化空气系统？

答：在使用液体燃料的燃气轮机发电机组中，为了使液体燃料更好的雾化，提高燃烧效率，需要配备加压的雾化空气系统。

6-114 简述雾化空气系统的作用。

答：雾化空气系统向燃料喷嘴的雾化空气腔内提供具有足够压力的空气，在全部运行范围内，雾化空气的压力与压气机排气压力的比值应保持在一定的范围内。在点火升转速时，因机组转速比较低，因而由辅助齿轮箱驱动的主雾化空气压缩机的流量与压力也较小，故需要一个启动雾化空气压缩机（也称辅助雾化空气压缩机），以便在点火、暖机及升速阶段，向燃油喷嘴提供和雾化空气压力与压气机排气压力的比值相同的雾化空气。

6-115 雾化空气系统包括哪些设备？

答：雾化空气系统主要包括：主雾化空气压缩机，启动（辅助）雾化空气压缩机，雾化空气预冷器，以及一些相关的保护测量设备。

6-116 为什么燃烧部件会超温损坏？

答：液体燃料从燃油喷嘴喷入燃烧室时，往往会形成比较大的液滴，使燃油无法和空气均匀地混合，不能充分燃烧，并且还会有一部分燃油液滴被燃气携带经过透平的高温燃气通道和烟囱排入大气，不仅降低了燃烧效率，加大了机组的油耗，还可能出现油滴在高温燃气通道地部件上燃烧，造成此部件局部超温被烧坏的情况。

6-117　雾化空气系统是怎样工作的?

答: 雾化空气由在燃油喷嘴上的内部管路和喷口按照一定的方式喷入燃烧室，撞击由喷油嘴喷射出来的燃油，使燃油液滴破碎成油雾，显著地增加了点火的成功率，提高了燃烧效率。在点火、暖机、升速及机组的整个运行期间，雾化空气系统自始至终都在工作。

6-118　简述雾化空气预冷器的作用。

答: 雾化空气预冷器为多根铜管式冷却器，管内走冷却水，管外走压气机排气。该预冷器用于降低进入辅助雾化泵、主雾化泵的空气温度，防止泵高温损坏。

6-119　对雾化空气进行冷却有什么好处?

答: 热空气不易压缩，冷空气较易压缩，降低温度后，可减低辅泵或主泵的功耗损失。

6-120　为什么雾化空气温度高燃气轮机会自动停机?

答: 因该处温度过高会导致雾化空气质量流量不足和雾化空气泵的损坏，因此燃气轮机会自动停机。

6-121　导致雾化空气温度高的原因有哪些?

答: 导致雾化空气温度高的原因有：热偶故障或雾化空气冷却水不足，雾化空气预冷器排气不完全、汽化等。

6-122　若雾化空气温度高报警应如何处理？

答：若雾化空气温度高报警持续 300s 后，燃气轮机会进入自动停机程序。经处理后，若雾化空气温度能恢复正常，可终止燃气轮机的自动停机程序，运行人员需再发一次启动命令，燃气轮机在未脱网前会再次自动升负荷至选定负荷值（BASE LOAD OR PRESELECED LOAD）。

6-123　简述雾化空气泵系统各阀门的作用。

答：（1）雾化空气泵隔离阀的压力调节阀。保证通过电磁阀的气压及气动阀的操作气压不超压，保护元器件。

（2）辅助雾化空气泵电磁阀。该电磁阀的带电与失电控制了气动阀的动作，断开或接通辅助雾化空气泵的入口气路。

（3）辅助雾化空气泵入口气动阀。该阀控制辅助雾化空气泵入口气路的断开与接通。

（4）雾化空气回路循环气动阀。该阀为在燃用气体燃料时，为雾化空气提供再循环回路。

（5）雾化空气回路循环气动阀的电磁阀。在选择了气体燃料之后，该电磁阀延时 300s 后带电，该阀带电后，接通气动阀的控制气源回路，使气动阀打开，雾化空气大部分经旁路循环阀循环，较少的一部分对雾化空气喷嘴起冷却保护作用。

6-124　简述 9E 燃气轮机雾化空气系统中，辅助雾化空气泵和主雾化空气泵的设备规范。

答：（1）辅助雾化空气泵由交流电动机驱动，为旋转凸轮式轴流泵，型号为 A5CDLK34P，转速 4000r/min，连续运行时进出口压差 0.083MPa。

（2）主雾化空气泵由辅助齿轮箱驱动，是单级离心泵，型号为 SCF-6，额定入口压力为 1MPa，额定出口压力为 1.8MPa，额定入口温度为 107℃（不得低于 93℃，不得高于 121℃），额定出口温度为 205℃，转速为 4300r/min。

6-125 根据选用的燃料不同9E燃气轮机的燃料系统可分成几种类型？

答：（1）液体燃料系统。

（2）气体燃料系统。

6-126 液体燃料系统和气体燃料系统有哪些不同？

答：不同的燃料系统各自有不同的特点，该特点体现在两个方面：①燃料流量、压力及温度的控制各有特点；②系统的设备组成，以及系统中的部件结构各有其特点。例如，在用轻油做燃料的系统中，常采用控制燃油旁路回油流量的方法来达到控制送入燃烧室燃料量的目的。而为了提高燃烧效率，燃油喷嘴的设计结构也有特点，还必须加装雾化空气系统。在用气体燃料的系统中，常采用速度比例阀和燃料控制阀串联的方式来控制送入燃烧室的燃料量；而在双燃料的系统中，则需要设置控制两种燃料比例的装置。在采用重油做燃料的系统中，则必须加装重油预处理装置，还需提高雾化空气泵的增压比。

6-127 以S209FA型燃气-蒸汽联合循环热电联产机组为例简述其气体燃料系统情况。

答：（1）燃料为天然气，厂内设天然气调压站，通过天然气增压机将天然气压力提升到燃气轮机所需的压力值。

（2）共安装1套撬装式天然气场站系统，包括1套计量装置、1套管理计量装置、2套粗精一体分离过滤器、2台增压机和1套启动锅炉用撬装式天然气调压站。

（3）每台燃气轮机天然气前置模块系统设有2台100%绝对分离器（一台运行一台备用）、1套性能加热器，1台燃气电加热器、1台燃气涤气器。绝对分离器用于清除燃料流中的液体和固体颗粒。燃气性能加热器用于加热气体燃料。当性能加热器子组停运时，性能加热器的进出水门自动关闭，进出水至废液罐排污池排放气动阀自动打开。燃气轮机启动时电加热器自动投入，并调整加热量使出气温度在规定值，当燃气性能加热器投运后电加热器进气温度达到一定值时电加热器自动停运。燃气涤气器设计成可以清除燃气流中夹带的液体和颗粒。

第七节　二氧化碳灭火保护系统

6-128　绘制燃气轮机二氧化碳灭火保护系统图。

答：燃气轮机二氧化碳灭火保护系统图如图 6-7 所示。

6-129　简述 CO_2 灭火保护系统主要设备规范。

答：CO_2 灭火保护系统主要设备及规范。

（1）CO_2 储罐制冷压缩机 1 台，电压为 230V，转速为 1425r/min。

（2）CO_2 储蓄罐容量。容量为 7985L，储蓄罐压力为 2.07MPa。

（3）制冷压缩机启动压力为 2.1MPa。

（4）制冷压缩机停运压力为 1.9MPa。

（5）CO_2 排放压力为 1.035MPa。

（6）CO_2 浓度。初始阶段为 34%，延续阶段为 30%。

（7）保护区域 3 个区，区域Ⅰ为燃气阀门间及透平间，区域Ⅱ为 2 号轴承区，区域Ⅲ为燃气轮机润滑油模块。

（8）安全阀位置及其整定压力值。

1）储蓄罐本体安全阀 1 压力为 2.46MPa。

2）储蓄罐本体安全阀 2 压力为 2.46MPa。

3）出口母管安全阀压力为 3.16MPa。

4）Ⅰ区初、续放管道压力为 2.38MPa。

5）Ⅱ区初、续放管道压力为 2.38MPa。

6）Ⅲ区初、续放管道压力为 2.38MPa。

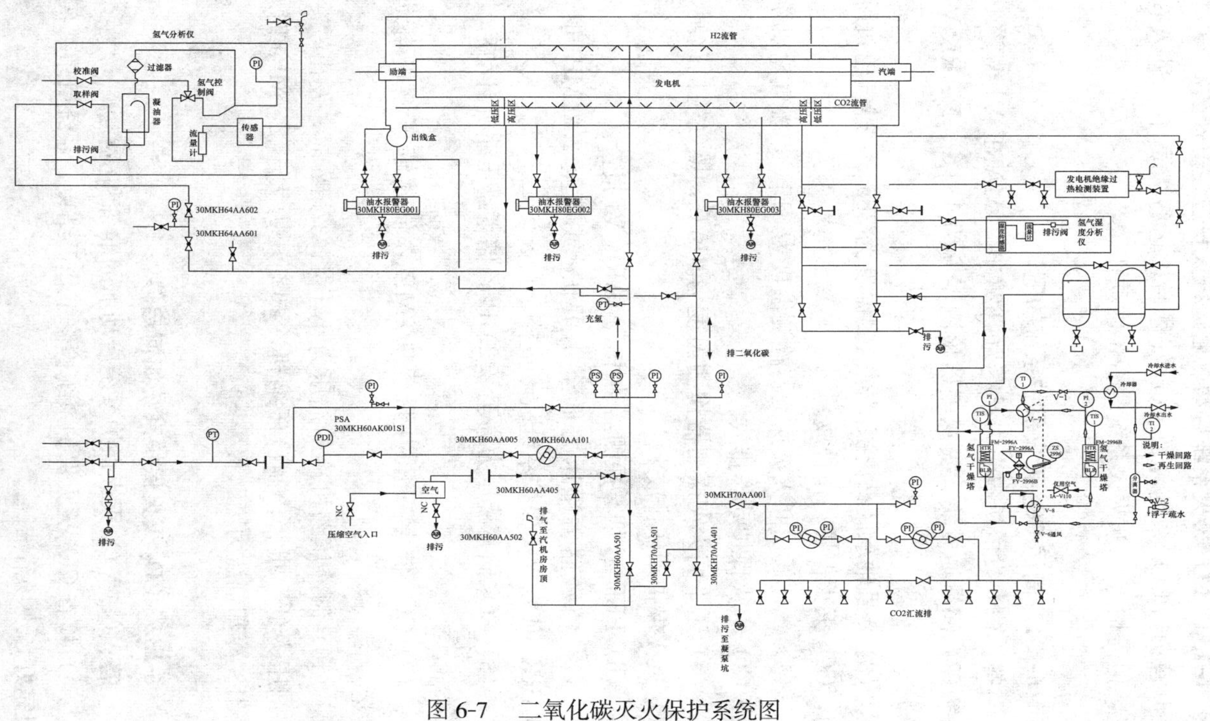

图 6-7 二氧化碳灭火保护系统图

6-130　CO_2 灭火系统启动以后运行人员应注意什么?

答: 当 CO_2 系统释放 CO_2 气体后，运行人员不应进入仓室，但需检查 CO_2 灭火系统是否正确动作。

6-131　简述 CO_2 灭火保护系统的逻辑。

答:（1）发电机罩壳内温度为 162℃时，MARK-VI 报警。

（2）润滑油模块火灾探测器检测温度为 162℃，MARK-VI 报警。

（3）2 号轴承区火灾探测器检测温度为 385℃，燃气轮机跳闸，CO_2 灭火保护动作排放。

（4）气体阀门间火灾探测器检测温度为 315℃，燃气轮机跳闸，CO_2 灭火保护动作排放。

（5）透平间火灾探测器检测温度为 315℃，燃气轮机跳闸，CO_2 灭火保护动作排放。

（6）PEECC 烟雾探测器动作，MARK-VI 报警。

（7）CO_2 储蓄罐压力低至 1.9MPa 或高至 2.24MPa 时，MARK-VI 发火灾保护系统故障报警。

（8）CO_2 储蓄罐压力高至 2.2MPa，储蓄罐压缩机自动启动制冷。

（9）CO_2 储蓄罐压力低至 1.8MPa，储蓄罐压缩机自动停运。

（10）制冷压缩机冷却剂压力小于 41.37kPa 时，发出“冷却剂压力低”报警；制冷压缩机冷却剂压力大于 2.7MPa 时，发出“冷却剂压力高”报警。

6-132　CO_2 灭火保护系统如何启停?

答:（1）CO_2 灭火保护系统启动前的准备和检查。

1）检查 CO_2 灭火保护系统检修工作已结束，系统管道、阀门完好，现场清洁。

2）检查系统中的各热工仪表在投入状态且工作正常。

3）按阀门卡检查确认系统阀门的位置正确。

4）测 CO_2 灭火保护系统绝缘合格，送上电源。

（2）CO_2 灭火保护系统的启动。

1）将 CO_2 灭火保护系统投自动。

2）检查控制屏上显示储罐内 CO_2 液位，体积正常。

3）检查就地 CO_2 火灾保护控制盘上无报警。

4）检查与火灾保护系统相连的 HMI（Honan Machine Inter face，人机接口站）上无报警。

（3）CO_2 灭火保护系统的运行中的监视和检查。

1）检查系统管路、阀门位置正常，无泄漏。

2）检查 CO_2 储蓄罐液位，体积正常无报警。

3）检查 CO_2 储蓄罐压力 1.8～2.2MPa 正常。

4）检查压缩机自动投入正常。

5）检查 CO_2 自动控制装置屏无报警。

（4）CO_2 灭火保护系统的停运。

1）若需退出 CO_2 灭火保护系统，则关闭模块出口手动总门即可，保持制冷压缩机自动状态。

2）若需检修 CO_2 灭火保护系统，则关闭模块出口手动总门后，将模块总电源停电。停电期间，罐内残余 CO_2 会因温度升高导致体积膨胀，因此需采取在周围设置警戒线等措施，防止人身伤害。

6-133　CO_2 安全阀泄漏原因有哪些？应如何处理？

答：原因有：

（1）安全阀启座压力低或未回坐。

（2）CO_2 储蓄罐压力高，压缩机未启动。

处理：

（1）打开 CO_2 储蓄罐处大门，加强通风。

（2）检查 CO_2 储蓄罐压力，手动启动压缩机。

（3）若 CO_2 储蓄罐压力较低，关闭泄漏安全阀前手动门，通知检修人员处理。

6-134　高压 CO_2 灭火系统的设计原则是什么？

答：一旦在仓室内发生火灾，该系统立即释放 CO_2 气体，同时关闭仓室的通风口，使 CO_2 气体充放入仓室中，将仓室内氧气的含量减少到15%以下，此时氧气浓度不足以维持燃油或滑油的燃烧，从而达到灭火的目的。另外，考虑到暴露在高温金属中的可燃物质在灭火后有再次复燃的可能性，该系统提供有后续的 CO_2 排放系统，可使 CO_2 浓度保持在熄火浓度40min或60min之久，从而把再次起火的可能性减小到最低程度。

6-135　简述 CO_2 灭火系统的组成。

答：CO_2 灭火系统由火灾探头，CO_2 气瓶，声光组合报警器及闪光报警器组成。

根据机组仓室运行温度的不同，按 CO_2 火灾保护将燃气轮机划分为两个区域，其中辅机间和轮机间属一个区域，负荷间属另一个区。

CO_2 气瓶分为初始（快速）释放气瓶和长时（慢速）释放气瓶。初始（快速）释放气瓶能启动迅速灭火的作用，其喷管管径为50mm，能够在1min内能将仓室中 CO_2 的浓度提高至34%以上的体积浓度；长时（慢速）释放气瓶的作用是维持仓室内的 CO_2 浓度，使15%以下的氧气含量保持40min以上，其喷射管径为20mm，保证仓室内不复燃。

6-136　简述火灾保护系统的作用。

答：高压 CO_2 灭火系统是9E燃气轮机一个十分重要的保护系统。特别是在辅机间、轮机间及负荷间，由于运行时仓室内温度很高，一旦有滑油、燃油（或气体燃料）泄漏，很容易发生火灾。发生火灾后，如不能及时扑灭，将使机组受到严重的破坏。因此，使高压 CO_2 灭火系统始终处于良好的备用状态，详细掌握这一系统的情况，进行严格的检查和维护是每一个运行人员必尽的职责。

6-137　CO_2 储蓄罐中制冷机的启停条件是什么？

答：通过压力感应开关控制压缩机的工作和停止来维持 CO_2 储蓄罐的压力。压缩机启动压力为 2.034MPa，停止压力为 2.103MPa，维持正常压力为 2.069MPa。

6-138　透平间隔、气体燃料模块、排气间隔中 CO_2 保护动作的条件分别是什么？

答：当各个间隔内温度超过设定值时，CO_2 保护动作。透平间温度设定值为 315.6℃，气体燃料间温度设定值为 315.6℃，排气间温度设定值为 385℃。

6-139　机岛哪几个部分布置了 CO_2 喷嘴？各有几个？有几个探测器？

答：机岛的透平间、燃料模块、排气间均设有 CO_2 喷嘴。

其中：

(1) 透平间有 2 个初始排放喷嘴、1 个持续排放喷嘴。有 3 组 6 个火焰探测器。

(2) 燃料模块有 1 个初始排放喷嘴、1 个持续排放喷嘴。有 2 组 4 个火焰探测器。

(3) 排气间有 1 个初始排放喷嘴、1 个持续排放喷嘴。有 2 组 4 个火焰探测器。

6-140　初始排放和持续排放的目的是什么？各维持排放多少时间？

答：初始排放是当火灾保护动作时快速排放 CO_2，使间隔内的氧气浓度迅速从 21%下降至 15%熄灭火焰，初始排放时间为60s。

持续排放是当初始排放结束后，维持间隔内的氧气浓度在15%以下，防止再次着火，持续时间是30min。

6-141 简述火灾保护动作过程。

答：（1）当任一区域的任一火灾检测探头检测温度高于设定值时，火灾保护系统启动。

（2）火灾保护系统启动后，相应区域的初始排放的电磁阀带电，开启初始排放阀。

（3）初始排放60s后，初始排放阀关闭，持续排放电磁阀带电，持续排放阀开启。

（4）持续排放30min后，持续排放结束，持续排放阀关闭。

（5）当火灾保护动作时，机组跳闸。通风和加热系统的风机停运，挡板关闭。

6-142 火灾保护系统设有几个手动启动开关？

答：设有5个手动启动开关，2个位于CO_2控制盘，3个位于机岛。

6-143 火灾保护系统中设置了哪几个安全阀？

答：（1）CO_2排放母管安全阀。

（2）导气管安全阀。

（3）CO_2储蓄罐安全阀。

6-144 火灾报警方式有哪些？其对应响应是什么？

答：预报警（FIRE PRE-ALARM）方式有区域Ⅰ或区域Ⅱ预报警，若机组当时正常运行，对机组无影响；若机组当时停运，则禁止机组启动。

（1）区域Ⅰ的火灾报警。

1）声光组合报警器动作，发出声光报警。

2）报警闪光灯动作，发出闪光报警。

3）机组跳闸，燃油截止阀关闭。

4）所有通风电动机停运。

5）30s 后，驱动气瓶排气，后续排放气瓶排气。

6）火灾保护柜发出“CO_2 RELEASED IN ZONE1”报警。

7）1min 后，初始气瓶 101QA～112QA 排放完毕。

8）40min 后，后续气瓶 115QA～159QA 排放完毕。

（2）区域 2 的火灾报警。

1）声光组合报警器发出声光报警。

2）机组跳闸，燃油截止阀关闭。

3）1min 内所有通风电动机停运。

4）30s 后，驱动气瓶排气。

5）火灾保护柜发出“CO_2 RELEASED IN ZONE2”报警。

6）1min 后，初始气瓶排放完毕。

7）60min 后，后续气瓶排放完毕。

6-145　简述 86MLA-1C 的含义和作用。

答：86MLA-1C 为手动闭锁开关（气体燃料间－Ⅰ区），用于手动闭锁火灾报警器。

6-146　透平间设置 CO_2 动作挡板的目的是什么？

答：CO_2 是不可燃气体，设置 CO_2 动作挡板（ACTUATED DAMPER）可在透平间发生火灾时，停止透平冷却通风，迅速消除火灾并防止事故的扩大。

6-147　机岛哪几个部位布置了自动灭火系统？各布置了几个什么喷嘴？几个探测器？

答：1 号区域为透平间和气体燃料间、2 号区域为 2 号轴承区域布置了自动灭火装置。其中透平间 3 个喷嘴（2 个初放，1 个续放），4 个火灾探测器；排气间 2 号轴承区 2 个喷嘴（1 个初放，另 1 个续放），4 个火灾探测器。

6-148 透平间的百叶窗是什么类型的？有何作用？

答： 透平间的百叶窗采用有重力驱动和 CO_2 驱动型的百叶窗。透平间通风口的百叶窗是 CO_2 气动的。当火灾发生时 CO_2 气动百叶窗关闭，维持透平间的 CO_2 气体浓度，同时阻止外界的 O_2 进入透平间，起迅速隔绝外部空气的作用。

6-149 33FP-1A、33FP-2A、63CT-1 各表示什么？有何作用？

答： 33FP-1A 为灭火保护阀门位置（闭锁）/限位开关，监测 CO_2 储蓄罐隔离阀位置。

33FP-2A 为灭火保护阀门位置（闭锁）/限位开关，监测 CO_2 先导管道隔离阀位置。

63CT-1 为压力开关 CO_2，用于监视 CO_2 储蓄罐内压力降至 $19.33kg/cm^2 \pm 0.3515kg/cm^2$ 接点闭合，报警。增至 $22.85kg/cm^2 \pm 0.3515kg/cm^2$，接点打开。

6-150 电气控制盘中 2CP-1A、2CP-2A、2CP-3A、2CP-4A 代表什么含义？各控制什么范围？

答： 2CP-1A 为一区初放管释放定时器 60s。

2CP-2A 为一区续放管释放定时器 30′；

2CP-3A 为二区初放管释放定时器 60s；

2CP-4A 为二区续放管释放定时器 30′。

6-151 FP10、FP11、FP25、FP26 四路气各到什么地方去灭火？

答： FP10 作为一区的初放管路，FP11 作为一区的续放管路，FP25 作为二区的初放管路，FP26 作为二区的续放管路。

6-152 先导控制盘 45CP-1A/2A 的含义和作用是什么？

答： 45CP-1A 为火灾探测器 CO_2 压力自动释放开关（Ⅰ

区），手动复位。

45CP-2A 为火灾探测器 CO_2 压力自动释放开关（Ⅱ区），手动复位。

第八节 液压油系统

6-153 简述液压油特性。

答：液压油是一种人工合成的磷酸酯，具有良好的润滑特性和稳定性。液压油也具有一定的阻火功能，也称抗燃油。

液压油的缺点：

（1）液压油吸水性很强。其吸水后会水解，酸性会增加，对部件产生腐蚀，会造成设备内漏，调节品质下降，腐蚀产物脱落会造成机构卡涩。

（2）容易高温氧化。液压油在 63℃以上就容易发生高温氧化，产生磷酸，腐蚀设备。

6-154 简述液压油系统运行中蓄能器投停操作。

答：投用前蓄能器应有检修人员充 N_2，并检查无泄漏，然后关闭蓄能器放油阀，稍开蓄能器进油阀对蓄能器注油，注满后缓慢开大进油阀，注意系统压力不应波动，直至全开。

停用前蓄能器时应先关闭蓄能器进油阀，然后缓慢开启蓄能器放油阀。注意系统压力不应波动，否则立即关闭放油阀，并查明原因。

6-155 简述液压油系统的作用。

答：液压油系统为燃气透平和蒸汽透平所共有，分别向汽轮机高、中和低压截止、调节阀，压气机进口调节导叶和燃料模块提供控制、动力和保护油。此外，液压油经 IGV 紧急跳闸装置和试验模块后，转变为液压遮断油，正常停机和事故情况下切断机组燃料和蒸汽轮机的进汽并关闭压气机入口可转导叶。

6-156 简述液压油系统的组成。

答：液压油系统由液压油箱、滤网、液压油泵、过滤装置、冷却与加热装置、蓄能器、连锁保护装置、辅助过滤装置及液压油相关的跳闸油系统、燃料调节系统和进口可转导叶系统等组成。主要设备包括：主液压油泵及其驱动电动机，辅助液压油泵及其驱动电动机，主液压油泵压力补偿器，主、辅液压油泵管路出口放气阀，主、辅液压油泵出口压力释放阀，液压油油滤，液压油母管蓄能器。

6-157 液压油系统有哪些跳闸保护？其定值各为多少？

答：气体燃料截止阀液压油压力低跳闸。跳闸压力为5516kPa±68.95kPa。

液压油母管压力低跳闸。跳闸压力为7584kPa。

6-158 液压油系统投运前的主要检查项目有哪些？

答：（1）液压油系统检修工作全部结束，工作票终结。

（2）液压油箱油位、油温正常。

（3）操作系统阀门至启动前状态，重点检查液压油泵进口门开启，液压油母管旁路阀FV-7开启。

（4）检查设备系统完好，各表计齐全良好，仪表一、二次阀门开启。

（5）检查打开蓄能器的隔离阀，关闭泄放阀。

（6）将下列设备送电。

1）液压油箱电磁加热器。

2）辅助过滤系统传输泵。

3）加热冷却系统冷却风扇。

4）液压油泵。

（7）检查并纠正机组 MARK-VI 中液压油系统的报警。

（8）小修及中、大修应做液压油系统连锁保护试验，并保证试验正常。

6-159　简述液压油母管压力低的原因及处理。

答：（1）原因。

1）液压油泵故障、出力低。

2）液压油滤网滤芯堵塞，滤网差压过大。

3）液压系统泄漏，排气阀关闭不严、泵出口调压阀故障打开。

4）液压油泵压力补偿器定值不正常。

5）压力开关故障，取压管线泄漏。

（2）处理。

1）检查确认备用液压油泵已启动，停运故障泵并处理。

2）检查液压油滤压差，若压差高则应清洗。

3）检查液压油系统泄漏点；检查调整排气阀和泵出口调压阀位置。

4）检查调整液压油泵压力补偿器定值。

5）检查压力开关、取压管线。

6-160　油箱加热与冷却装置应如何工作？

答：（1）加热装置工作过程。

1）当油温低于 30.8℃时，温度开关 TS280A 使电磁切换阀 FY-286 和齿轮泵电动机带电。电磁切换阀 FY-286 带电后，切断了去冷却回路的供油，使液压油通过加热回路安全阀 FV-34（动作值是 1.38MPa）循环流动，使油温升高。

2）当油温高于 36.4℃时，温度开关 TS280A 使电磁切换阀 FY-286 和齿轮泵电动机失电，停止加热。

（2）冷却装置的工作过程。当油温超过 48.9℃时，失电位置的电磁切换阀 FY-286 引导液压油至油-空气热交换器，并且温度开关 TS280B 负责开启齿轮泵和冷却回路风扇，对油进行冷却。当油温降至 43.3℃时，温度开关 TS280B 使齿轮泵和冷却回路风扇停运，停止油的冷却。

6-161　跳阀油路 FTS 如何转变为阀门跳闸油 FSS 供油？

答：液压油母管来的 FTS 供给油路经进口可转导叶紧急跳闸装置 IGV ETD 的跳闸执行器（此时电磁阀 FY5040 带电），使 FTS 输入到试验模块，正常情况下只要电磁阀 FY5000、FY5010 和试验电磁阀 FY5001、FY5011 中任意一组带电则可向执行机构提供 FSS。

6-162　简述压气机进口转导叶 IGV 角度是如何受控于液压油的。

答：液压油母管来的动力油经单向阀、滤网、伺服阀、跳闸继电器进入 IGV 油缸，两个 LVDT 位置反馈信号经高选后和所要求的可转导叶角度位置信号，在运算放大器输入节点上相加，如果结果不为零，则运算放大器的输出信号经功率放大后，向伺服阀 90TV 的线圈送入电流信号，伺服阀就开始调节可转导叶的位置。如果相加为零，说明可转导叶已经调整到所需要的位置，调整结束。若跳闸电磁阀失电则 IGV 油缸卸油，IGV 关闭。

6-163　简述液压油系统中如何通过过滤循环泵来进行油的循环。

答：（1）检查液压油油箱油位正常（介于 LS280A 高液位和 LS280B 低液位报警之间）、油温为 18～44℃。

（2）检查与过滤循环泵相连的管道及设备完好无损，单向阀 FV-71 压力整定值正确，各压力表一次门开启。

（3）缓慢开启阀门 FV-17 向齿轮泵 TAFM 充油，开启阀门 FV-73、FV-77 对油循环管路充油排气。

（4）启动齿轮泵并检查运转正常，检查调节过滤器压力及压差正常，并定期化验油质。

（5）待油质化验合格后，停齿轮泵 TAFM，并将 AFS 系统选择开关打至“ON”。

6-164　简述正常运行中各电磁阀处在何状态时回路可向机组供油？

答：正常运行当中当以下条件同时满足时，回路可向机组供油。

（1）电磁阀 FY5040 带电。

（2）跳闸电磁阀 FY5000 及 FY5010 同时带电或试验电磁阀 FY5001 和 FY5011 同时带电。

6-165　简述电液伺服阀的工作原理。

答：电液伺服阀是一个三线圈的伺服阀。三线圈绕在扭力器的中心杆上，且分别接受来自 R、S、T 控制器的经运算放大的直流电流。线圈中有电流通过，则在电磁力作用下扭力器及其相连的射流管发生偏转，液压油从射流管中高速流出，使断流滑阀两端受到不同压力，离开中间位置。在反馈弹簧作用下减少断流滑阀两端的压差，减缓滑阀的移动速度，当位置反馈 LVDT 变一个电压信号反馈给 R、S、T 与所给定的位置信号叠加为 0 时使射流管回到中间位置。此时滑阀两端压力相等，结束调整。

6-166　切断液压油会使哪些重要阀门关闭？

答：S109FA 机组跳闸时，液压动力装置中紧急跳机装置 ETD 电磁阀失电，切断 FTS 和 FSS，同时控制系统迅速发出调整控制阀位置信号，使阀门处于全关位置。结果使液压驱动的截止阀和燃气轮机燃料速比阀和控制阀、压气机 IGV 都迅速关闭。

6-167　简述液压油母管压力表的连锁保护定值及报警值。

答：（1）液压油母管压力开关 PS281D、E、F 三取二，液压油母管压力低跳闸、报警。定值为：7584kPa，返回值为 10342kPa。

（2）液压油母管压力开关 PS281A，液压油母管压力报警，数值为 8963kPa，升至 10 342kPa 时恢复。

6-168　简述正常运行中液压油油箱冷却风机的运行方式。

答：液压油油箱冷却风机受控于温度开关 TS280B，系统在冷却方式时，温度开关 TS280B 使电磁选择阀 FY-286 失电，温度开关 TS280B 启动和停止循环泵电动机和冷却风扇电动机，当油箱油温升至 48.89℃时投入风机冷却方式。

第九节　燃气轮机通风和空间加热系统

6-169　绘制燃气轮机通风和空间加热系统图。

答：燃气轮机通风和空间加热系统如图 6-8 所示。

6-170　简述透平加热和通风系统的作用。

答：透平加热和通风系统，为燃气轮机罩壳、负荷轴间、气体燃料模块、排气扩压器和 2 号轴承区域提供清洁的空气使每个设备间的温度保持在允许的范围，确保设备的连续运行。通风系统也使运行人员可以在机组运行期间进入和检查每个设备间。冷却风机未启动时，通风系统中的重力驱动挡板在重力的作用下保持关闭状态，CO_2 动作挡板正常处于开启状态，在机组火灾保护动作时关闭（需手动复位），保证间隔内的 CO_2 浓度。同时，通风和加热系统在机组停运时，控制间隔内的温度和湿度，防止间隔内的温度过低产生冰冻。

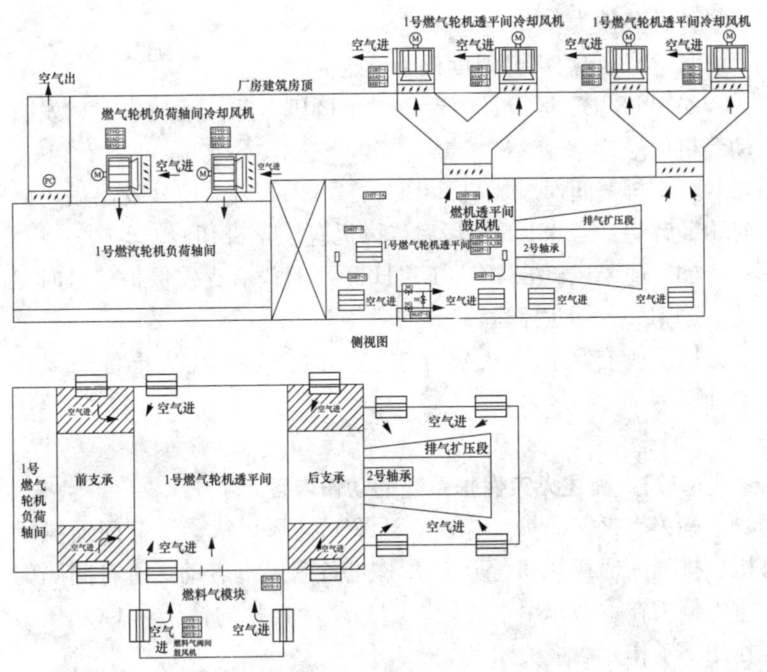

图 6-8　燃气轮机通风和空间加热系统图

6-171　系统中燃气轮机透平间隔、负荷间隔、排气间隔通风方式有何差别？

答：透平间隔和排气间隔是负压运行，负荷间隔是正压运行。

6-172　简述三个间隔风机的启停顺序。

答：（1）燃气轮机间通风风机 88BT 满足下列任一条件时启动。

1）当检测到有火焰相对于 2 号轴承冷却风机延时 2s。

2）当透平间温度高于设定值。

3）透平间危险气体浓度大于 75%。

4）清吹 11min 结束后。

5）启动后当透平间温度高时，自保持运行，低于设定值停运。

停运条件为：

1）当机组熄火且温度低于设定值时，停运。

2）当 88BT 运行且两台风机出口压力开关不动作时，发自动停机信号。

（2）排气间通风风机 88BD。当 88BT 启动信号发出后，延时 10s 启动。当 88BT 停运后或风机有故障 88BD 停运。

（3）通风风机 88VG。L14HT＝1 且没有火灾保护信号时启动，L14HT＝0 时停运。

以上所有风机在火灾保护动作时停运，且禁止备用风机启动。

6-173　简述火灾保护系统的动作内容。

答：当火灾保护动作时，透平间通风风机、负荷间通风风机、排气间通风风机停运，并禁止备用风机启动。所有间隔的重力挡板在重力作用下关闭。CO_2 驱动挡板的销子在 CO_2 压力作用下动作，挡板关闭。

6-174　加热和通风系统启动前检查内容有哪些？

答：加热和通风系统启动前检查的内容有：

（1）风机、加热器已送电。

（2）确定灭火系统已通电并可以运行。打开到挡板的 CO_2 供给管道。手动复位 CO_2 驱动挡板，保证挡板在开启位置。

（3）确定所有的透平间门、负荷间、排气间门已关闭。

（4）检查透平间风机 88BT-1、2 各一台、负荷轴间风机 88VG-1、2 各一台，排气扩压段冷却风机 88BD-1、2 各有一台在“LEAD”位置。

6-175　系统中间隔加热器 23VS-3 和 23HT-3A、3B 有什么作用？何时启动？

答：（1）当透平间温度低于 26HT-1 的设定值 10℃±

1.11℃时，启动加热器 23HT-1A、1B。

（2）当透平间温度低于 26HT-3 的设定值 37.78℃±1.11℃时，启动加热器 23HT-3A、3B。

（3）当气体燃料模块温度低于 26VS-1 的设定值 10.00℃±1.11℃时，启动加热器 23VS-1。

（4）当气体燃料模块温度低于 26VS-3 的设定值 37.78℃±1.11℃时，启动加热器 23VS-3。

6-176 绘制燃气轮机进口空气加热系统图。

答：燃气轮机进口空气加热系统如图 6-9 所示。

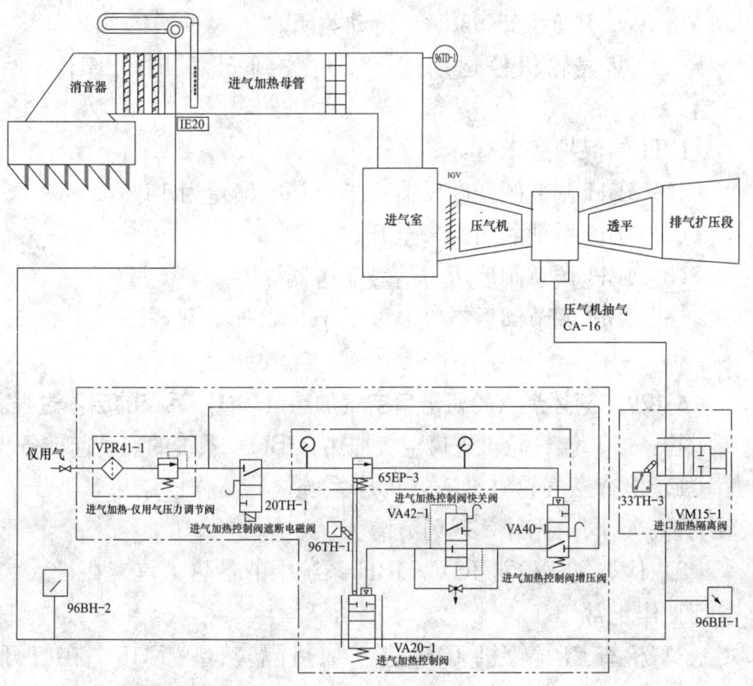

图 6-9 燃气轮机进口空气加热系统图

6-177 简述入口加热系统的作用。

答： 对于燃气轮机来说，在冷、湿气环境条件时，入口设备需要有防冰功能。入口加热系统抽取压气机热的排气重新循环到入口来加热入口空气流用于防冰。

抽热气也用于预混模式下来增加压气机的喘震裕度和防止第一级转子叶片结冰。

6-178 简述燃气轮机进口空气加热（IBH）系统的系统逻辑。

答： IBH 的动作逻辑有：

（1）燃气轮机启动期间，IBH 在燃气轮机达到 95％额定转速（2850r/min）时，开始开启；

当 IGV 开度大于 63°时，自动关闭。

（2）燃气轮机停运期间，IGV 关到 58.5°时，IBH 开始开启。

IBH 的保护逻辑有：

（1）IBH 调节阀开度反馈和指令基准偏差为 15％。

（2）IBH 手动隔离阀未全开。

（3）IBH 调节阀后压力信号变送器故障。

（4）IBH 调节阀后空气温度低于 93.3℃，延时 60s。

6-179 简述燃气轮机进口空气加热（IBH）系统的启停过程。

答：（1）燃气轮机进口空气加热（IBH）系统的启动前准备。

1）检查燃气轮机 IGV，IBH 系统检修工作已结束，液压油系统管道、阀门完好，现场清洁。

2）检查燃气轮机 IGV，IBH 系统中的各热工仪表在投入状态且工作正常。

3）检查燃气轮机 IBH 进气加热隔离阀 VM15-1 在打开状态。

4）检查燃气轮机 IBH 进气加热隔离阀 VM15-1 前疏水在关闭状态。

5）检查燃气轮机 IBH 阀门仪用气投入，压力正常。

6）检查燃气轮机 MARK-VI 上无相关报警。

（2）燃气轮机 IBH 的启动和停止均由 MARK-VI 自动控制，遵循其动作逻辑。

（3）燃气轮机进口空气加热（IBH）系统的监视与检查。

1）监视当前燃气轮机负荷，当 IGV 全开，达到 84°，检查燃气轮机进入温控模式。

2）当空气湿度大于 70%，燃气轮机压气机入口温度小于或等于 4℃，检查 IBH 开启，防止压气机入口结冰。

第十节　燃气轮机压气机进口可转导叶（IGV）系统

6-180　绘制燃气轮机压气机进口可转导叶（IGV）系统图。

答：燃气轮机压气机进口可转导叶（IGV）系统如图 6-10 所示。

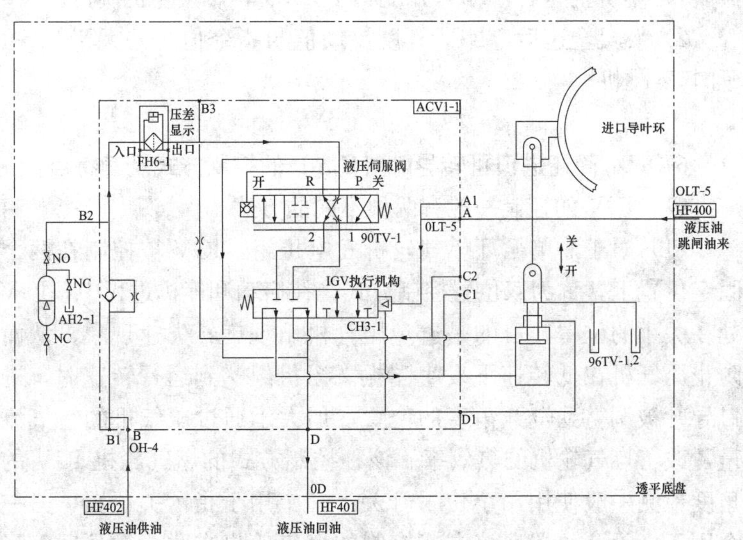

图 6-10　进口可转导叶（IGV）系统图

6-181　简述燃气轮机进口可转导叶的作用。

答：（1）在燃气轮机启动、停机过程，以及低转速过程中，起到防止压气机发生喘振的作用。

（2）当燃气轮机用于联合循环部分负荷运行时，通过关小IGV的角度，减小进气流量，使燃气轮机的排烟温度保持在较高水平，以提高联合循环装置的总体热效率。

6-182　简述燃气轮机进口可转导叶（IGV）系统的系统逻辑。

答：（1）IGV的动作逻辑。

1）燃气轮机启动期间，转速升至85%额定转速（2550r/min）时，IGV开至49°；IGV随燃气轮机并网升负荷，逐渐开至84°（对应当时燃气轮机的基本负荷）。

2）燃气轮机离线水洗时，IGV全开至84°。

（2）IGV的保护逻辑。

1）燃机全速后，IGV开度小于39.5°，燃气轮机跳机。

2）燃机全速后，IGV开度反馈值与指令值之差大于7.5°，延时5s跳机。

6-183　简述进口可转导叶（IGV）的控制方式及其特点。

答：IGV的控制一般有两种不同的方式。

（1）对于简单循环燃气轮机发电机组，IGV被控制在两个固定位置上，称为双位置控制方式。在启动和停机过程中，IGV处在关小的位置，目的是避免压气机出现旋转失速现象，从而防止压气机在低转速下发生喘振。当机组达到运行转速时，进口导叶被调整到全开角度的位置，加大了通过压气机的空气流量，改善燃气轮机的热效率。该种控制方式的燃气轮机IGV的角度检测一般使用两个位置开关，一个用于指示关位置，另一个用于指示开位置；该方式控制的燃气轮机在联合循环时，降负荷运行能力较差，降部分负荷时整体热效率下降较多，油耗率上升较大；不具备 IGV 温控功能。

（2）另一种控制方式称作可调式压气机进口导叶控制方式。在该种方式下，在启动和停机过程中，按修正转速以一定的速率来开大或关小 IGV 的角度，从而达到防止压气机发生喘振的目的。在带负荷时，对于联合循环中的燃气轮机，则根据负荷的大小（或透平排烟温度）来调整进口导叶的位置，以维持在该负荷下有较高透平排烟温度，使总体热效率得到改善。该种控制方式的燃气轮机 IGV 的角度位置是作为修正转速的函数或根据透平排烟温度来进行调整。因此，该系统需配置电液转换器（伺服阀 90TV）及配套的位置反馈装置（LVDT 线性可变差动变压器 96TV-1，2）；该方式控制的燃气轮机在联合循环时，降负荷运行能力较强，降部分负荷时整体热效率下降较少，油耗率上升不大，具备 IGV 温控功能。

6-184　简述 IGV 系统的工作油源。

答：IGV 系统的工作油源总主要有两路。一路为来自液压油母管（10.3MPa），主要作为电液伺服阀 90TV-1 的控制油及 IGV 动作油缸的工作压力油；另一路是来自跳闸油系统的入口（0.65MPa，54℃）经 20TV-1 电磁阀控制，作为 IGV 跳闸放油切换阀 VH3-1 的工作压力油。

6-185　简述 IGV 控制电磁阀的状态。

答：常开电磁阀，燃气轮机在零转速以上（14HR 失电）时，该电磁阀上电，切断泄油通路，IGV 处可调状态。燃气轮机在零转速后（14HR 上电），该电磁阀失电，接通泄油回路，IGV 处不可调状态，直接在液压油的作用下关小至物理最小角度。

6-186　简述 IGV 跳闸放泄切换阀的状态。

答：当 20TV-1 不带电时，在来自液压油系统的液压油的作用下，油压不经过伺服阀 90TV 而直接进入油动机去关小 IGV 至机械最小位置。当 20TV-1 带电时，接通伺服阀 90TV 与油动机之间的液压油路，使 IGV 处于可以被调整的状态，在该状态下，液压油只能经过伺服阀 90TV 进入油动机，开大或关小 IGV。

6-187　简述 IGV 角度控制。

答：（1）燃气轮机启动前需对 IGV 的反馈角度进行检查，若反馈角小于 31°或反馈角大于 35°，燃气轮机不容许启动，在 MARK-VI 上会发出"INLET GUIDE VANE POSITION SERVO TROUBLE"报警。

（2）若 IGV 反馈角度 CSGV 与 IGV 控制角度参考值（要求值）CSRGV 的差值大于 7.5°，持续 5s 后，MARK-VI 上会发出"INLET GUIDE VANE CONTROL TROUBLE ALARM"报警。

（3）若燃气轮机转速在运行转速以上（14HS 上电）时，IGV 反馈角度 CSGV 大于 50°或燃气轮机转速在运行转速以下（14HS 失电）时，IGV 反馈角度 CSGV 超过设定角度 CSRGV 达 7.5°以上，持续 5s，MARK-VI 上会发出"INLET GUIDE VANE CONTROL TROUBLE TRIP"报警，燃气轮机跳闸。

6-188　IBH 阀开启、关闭条件有哪些？

答：环境温度低于 4.4℃，压气机入口温度在露点温度 12.2℃以内时，为防冰，入口抽气加热被自动打开。

IBH 开度的大小是 IGV 函数，当转速继电器 L14HS（95%额定转速）=1 时，IBH 开启。转速继电器 L14HS=0 时，IBH 关闭；当 IGV 开度大于 63°时 IBH 关闭。IGV 开度小于 57°时 IBH 开启。

第十一节　危险气体探测器

6-189　绘制燃气轮机危险气体探测器的布置图。

答：燃气轮机危险气体探测器的布置如图 6-11 所示。

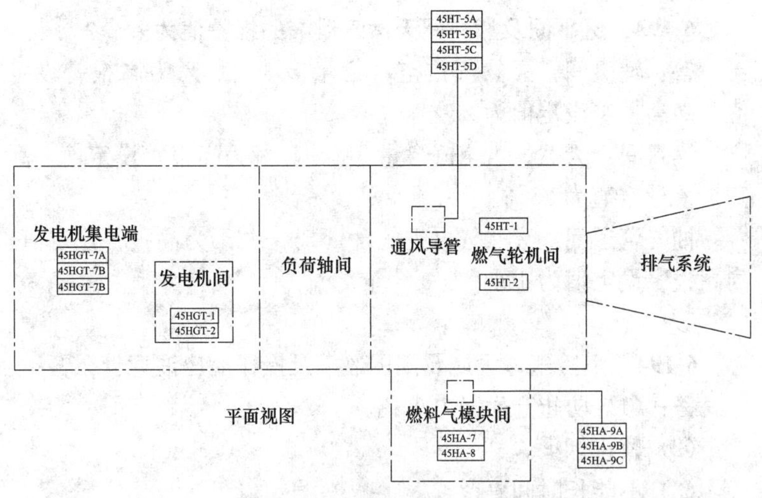

图 6-11　燃气轮机危险气体探测器

6-190　机岛部分哪几个部分布置了危险气体检测装置?

答: 在机岛的发电机间、燃料模块、透平间及通风管道设有危险气体检测装置。

6-191　各个部分危险气体检测装置的报警设定值分别是多少?

答: 发电机间 45HTG-7A、7B、7C 和 45HTG-1、2 当浓度高于 10%时高Ⅰ值报警，高于 25%高Ⅱ值报警。

燃气轮机透平间 45HT-9A、9B、9C 和 45HT-1、2 当浓度高于 10%时高Ⅰ值报警，高于 25%高Ⅱ值报警。

气体燃料间 45HA-7、8 当浓度高于 10%时高Ⅰ值报警，高于 25%高Ⅱ值报警。

通风管道 45HA-5A、5B、5C、5D 当浓度高于 7%时高Ⅰ值报警，高于 17%高Ⅱ值报警。

6-192　危险气体的爆炸浓度范围为多少?

答: 占空气含量的 5%～15%。

6-193　透平间及燃料间天然气泄漏的报警值为多少？

答：辅机间：天然气占空气含量5%～10%为高报警设定值，高高报警设定值为25%。

燃料间：天然气占空气含量5%～10%为高报警设定值，高高报警设定值为25%。

抽气管道间：天然气占空气含量5%～7%为高报警设定值，高高报警设定值为17%。

6-194　危险气体区域及周围巡视及操作时应注意什么？

答：（1）防止产生静电火花。

（2）禁止烟火。

（3）不能长时间停留。

6-195　燃料系统哪些主要设备周围存在危险区域？

答：（1）燃料气体涤气器。

（2）露点加热器。

（3）性能加热器。

（4）绝对分离器。

（5）速比阀、控制阀等阀门周围。

6-196　简述45HGT-7A、7B、7C，45HT-5A、5B、5C、5D，45HA-9A、9B、9C含义。

答：（1）45HGT-7A、7B、7C为可燃气体探测器，用于发电机极电间，当浓度高于10%时高Ⅰ值报警，高于25%高Ⅱ值报警。

（2）45HT-5A、5B、5C、5D为可燃气体探测器，用于抽气管道，当浓度高于7%时高一值报警，高于17%高Ⅱ值报警。

（3）45HA-9A、9B、9C为可燃气体探测器，用于辅机间，当浓度高于10%时高一值报警，高于25%高二值报警。

（4）45HGT-1/2危险气体探测器，用于发电机端部外壳，高报警设定值10%，高一高报警设定值为25%。

(5) 45HA-7、8可燃气体探测器，高报警设定值10%，高高报警设定值为25%。

6-197　发现有危险气体泄漏应如何处理?

答：(1) 泄漏地点及周围禁止烟火，防止产生静电。

(2) 注意通风换气。

(3) 尽快处理。

第十二节　透平水洗系统

6-198　绘制压气机和燃气轮机透平水洗系统图。

答：压气机和燃气轮机透平水洗系统如图6-12所示。

6-199　简述为什么要水洗，水洗的分类及优缺点。

答：压气机的通流部分结垢或积盐会降低空气流量，降低压气机效率和压气机压比，并使机组的运行线向喘振边界线靠近。压气机水洗则有助于除掉积垢和恢复机组性能。

压气机水洗分为在线和离线水洗。在线水洗是当机组在基本负荷附近运行且压气机进口导叶在全开位置时，对压气机进行清洗。离线水洗是机组停机后用清洗液对压气机进行清洗。

在线水洗的明显优点是在全速运行时被执行，而不必停机。在线水洗没有离线水洗效果好，因而在线水洗被用来作为离线水洗的补充，而不能替代离线水洗。离线水洗效果好，但必须停机后才能清洗。

6-200　离线水洗前应做的准备工作有哪些?

答：(1) 清洗前，必须记录基本负荷下稳定运行的燃气轮机主要参数，包括CRT上的正常显示，大气压力，大气温度，进气压差，排气压差及操作报表上的其他数据。

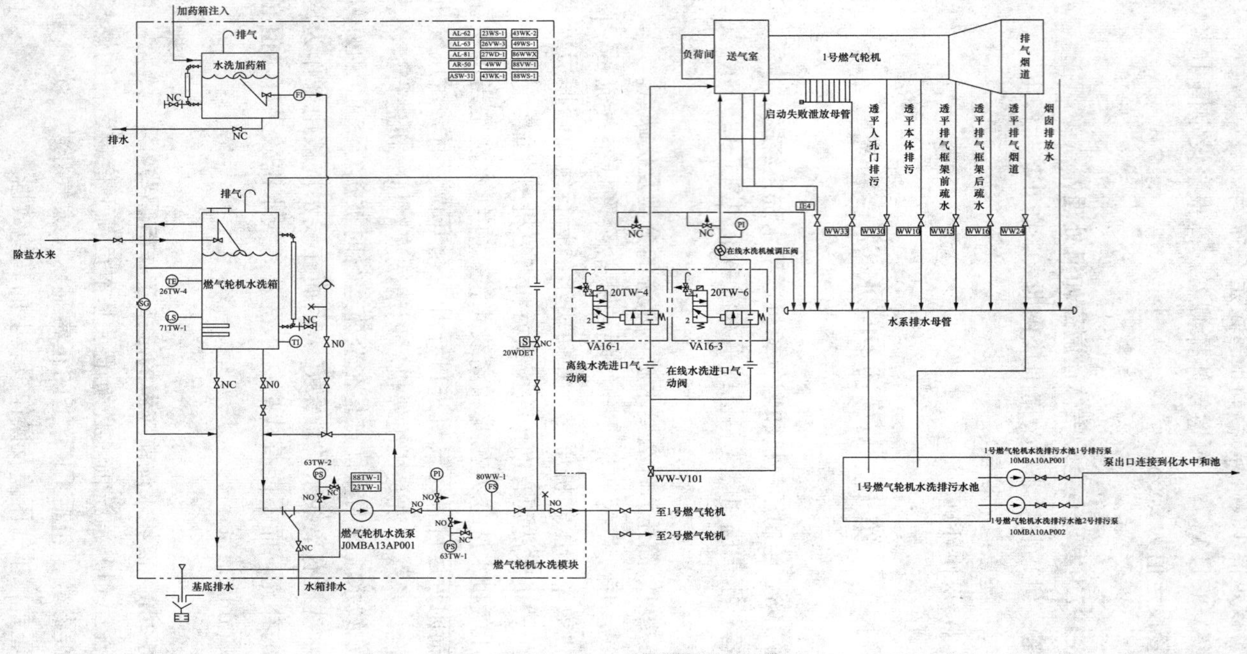

图 6-12　透平水洗系统图

(2) 从除盐水箱向水洗箱补水，并投入水洗箱电加热，将水温设定值设定为 82.2℃。

(3) 水洗前，必须使燃气轮机得到充分冷却，防止燃气轮机发生冲击，水洗时水温与透平轮间温度温差不能超过 66.7℃。清洗水温度在 10～82.2℃之间。清洗水温度 82.2℃时，轮间温度不能超过 148.9℃。为了使燃气轮机尽快降温，可以使用冷拖让轮间温度降低到一定水平。

(4) 压气机进口温度小于或等于 4℃时禁止水洗。

(5) 检查烟气挡板在打开位置。

(6) 确认水洗系统处于完好状态，水洗箱注满水，水温符合要求，清洗剂箱中有足够的清洗剂。

(7) 调整阀门的状态至离线水洗前位置。

(8) 检查燃气轮机处于连续盘车状态。

(9) 检查压缩空气系统在正常运行状态。

(10) 检查液压油泵及液压油系统在正常运行状态。

(11) 检查水洗收集水箱排污泵处于良好备用状态，其进出口球阀打开。

6-201　为什么要对压气机进行清洗？

答：(1) 结垢的压气机会降低空气流量、降低压气机效率和压气机压比。

(2) 机组的运行线向喘振边界靠近。

(3) 燃料消耗量增大。

(4) 压气机的叶片因结盐而逐渐腐蚀。

(5) 通过压气机水清洗有助于除垢，恢复压气机性能，还可以减缓压气机叶片腐蚀过程，延长叶片寿命，减少腐蚀产物对结垢的促进作用。

6-202　防止压气机结垢的第一道防线是什么？

答：在压气机的入口加装空气过滤器。

6-203 什么情况下压气机的通流部分的结垢更加严重？

答：当压气机的前轴承座密封有漏油现象时，润滑油漏入压气机的通流部分将使结垢更加严重。

6-204 目前在线清洗方法有哪两种？

答：颗粒冲刷清洗法与液体清洗法。

（1）颗粒冲刷清洗法是利用果壳或果核细粒，流过压气机通流部分时的冲刷摩擦作用来剥落结垢物。核壳对结垢物的剥离效果好，不会损伤叶片。

（2）液体清洗法是机组在低负荷工况下运行时，可喷入专门的清洗液来清洗压气机。

6-205 在线与离线水清洗对清洗液各有何要求？

答：GE 建议在线清洗时不要使用清洁剂。对于离线清洗，GE 强烈推荐并鼓励使用清洁剂。离线清洗期间所用的水或清洁剂应该满足规定。离线清洗中可使用到的浓缩清洁剂必须遵守压气机洗涤剂规范。

6-206 在线水清洗有何优缺点？

答：在线清洗的优点是可以在不停机的情况下进行。缺点：在线清洗没有离线清洗效果好，只对压气机前面的一些级有效，后面的级由于清洗液被加热蒸发而很少有作用。此外，前几级中清洗下来的污物会被烤干而沉淀到后面的热部件上去，反而有负效应。

6-207 在线清洗许可条件满足后，对机组负荷控制方面有什么要求？

答：一旦许可条件已满足，操作员便可选择“在线清洗”按钮（L83WWON_CPB)。应将机组减负荷（大约 3%），稍许偏离基本负荷，将温度控制模式切换至速度控制模式。这样可以禁止机组在水洗循环期间运行到“尖峰负荷”。

6-208　离线水清洗的清洗过程分为哪四个阶段？

答：（1）浸湿及浸透阶段。喷入少量清洗液，使各处垢物被浸湿，以便清洗。

（2）清洗阶段。喷入较多的清洗液进行清洗除垢。

（3）漂洗阶段。喷入较多的软水来漂洗。

（4）干燥阶段。使机组内所有的液体排出，并使通流部分自行干燥。

6-209　离线水清洗过程中的注意事项是什么？

答：压气机后底部的排污孔必须打开，清洗时宜把燃料喷嘴和点火器拆除，以防它们被弄脏。如果有必要，将火焰检测阀关闭或堵住。关闭 AD-1、AD-3 等管路上的隔离阀，以及压气机抽气阀门。

6-210　离线水清洗有何优缺点？

答：优点：离线水清洗由于空气流动慢，清洗液在机内停留时间长，而且不存在蒸发问题，因而清洗效果好。缺点：离线水清洗需要停机后进行。

6-211　判断清洗的前后标准是什么？

答：当机组功率比相同条件下降低 2%时，就该考虑在线清洗。清洗结束后，性能应有明显提高，可以通过将恢复后的性能数据与清洗前的性能水平作比较来证实。

6-212　确定是否要对压气机清洗的两种基本方法是什么？

答：确定是否要对压气机清洗有两种基本方法是：肉眼检查和性能监视。

（1）肉眼检查需将机组停运，移开进气室的检查盖，用肉眼检查压气机进口、喇叭口、进口导叶和前几级叶片。

（2）性能监视是取得燃气轮机的日常数据，与基准线数据进行比较，以监视燃气轮机性能的变化趋势。

6-213　在线与离线水清洗的许用条件是什么？

答： 对于在线清洗，“透平控制盘”上的压气机进口温度“CTIM”必须要高于10℃，可以防止进口导叶和压气机进口结冰。CTIM必须要等进口抽气加热停掉后再测。对于离线清洗，操作员必须采取适当的预防措施来防止压气机进口、燃气轮机透平、排气和排污系统中发生冰冻。当启动中测得压气机进口温度CTIM低于4℃时不能进行离线清洗。

6-214　水洗注意事项有哪些？

答：（1）水洗工作开始前原则上应对进气室内部和压气机进口进行仔细检查，清除积累的灰尘，以防水洗时被带进燃气轮机内部，灰尘的清扫可使用吸尘器或水管冲洗。

（2）压气机入口空气加热装置投入时，不能进行在线水洗。

（3）燃气轮机水洗时，应注意各部分运行情况，如有异常，应立即停止水洗。

（4）燃气轮机水洗前应检查压气机进口可转导叶IGV开足86°。

（5）在燃气轮机进水前应检查透平排气框架冷却风机已经启动，如未启动，应开启该两台风机。

（6）燃气轮机水洗后，如果排气温度分散度高于正常值8.3～16.6℃，应检查排气热电偶，如果排气热电偶被积灰所覆盖，应清除积灰；如果排气热电偶位置不正确，应重新安装。

6-215　离线水洗对轮间温度、水温及环境有什么要求？

答： 水洗时水温与透平轮间温度温差不能超过66.7℃。清洗水温度在10～82.2℃范围内。清洗水温度82.2℃时，轮间温度不能超过148.9℃。

压气机进气温度低于4℃禁止水洗。

6-216　简述离线水洗的步骤。

答：（1）水洗前检查。

1）从除盐水箱向水洗箱补水，并投入水洗箱电加热，将水温设定值设定在82.2℃。

2）调整阀门的状态。

3）检查燃气轮机处于连续盘车状态。压缩空气系统，液压油系统运行正常。

（2）水洗程序。

1）合上LCI隔离变进线开关。

2）将排气框架冷却风机88TK-1和88TK-2开关打至自动位置。

3）将水洗供给管道手动三通阀切至排污位置。

4）手动启动水洗泵88TW-1，对水洗管道进行冲洗，观察水洗供给管道手动三通阀排放口应有水流出。冲洗3～4min后将水洗供给管道手动三通阀切至供给位置。

5）停水洗泵并将水洗泵88TW-1开关置于“AUTO”位置。

6）在MARK-VI控制盘上进行主复位和诊断复位。选择“WW-OFF LINE”页面，点击“ON”。

7）进入MARK-VI选择“START-UP”页面，在“MODE SELECT”下点击“CRANK”，“CRANK”灯亮。

8）进入MARK-VI选择“START-UP”页面，在“MASTER CONTROL”下点击“START”，“START”灯亮。检查“WW-OFF LINE”页面“ON”灯亮。检查排气框架冷却风机88TK-1和88TK-2自启正常。

9）机组被带到冷拖转速540r/min，检查（当MARK- VI监测到“CRANK”和无火焰信号时）IGV转向全开位置。

10）水洗泵88TW-1自动启动，离线水洗喷射电磁阀20TW-4通电，离线水洗喷射气动阀VA16-1开启，开始注水

1min 进行预清洗。

11）预清洗结束后，进入 MARK-VI 选择“WW-OFF LINE”页面，点击“INITIATE WASH”，“INITIATE WASH”灯亮。

12）打开清洗剂箱出口手动球阀。

13）调节清洗剂箱出口手动球阀开度，按清洗剂和水的比例调整流量（一般根据就地流量计，控制清洗剂流量在 18～20L/min 之间）。

14）开始注入清洁剂（共分 8 次注入）。第 6 次完成后，停用 LCI，机组降速。

15）机组惰走到盘车转速后，再浸泡 20min。如果浸泡效果不好，可以进行额外浸泡。

16）由热工人员完成启动强制后，在 MARK-VI“START-UP”页面选择“CRANK”、“START”在“WW-OFF LINE”页面下点击“INITIATE RINSE”，“INITIATE RINSE”灯亮，透平加速到水洗转速基准 540r/min。

17）当检测到水洗转速信号后，漂洗开始，总共 30 次漂洗循环。

18）脉冲漂洗完成后，操作人员可以根据需要（化验水质）选择按钮“5EXTRA RINSE”再进行 5 次漂洗循环。

19）结束后水洗泵自动停，在“WW-OFF LINE”页面下点击“END RINSE”。

20）在 MARK VI“START-UP”页面选择“STOP”，在“WW-OFF LINE”页选择“OFF”。检查排气框架冷却风机 88TK-1，2 自动停运。

21）水洗程序结束，检查离线水洗电磁阀 20TW-4 失电，离线水洗气动阀 VA16-1 关闭。LCI 停止输出，转速到零自动投低速盘车。

22）在 MARK-VI 控制盘上进行主复位和诊断复位。进入 MARK-VI 选择“START-UP”页面，在“MODE SELECT”下点击“CRANK”，“CRANK”灯亮，在“MASTER CON-

TROL”栏目下点击“START”，“START”灯亮。机组在高速下甩干 20min。

23）干燥直至各低点排放及疏水处不再有水后，在“START-UP”页面“MASTER CONTROL”下点击“STOP”，“STOP”灯亮。再在“MODE SELECT”栏目下点击“OFF”按钮，“OFF”灯亮，闭锁启动程序。

24）检查机组停止冷拖，进入低速盘车。

6-217 简述在线水洗的步骤。

答：（1）负荷接近基本负荷并保持稳定。

（2）检查压气机进口温度和清洗水温度大于 10℃。

（3）打开水洗箱出水阀。打开水洗泵出口阀。关闭水洗泵底部放水门。

（4）进入 MARK-VI 选择“IGV CONTROL”页面，在“ST TEMP MATCHING”下点击“OFF”按钮，“OFF”灯亮（IGV 全开）。

（5）关闭在线水洗母管放水阀，开启压气机进气室底部排放阀。

（6）选择 MARK-VI“WW-ONLINE”页面，在“ON LINE WATER WASH”下点击“ON”按钮，启动在线水洗自动清洗程序。

（7）检查在线水洗电磁阀开，水洗泵启动。

（8）L2WWP 计时，水洗 30min 程序会自动结束。进入 MARK-VI 选择“ON LINE WATER WASH”页面，在“ON LINE WATER WASH”下点击“OFF”，“OFF”灯亮，结束在线水洗程序。检查在线水洗电磁阀已关闭，水洗泵已停止。关闭水洗箱出水阀和水洗泵出口阀。

（9）关闭压气机进气室底部排放阀。

（10）进入 MARK-VI 选择“STARTUP”页面，检查“MODE SELECT”下“AUTO”灯亮。选择“IGV CON-

TROL”页面，在“ST TEMP MATCHING”下点击“ON”按钮，“ON”灯亮，IGV投自动。

（11）按照“恢复后位置”恢复各阀门的状态。

（12）打开在线水洗母管放水阀，待水放尽后关闭该阀。

（13）燃气轮机加负荷到基本负荷，操作稳定后记录各主要操作参数，以便与清洗前进行比较。

第七章

蒸汽轮机相关系统

第一节　蒸汽管道及旁路系统

7-1　简述 S209FA 型燃气-蒸汽联合循环热电联产机组的蒸汽主要流程。

答： 机组新蒸汽从下部进入置于该机两侧的 2 个高压主汽调节联合阀，由每侧各 1 个调节阀流出，经过 2 根高压导气管进入高压缸。进入高压缸的蒸汽通过 10 个压力级后，由外缸下半部两侧排出进入再热器。再热后的蒸汽从机组两侧的 2 个再热主汽调节联合阀，由每侧各 1 个中压调节阀流出，经过 2 根中压导气管由中部下半进入中压缸。进入中压缸的蒸汽经过 9 个压力级后，从中压缸上部 2 个排汽口排出，经中低压连通管，分别进入低压缸中部。低压缸为双分流结构，蒸汽从流通部分的中部流入，经过正反向 6 个压力级后，流向每端的排气口，然后蒸汽向下流入安装在低压缸下部的凝汽器。

7-2　绘制 S209FA 型燃气-蒸汽联合循环热电联产机组汽轮机蒸汽管道及旁路系统图。

答： S209FA 型燃气-蒸汽联合循环热电联产机组汽轮机蒸汽管道及旁路系统如图 7-1 所示。

7-3　S209FA 型燃气-蒸汽联合循环热电联产机组汽轮机蒸汽旁路系统有哪几路？

答：（1）高压旁路。从余热锅炉高压过热蒸汽到再热器冷段。

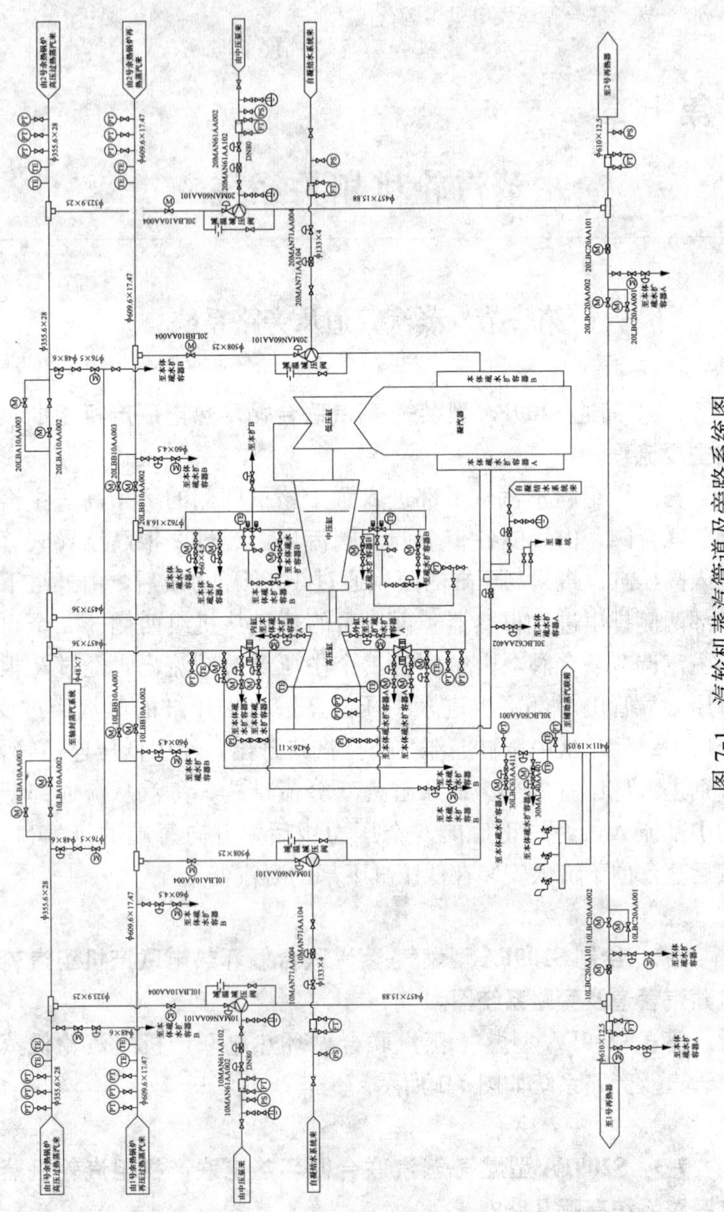

图 7-1　汽轮机蒸汽管道及旁路系统图

（2）中压旁路。从余热锅炉再热蒸汽热段到凝汽器。

（3）低压旁路。从高压缸排汽至凝汽器。

7-4　蒸汽旁路系统投运前的准备和检查项目有哪些？

答：（1）检查蒸汽旁路系统检修工作已结束，系统管道、阀门完好，现场清洁。

（2）检查系统中的各热工仪表在投入状态且工作正常。

（3）检查凝结水系统及仪用压缩空气系统已投入。

（4）检查凝汽器真空正常。

（5）检查各旁路减温水无压力低报警。

（6）检查蒸汽旁路系统所有电动门电源正常，在“远控”位置，就地及DCS控制面板上无报警信号。

（7）按阀门卡检查确认系统阀门的位置正确。

（8）检查在DCS上没有蒸汽旁路系统的报警，若有加以确认并进行调整。

7-5　简述蒸汽旁路系统的启动步骤。

答：一旦机组发出启动令，DCS控制系统自动监控蒸汽旁路系统的运行。

（1）高压蒸汽旁路系统。

1）燃气轮机开始点火，高旁投自动位。点击屏幕上方的“START UP”键进入启动菜单，然后点击高旁“START UP”键，旁路进入自动控制状态。

2）当主汽压力大于1MPa时，高旁为热启动即“WARM START”；当主气压力小于1MPa时，高旁启动为冷启动即“COLD START”。

（2）中压蒸汽旁路系统。当再热蒸汽压力$p_{reh}>0.1$MPa时，中旁启动为热启动，即“WARM START”；当再热蒸汽压力$p_{reh}<0.1$MPa时，中旁启动为冷启动，即“COLD START”。

（3）低压蒸汽旁路系统。当低压蒸汽压力$p_{d}>0.02$MPa时，低旁启动为热启动，即“WARM START”；当低压蒸汽压力 $p_d <$ 0.02MPa 时，低旁启动为冷启动，即“COLD START”。

7-6 蒸汽旁路系统运行中的监视和检查的项目有哪些？

答：（1）检查系统管路、阀门位置正常，无跑、冒、滴、漏现象。

（2）检查旁路调节门全关，高旁后温度小于 400℃，中旁后温度小于 300℃，低旁后温度小于 120℃。

（3）检查旁路投自动状态正常。

（4）检查旁路减温水无压力低报。

（5）检查减温水调阀全关，无流量。

7-7 简述旁路系统的主要作用。

答：（1）机组启动和停用时，控制高、中和低压蒸汽压力，便于机组的快速启动。

（2）机组启动和停用时，保证有蒸汽流过高、中和低压过热器，起到保护过热器作用；机组跳闸、甩负荷时，旁路阀打开，起到余热锅炉安全阀作用，防止余热锅炉超压。

（3）回收工质和热量，提高机组运行经济性。

7-8 简述高压蒸汽旁路冷态启动过程。

答：（1）冷启动开始时，高旁自动打开至最小阀位 $Y_{min} =$ 10%，即“Y min on”状态和“COLD START”状态，同时高旁的压力设定值自动设定为最小压力，即 $p_{min} = 1\text{MPa}$，根据汽机的启动曲线，设定值的最大设定压力 $p_{max} = 11.5\text{MPa}$。

（2）随着主气压力的上升，当主气压力小于 $p_{min} = 1\text{MPa}$ 时，高旁阀开度保持 10%，主气压力继续上升至大于 $p_{min} =$ 1MPa 时，高旁阀开度由 10%开始增加，但高旁的压力设定值仍保持为 1MPa。

当高旁阀开度达到预定开度 $Y_m = 30\%$时，高旁阀压力设定值开始以一定的速率增加。

当 1MPa$<p_{主}<$4.1MPa 时，设定值增长速率为 0.3MPa/min；

当 4.1MPa$<p<$7.5MPa 时，设定值增长速率为 0.6MPa/min；

当 1MPa$<p<$4.1MPa 时，设定值增长速率为 1MPa/min；

当 $p>p_{sactual}$时，调门开度增加，当 $p<p_{sactual}$时，调门开度减小。

当 $p_{sactual}$增加至汽机冲转压力 p_{synch}=4.1MPa 时，高旁进入压力控制阶段。

7-9　简述中压蒸汽旁路系统启动过程。

答：将中压旁路门投自动位，按下“START UP”按钮，中旁开始启动，中旁压力设定值为 $p_{sactual}$ 自动设定为最小压力 p_{min}=0.1MPa，可设最大压力 p_{max}=2.5MPa。

随着再热器压力的逐渐上升，当 $p_{reh}<$0.1MPa 时，中压旁路为最小压力阶段，即“p_{min}”阶段，中旁门保持关闭状态，再热器压力继续上升，当 $p_{red}>$0.1MPa 时，中旁门开始打开，随着再热器压力的逐渐增加，中旁门不断开启。

当中调门开度开到 30%时，旁路控制进入压力增长阶段，即“PRESS RAMP”阶段，这时压力设定值 $p_{sactual}$开始自动增长，当 $p_{sactual}<p_{red}$时，门开大，当 $p_{sactual}>p_{red}$时，门关小。

当设定值增加到 p_{synch}=0.6MPa 时，中旁进入压力控制阶段。

7-10　简述低压蒸汽旁路系统启动过程。

答：将低压旁路门投自动位，按下“START UP”按钮，低旁开始启动，低旁压力的设定值 $p_{sactual}$ 自动设定为最小压力 p_{min}=0.02MPa，最大压力 p_{max}=0.36MPa。随着再热器压力的逐渐上升，当 $p_{d}<$0.02MPa 时，低压旁路为最小压力阶段，即”p_{min}”阶段，低旁门保持关闭状态，低压蒸汽压力继续上升，当 $p_{d}>$0.02MPa 时，低旁门开始打开，随着低压蒸汽压力的逐渐增加，低旁门不断开启。

当低压调门开度开到30%时，旁路控制进入压力增长阶段，即“PRESS RAMP”阶段，这时压力设定值 $p_{sactual}$ 开始自动增长，当 $p_{sactual}<p_{red}$时，门开大，当 $p_{sactual}>p_{d}$ 时，门关小。

当设定值增加到 $p_{synch}=0.1$MPa 时，低压旁路进入压力控制阶段。

7-11 简述机组停机时高压旁路的动作情况。

答：（1）发出停机命令时，高压旁路压力控制阀设定值立即被设定为当前的高压蒸汽压力，高压调门退出入口压力控制模式。

（2）当高压调门逐渐关闭时，高压旁路压力控制阀慢慢打开以维持高压蒸汽压力。

7-12 简述机组停机时中压旁路的动作情况。

答：（1）发出停机命令时，中压调门退出背压控制模式，中压旁路压力控制阀设定值被设定到余热锅炉中压蒸汽当前值。

（2）当中压汽包压力控制阀逐渐关闭时，中压旁路压力控制阀慢慢打开以控制中压蒸汽的压力。

7-13 简述机组停机时低压旁路的动作情况。

答：（1）发出停机命令时，低压旁路压力控制值被设定到稍低于正常运行值。

（2）低压旁路在设定值作用下，低压旁路压力控制阀慢慢打开，低压调门慢慢关闭。

（3）当机组转速降到66%以下时，低压旁路调压阀设定值从运行值逐渐降至启动值。

7-14 高压旁路关闭的主要情况有哪些?

答：（1）凝汽器真空低。

（2）失去减温水。

（3）高压过热蒸汽温度高Ⅱ值。

（4）凝汽器水位高Ⅱ值。

7-15　中压旁路关闭的主要情况有哪些?

答:（1）凝汽器真空低。

（2）失去减温水。

（3）中压过热蒸汽温度高Ⅱ值。

（4）凝汽器水位高Ⅱ值。

7-16　低压旁路关闭的主要情况有哪些?

答:（1）凝汽器真空低。

（2）失去减温水。

（3）低压过热蒸汽温度高Ⅱ值。

（4）凝汽器水位高Ⅱ值。

7-17　简述高、中和低压旁路的主要流程。

答:（1）从余热锅炉出来的高压蒸汽在高压主汽阀前，经过高压旁路压力控制阀调压，由温度控制阀调节温度后，进入再热器。

（2）从余热锅炉再热器来的中压蒸汽从余热锅炉中压汽包压力控制阀前，经过中压旁路压力控制阀调压，由温度控制阀调节温度后，进入凝器中。

（3）从汽轮机高压缸排出的蒸汽在低压主汽阀前，经低压旁路压力控制阀调压，由温度控制阀调节温度后，进入凝汽器中。

7-18　什么情况下禁止投入高、中、低压旁路?

答:（1）凝汽器真空低II值。

（2）无减温水。

（3）到凝汽器的下游管道温度高II值（延时关闭）。

（4）凝汽器液位高II值。

7-19　简述高压旁路的作用。

答：（1）启动时打开到凝汽器 HP 蒸汽旁路，控制 HRSG 的高压蒸汽管道压力。

（2）启动时参与控制到高压蒸汽透平入口阀的高压过热蒸汽流量。

（3）正常运行中如果蒸汽透平入口阀突然关闭，高压旁路可以接收高压蒸汽流量和控制高于蒸汽管道压力。

（4）停机时通过高压蒸汽到凝汽器，控制高压蒸汽管道压力。

7-20　高压旁路温度控制的目的是什么？

答：（1）降低进入凝汽器的高于旁路蒸汽的温度。

（2）控制高压旁路出口蒸汽的焓值。

（3）如果进入凝汽器蒸汽温度超过控制设定点，报警提醒运行人员。

（4）如果进入凝汽器蒸汽温度过高，或失去减温水时，超驰关闭高旁路蒸汽压力控制阀。

7-21　中压旁路压力控制的目的是什么？

答：（1）启动时，参与 HRSG 中压蒸汽从中压旁路到再热冷段的控制转换。

（2）停机时，参与 HRSG 中压蒸汽从再热冷段到中压旁路的控制转换。

（3）通过控制中压蒸汽系统压降速率控制中压蒸汽系统的切换。

7-22　中压旁路压力控制阀与中压旁路减温器喷水流量之间有什么连锁关系？

答：根据检测到的减温器喷水流量，并闭锁打开中压旁路压力控制阀。

7-23　联合循环汽轮机本体装设的主要监视仪表有哪些?

答:（1）高压、中压和低压蒸汽压力和温度表。

（2）高、中和低压胀差表。

（3）轴向位移表。

（4）振动表。

（5）转子膨胀表。

（6）汽缸膨胀表。

（7）偏心度表。

（8）轴承温度表。

（9）回油温度表。

（10）缸温表。

（11）转速表。

（12）真空表。

7-24　汽轮机胀差大的主要原因是什么?

答:（1）升负荷速度过快。

（2）主、再热汽温升温速度过快。

（3）机组滑销系统膨胀不畅。

（4）汽缸膨胀不足或不畅。

（5）另外真空、轴封供汽温度、轴向位移也会影响到胀差。

7-25　汽轮机胀差大应如何处理?

答:（1）控制升负荷、汽温速度。

（2）胀差过大时，应适当降低负荷和蒸汽温度，等差胀回到允许范围之内时，再重新加负荷。

（3）检查滑销系统工作情况，发现异常情况时，联系检修人员。

（4）胀差过大，停机保护动作，按停机处理。

7-26 简述低压缸喷雾减温水的主要作用。

答：机组启动或甩负荷机组保持运行时，由于鼓风摩擦作用，可能导致低压排汽缸温度上升；当凝器真空下降时，也会引起低压排汽缸温度上升。当排汽缸温度超过允许值时，低压缸喷水减温水阀打开，喷水喷嘴向低压缸喷水减温。减温水来自凝泵出口的凝水。

MARK-VI用三个温度变送器来监视和控制低压排汽缸温度，当温度高于57℃时，调节阀开始打开，温度到79℃时全开。

7-27 汽轮机真空低的主要原因有哪些？采取的相应的措施有哪些？

答：真空低的主要原因有：

（1）负荷负压系统泄漏。

（2）冷却水流量减少，凝汽器虹吸破坏。

（3）冷却水管表面脏，冷却水温度升高。

（4）负荷过高。

（5）凝器水位过高。

相应的措施为：

（1）真空下降过快时，应立即启动备用真空泵，降低机组出力，启动备用循泵。

（2）检查轴封压力、凝器循环水虹吸情况、机组其他负压系统工作情况。

（3）真空过低，机组跳闸，按停机处理。

7-28 主、再热蒸汽温度过高的危害是什么？应采取哪些相应措施？

答：危害为：

（1）蒸汽温度过高将使金属材料的里蠕变加剧，缩短其使用寿命。

（2）蒸汽温度过高时，超过金属材料的强度极限时，将烧损设备。

相应措施：

（1）检查温度自动调节情况，如自动失灵，切至手动调节。

（2）降负荷，降低排烟温度。

（3）若主汽温度高高保护动作，则按停机处理。

7-29　主、再热蒸汽温度低的危害是什么？应采取哪些相应措施？

答：危害为：

（1）蒸汽温度下降，使汽轮机末几级湿度增加。

（2）蒸汽温度下降，对汽轮机叶片冲蚀，轴向位移增大。

（3）蒸汽温度下降达大时，水滴冲击叶片，引起强烈振动，损坏设备。

相应措施为：

（1）检查汽温自动调节情况，若自动失灵，切至手动调节。

（2）可通过提高排气温度，来提高蒸汽温度。

（3）汽温剧烈下降，必要时应手动停机。

7-30　机组超速保护主要逻辑的设定值是多少？

答：主超速为110%；辅助超速为110.5%；正常运行时的转速上限为107%；超速试验时的上限为113%。

7-31　简述汽轮机高压进汽的条件。

答：（1）发电机出口开关闭合。

（2）高压旁路阀开度大于20%。

（3）高压蒸汽压力大于3.7MPa（略低于3.9MPa的基准压力）。

（4）高压蒸汽过热度大于41.7℃。

（5）高压疏水程序结束。

（6）燃气轮机温度匹配程序结束。

（7）高压蒸汽温度高于高压缸金属温度；或燃气轮机排气

温度与高压蒸汽温度差不能大于40℃。

（8）机组出力大于17MW。

7-32 简述汽轮机中压进汽的条件。

答：（1）汽轮机在入口压力控制（IPC）模式下运行，且高压调门开度大于20%，维持时间60s。

（2）中压旁路压力控制阀开度大于20%。

（3）中压蒸汽压力大于1.3MPa。

（4）中压蒸汽过热度大于41.7℃。

（5）中压疏水程序完成。

（6）机组出力大于17MW。

7-33 简述低压蒸汽隔离门打开的条件。

答：（1）低压过热器出口温度正常。

（2）低压主汽阀前疏水阀打开3min。

（3）低压旁路压力控制阀开度大于或等于20%至少60s。

（4）汽轮机在入口压力控制模式下运行，高压调门开度大于或等于20%至少60s。

（5）低压疏水程序结束。

第二节 汽轮机抽汽及低压蒸汽供汽疏水系统

7-34 绘制S209FA型燃气-蒸汽联合循环热电联产机组的汽轮机抽汽及低压蒸汽供汽疏水系统。

答：S209FA型燃气-蒸汽联合循环热电联产机组的汽轮机抽汽及低压蒸汽供汽疏水系统如图7-2所示。

7-35 简述高压疏水完成的条件。

答：（1）高压旁路压力控制阀前高压管道疏水阀打开3min。

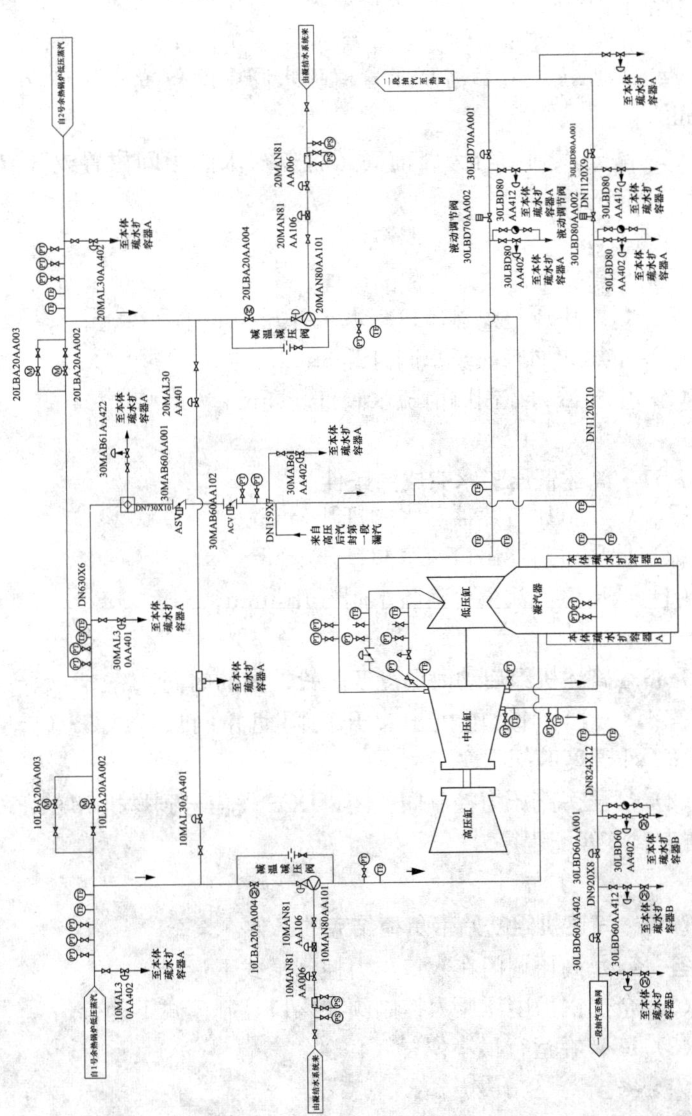

图 7-2　汽轮机抽汽及低压蒸汽供汽疏水系统

（2）高压调门前高压管道疏水阀打开 3min。

（3）高压过热器出口高压管道疏水阀中间位置或开启位置 2.5min。

（4）高压蒸汽流量前高压管道疏水阀中间位置或开启位置 2.5min。

（5）主蒸汽到高压旁路前高压管道疏水阀中间位置或开启位置 2.5min。

7-36　简述中压疏水完成的条件。

答：（1）中压过热器出口疏水阀打开 3min。

（2）中压止回阀前疏水阀打开 3min。

（3）中压压力控制阀前疏水阀打开 3min。

7-37　简述低压疏水完成的条件。

答：（1）低压过热器疏水阀打开 3min。

（2）低压过热器出口疏水阀打开 3min。

（3）低压蒸汽流量计前疏水阀打开 3min。

7-38　简述机组启动时温度匹配投、退的时间。

答：（1）当发电机出口开关同期并网后，D CS 启动 MARK-VI 温度匹配程序。

（2）高压旁路压力控制阀关闭，DCS 发信号到燃机 MARK-VI 结束温度匹配程序。

7-39　简述机组初始带负荷结束的条件。

答：（1）高压调门在入口压力控制模式下运行。

（2）余热锅炉中压压力控制阀在入口控制模式下运行。

（3）IGV 在运行最小位置（49°）。

7-40　简述低压缸冷却蒸汽压力调节阀的主要逻辑。

答：（1）当机组到达大约 50%转速（1500r/min）时，

DCS允许冷却蒸汽控制阀打开，提供来自辅助锅炉的冷却蒸汽。冷却蒸汽控制阀根据测得的低压缸进口蒸汽流量作为调节反馈值。

（2）在启动过程中，随着高压调门打开和高压蒸汽进入汽轮机高、中压缸，低压缸进口压力将上升。当低压缸进口压力超过冷却蒸汽压力设定值后，冷却蒸汽压力控制阀将关闭。随着冷却蒸汽压力控制阀关闭，汽轮机低压调门将关小。当汽轮机低压调门关至最小位置时，其入口疏水阀将打开。

（3）停机时当低压联通管压力下降低于相应的所需要冷却蒸汽流量值时，中压蒸汽从冷却蒸汽压力控制阀补充过来，以增加低压蒸汽流量。

7-41　简述高压调门的开关时间和主要作用。

答：高压调门的开关时间为：

（1）启动时，温度匹配完成后，高压缸进汽条件满足后开始开启。

（2）正常运行时，在IPC和IPL作用下有可能关小，转速过大时关小或关闭。

（3）停机时当排气温度下降到566℃后，关闭。

高大压调门的作用是：参与IPC、IPLC的控制；启动和停机时和高压旁路配合调节主蒸汽压力，参与防超速控制。

7-42　简述中压调门的开关时间和主要作用。

答：中压调门的作用是：当甩负荷时中压调门关闭、参与IPC、IPL控制，参与防超速控制。

中压调门的开关时间为：

（1）主复位、汽轮机复位后，自动开启；

（2）停机时主保护L4信号为真时，关闭。

7-43　简述低压调门的开关时间和主要作用。

答：低压调门的作用是：控制低压缸进汽压力，参与超速控制。

低压调门按照其设定值执行开、关。

7-44　启动时低压缸为何要通入冷却蒸汽？

答：通入冷却蒸汽主要是为了带走汽轮机低压缸叶片尤其是末级叶片中由于鼓风摩擦产生的热量。

7-45　启动时影响汽轮机胀差的因素有哪些？

答：启动时影响汽轮机胀差的因素有：轴封供汽时间，新蒸汽温度，加负荷速度，滑销系统等。

7-46　暖管过程中为什么要严格控制金属管壁的温升速度？

答：暖管过程中严格控制金属管壁的温升速度，应随着管壁温度的升高逐渐提高蒸汽压力，以保证管道均匀膨胀。若温升速度过快，管道内蒸汽压力提高过急，会导致蒸汽与管壁温差及放热系数增大，造成管壁热应力过大。

7-47　为什么停机时必须等真空到零方可停止轴封供汽？

答：如果真空未到零就停止轴封供汽，冷空气将自轴端进入汽缸，使转子和汽缸局部冷却，严重时会造成轴封摩擦或汽缸变形，因此规定要真空至零方可停止轴封供汽。

7-48　停机过程中有哪些注意事项？

答：停机过程中应注意以下事项。

（1）停机过程中，蒸汽温度应始终保持50℃的过热度，以保证蒸汽不带水。

（2）控制降温、降压速度。

(3) 在不同的负载阶段，蒸汽参数的滑降速度应不同。

(4) 滑参数停机过程中，不准进行超速试验。

(5) 检查机组各部振动情况、内部声音及滑油压力。

(6) 记录机组熄火转速和惰走时间。

(7) 投入盘车后，加强监视转子转动情况，倾听机组内部声音，并注意烟囱的冒烟情况。

7-49 机组停机后急需停盘车检修时有什么规定？

答：(1) 轮间温度在100℃以上时，可采用高速盘车办法来加速机组冷却。

(2) 轮间温度在120℃以上停盘车必须得到总工级别以上的领导批准。

(3) 轮间温度在120℃以下，65℃以上停盘车必须得到生产管理部部长或副总工以上级别领导的批准。

(4) 轮间温度在65℃以下可由当班值长下令停盘车。

7-50 联合循环的蒸汽轮机系统中为什么不设置蒸汽加热器？

答：不设置蒸汽加热器完全是为了在余热锅炉中充分利用燃气轮机排气的余热。为了提高燃气余热的利用程度，应设法尽可能降低余热锅炉的排气温度。目前，在燃用天然气的联合循环中，余热锅炉排气的最低温度只有80～90℃，与凝汽器的凝结水温相差不多，因而，无需专门设置蒸汽给水加热器来预热凝结水。

7-51 联合循环选择主蒸汽压力要考虑哪些影响因素？

答：(1) 对整个联合循环性能的影响。

(2) 对蒸汽透平效率的影响。

(3) 对蒸汽透平作功量的影响。

(4) 对蒸汽透平排汽湿度的影响。

第三节 汽轮机辅助蒸汽及轴封系统

7-52 绘制S209FA型燃气-蒸汽联合循环热电联产机组的汽轮机辅助蒸汽及轴封系统图。

答： S209FA型燃气-蒸汽联合循环热电联产机组的汽轮机辅助蒸汽及轴封系统如图7-3所示。

7-53 厂用辅助蒸汽系统涉及的设备有哪些？

答： 1台辅汽联箱为卧式，设计压力为1.6MPa，工作温度为368℃。辅汽联箱安全阀2个，整定压力为1.3MPa。

7-54 简述辅助蒸汽系统的启停顺序。

答：（1）辅助蒸汽系统投运前的准备和检查。

（2）辅助蒸汽系统的投运。

（3）辅助蒸汽系统运行中的监视和检查。

（4）辅助蒸汽系统的停运。

7-55 辅助蒸汽系统投运前的准备和检查工作有哪些？

答：（1）检查辅助蒸汽系统检修工作已结束，辅助蒸汽系统管道、阀门完好，现场清洁。

（2）检查系统中的各热工仪表在投入状态且工作正常。

（3）检查凝结水系统已运行。

（4）检查辅助蒸汽系统所有电动门电源正常，在“远控”位置，就地及DCS控制面板上无报警信号。

（5）按阀门卡检查确认系统阀门的位置正确。

7-56 简述辅助蒸汽系统的投运步骤。

答：（1）检查启动锅炉运行正常。

（2）缓慢打开启动锅炉出口阀门，对启动锅炉进主厂房管

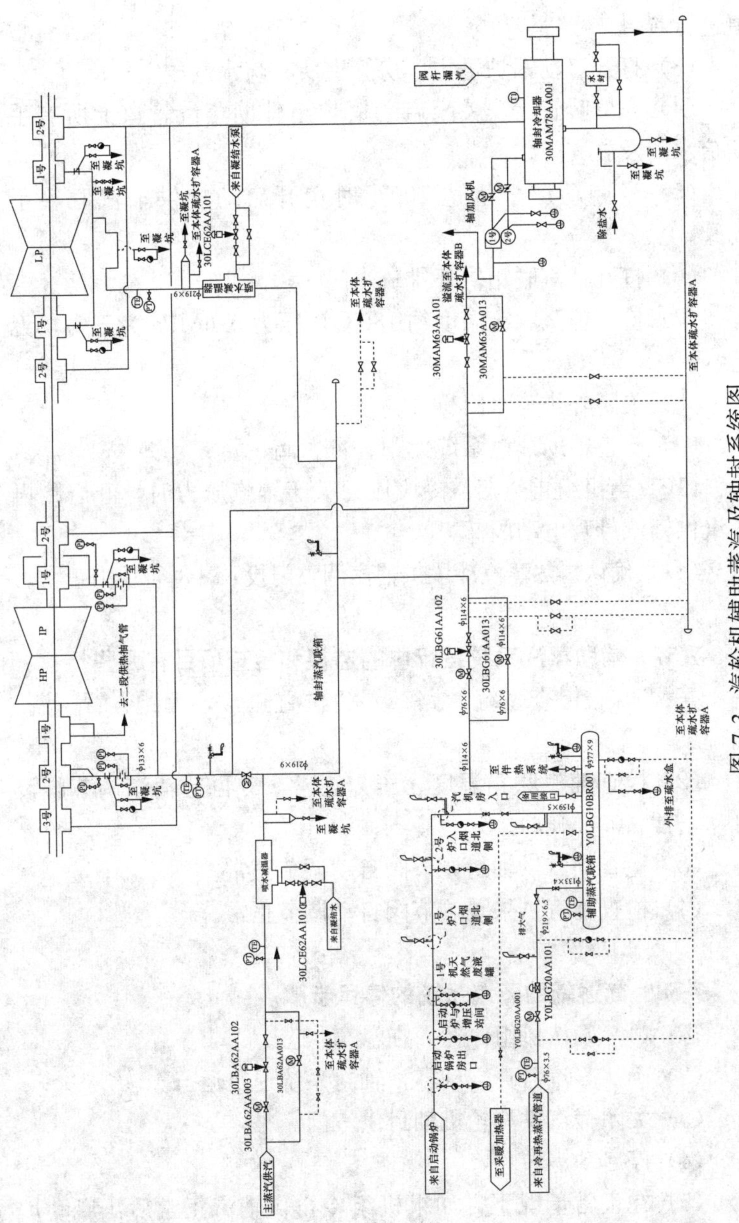

图 7-3　汽轮机辅助蒸汽及轴封系统图

道进行暖管。

（3）打开启动锅炉进主厂房管道所有疏水及放空气门。

（4）充分暖管后，关闭启动锅炉至辅助蒸汽管道上所有手动疏水门及放气门。

（5）当启动炉来汽达100℃时稍开启动炉供辅汽联箱手动阀。

（6）打开辅汽联箱供外排疏水门。

（7）检查辅汽联箱温度约180℃，压力0.6MPa为正常，无疏水。

（8）关闭外排疏水门。

（9）检查辅助蒸汽系统无跑、冒、滴、漏。

（10）当机组再热蒸汽冷段压力大于辅汽压力时，开启冷再蒸汽供辅汽母管电动门。

（11）确认再热蒸汽冷段供辅汽调整门投入，母管压力正常。

7-57　辅助蒸汽系统运行中的监视和检查项目有哪些？

答：（1）检查系统管路、阀门位置正常，无跑、冒、滴、漏现象。

（2）检查辅汽联箱温度、压力正常，冷再至辅汽调节阀设自动正常（0.8MPa）。

（3）检查辅汽供轴封调节阀自动调节正常。

（4）检查辅汽供采暖调节阀自动调节正常。

7-58　简述辅助蒸汽系统的停运步骤。

答：（1）确认机组停运，在盘车状态。

（2）确认凝汽器真空到零，轴封系统退出运行。

（3）关闭辅汽供汽轮机轴封供汽门。

（4）停启动锅炉。

（5）在正常情况下，如果机组冷再供辅汽正常后，启动炉就可以退出运行改为备用。

7-59　辅汽联箱泄漏应如何处理？

答：（1）检查轴封压力正常，将轴封供气切至主蒸汽供。

（2）加强监视，维持轴封压力。

（3）隔绝辅汽联箱，消压。

（4）通知检修人员尽快消除泄漏点。

7-60　简述轴封蒸汽系统中涉及的设备及其参数。

答：（1）轴封加热器风机为离心式风机，2 台（一用一备）流量为 695～1490m³/h，全压为 9484～10595Pa，转速为 2900r/min，介质温度为 200℃。

（2）轴封蒸汽冷却器为管壳式换热器，1 台，冷却水流量为 709.87m³/h。

7-61　简述轴封蒸汽系统的启停步骤。

答：（1）轴封蒸汽系统投运前的准备和检查。

（2）轴封蒸汽系统的投运。

（3）轴封蒸汽系统运行中的监视和检查。

（4）轴封蒸汽系统的停运。

7-62　轴封蒸汽系统投运前的准备和检查工作有哪些？

答：（1）检查轴封蒸汽系统检修工作已结束，系统管道、阀门完好，现场清洁。

（2）检查系统中的各热工仪表在投入状态且工作正常。

（3）检查仪用空气系统投运且压力正常，气动门控制气源正常，有关电动门送电。

（4）检查辅汽联箱压力，温度正常。

（5）检查机组处在盘车状态。

（6）按阀门卡检查确认系统阀门的位置正确。

（7）检查轴封加热器风机电动机电缆及接线盒完好，接地线牢固，电动机地脚螺栓紧固。

(8) 测轴封加热器风机电动机绝缘合格，电源已正常投入。

7-63 简述轴封蒸汽系统的投运步骤。

答：(1) 打开 A、B 轴加风机入口门。

(2) 打开 A、B 轴加风机壳体放水门，水放净后关闭。

(3) 打开轴封调压阀后手动门。

(4) 打开轴封溢流阀前、后手动阀。

(5) 打开主汽供轴封调压阀后手动阀。

(6) 主汽至轴封调压阀为手动关闭状态。

(7) 打开低压轴封喷水减温器调节阀前、后手动阀。

(8) 打开主汽至轴封喷水减温器调节阀前、后手动阀，并在 DCS 上使其为手动关闭状态。

(9) 打开轴封系统所有外排疏水阀。

(10) 在 DCS 检查轴封各供汽、溢流阀及其旁路电动阀均在关闭状态。

(11) 打开辅汽联箱供轴封调压阀前电动阀。

(12) 检查辅汽联箱压力为 0.6MPa 以上，温度为 150℃以上。

(13) 手动稍开辅汽供轴封调压阀 10%对轴封系统管道进行暖管。

(14) 检查高压轴封温度缓慢上升，逐渐开大调门到 20%。

(15) 检查就地外排疏水正常、无撞管，否则减小调门开度。

(16) 当高压轴封温度到 100℃左右时，将调门接着开到 60%以上，检查低压轴封温度缓慢涨到 80℃以上；若就地撞管，关小调阀。

(17) 启动 A 或 B 轴加风机。

(18) 检查轴加风机运行正常，轴封冷却器负压正常。

(19) 暖管结束后，关闭各外排疏水。

（20）将辅汽供轴封压力调节阀设自动，低压轴封喷水减温器调节阀投自动，轴封蒸汽溢流阀设自动，维持轴封压力在设定值。

7-64　轴封蒸汽系统运行中检查的项目有哪些？

答：（1）检查系统管路、阀门位置正常，无跑、冒、滴、漏现象。

（2）检查运行轴加风机电流正常 5～8A（额定 15A）。

（3）检查高中压轴封供气压力，温度正常。

（4）检查低压轴封温度调阀投自动正常，设定温度为170℃。

（5）检查轴加风机入口压力正常为－0.09MPa。

（6）检查风机电动机无过热、无异常声响，振动位移小于0.05mm。

（7）检查轴封加热器水位正常。

（8）检查汽轮机各瓦处轴封无冒汽、吸气现象，汽机轴瓦处无异常声音。

（9）检查备用轴加风机处于良好备用状态。

（10）检查主汽供轴封管道备用正常。

7-65　简述轴封蒸汽系统的停运步骤。

答：（1）检查真空破坏电动阀已开启且凝汽器真空到零。

（2）关闭轴封进汽调整门。

（3）停止轴封加热器风机运行。

（4）打开轴封系统外排疏水。

7-66　简述轴封系统运行的有关规定和注意事项。

答：（1）禁止在汽轮机大轴静止状态下送轴封汽。大轴静止时应立即停用轴封蒸汽。

（2）真空泵启动前应先送轴封汽，特别是机组热态启动，以防止低温空气进汽缸。

（3）汽轮机真空状态下，禁止停轴封供汽。

（4）当机组真空下降时运行人员应及时调整压力，当发现机组汽封向外漏汽，应适当降低轴封压力，并检查轴加风机是否运行正常。

7-67　DCS上轴封母管压力摆动的原因是什么？应如何处理？

答：DCS上轴封母管压力摆动的原因有：

（1）轴封压力自动调节失灵。

（2）轴封供汽阀、溢流阀压缩空气压力低，造成调节阀无法动作。

（3）主汽电动阀关闭或调节汽阀开度大幅变化。

（4）未实现自密封时辅汽压力大幅摆动或辅汽压力过低。

DCS上轴封母管压力摆动应按下列步骤处理。

（1）解列轴封自动调节，尽量维持负荷及主汽压力不变，手动调节轴封压力在正常范围内，联系维护人员迅速处理。

（2）检查机房压缩空气压力应正常，查供气管路及调节部分有无空气泄漏点，进行相应处理，恢复压缩空气压力。同时维持负荷，主汽压力稳定，以免造成轴封压力过高或过低。

（3）加强监视，尽量维持各参数稳定，防止调节汽阀开度大幅度变化。

（4）迅速恢复辅汽压力至0.5MPa以上，稳定辅汽压力，防止大幅度波动。

（5）出现轴封调节自动失灵或供汽、溢流调节阀机械故障等原因使得轴封压力不能自动维持在设定值时，应尽量维持负荷、主汽压力、主汽温度等参数稳定，必要时采用轴封供汽旁路阀或溢流旁路阀的方法，同时联系维护迅速处理故障，以尽快投入轴封压力自动调节，若短时间内无法处理，应请示值长申请停机。

7-68　汽轮机轴封系统的作用是什么？

答： 轴封系统的作用是防止蒸汽泄漏至大气中，以及防止大气中的空气漏进汽缸，同时回收工质和热量。

7-69　轴封系统紧急喷水的作用是什么？

答： 当轴加冷却水走旁路时，轴封加热器内蒸汽得不到冷却，轴加内部失去负压，轴封回汽压力将升高，导致汽轮机轴端冒汽。因此轴封系统紧急喷水的作用是，在轴封风机入口空气蒸汽混合物温度高至定值时开启轴封排汽紧急喷水，以防止轴端蒸汽向外泄漏。

7-70　轴封加热器模块有哪些报警信号？

答： 轴加水位高于正常水位 76.2mm 时由 MARK-VI 发水位高报警。

轴封风机入口负压高于 1.3kPa 显示风机运行，低于 1.3kPa 显示风机停运并发报警信号。

轴封风机入口空气蒸汽混合物温度高报警。

7-71　汽轮机系统的辅助蒸汽母管共有几路汽源？

答：（1）启动锅炉在机组启动中供给辅助蒸汽。

（2）邻机运行时，可以从邻机辅助蒸汽母管供汽。

（3）本机中压旁路全关且高压调门开度大于 20%后，可以将辅助蒸汽母管汽源切至本机组余热锅炉中压汽包供汽。

7-72　汽轮机的汽封有几种类型？

答：（1）轴端汽封。高压轴封防止高压蒸汽漏出汽缸，造成工质损失，恶化工作环境，加热汽轮机轴颈，甚至进入轴承使润滑油变质。低压轴封用来防止汽缸外部空气进入缸内，降低凝汽器真空。

（2）隔板汽封。该汽封的作用是减少蒸汽从隔板高压向低压侧的泄漏，造成能量损失和级效率的下降。

（3）通流部分汽封。是指动叶栅顶部与隔板之间，动叶根部与隔板之间的汽封。

7-73 汽轮机共有几路轴封蒸汽？漏汽分别回到哪里？

答：共三路：高压后轴封，中压后轴封，低压轴封。

轴封漏气均回到轴封加热器。

7-74 轴封加热器的作用是什么？

答：轴封加热器是一个表面式换热器，利用凝结水对汽轮机轴封外档回汽进行冷却，使其凝结成疏水，将其送回到凝汽器，对工质进行回收；同时利用轴封蒸汽回汽的余热加热凝水提高了机组的经济性。

7-75 轴封风机的作用是什么？

答：轴封风机的抽吸在轴封加热器中形成一定的负压，使排至轴封加热器的汽轮机轴封外档保持一定的负压，从而起到防止轴封汽从轴端向外漏入大气并通过油档漏入润滑油系统的作用。

7-76 简述汽轮机轴封系统的投用步骤。

答：（1）根据机组状态投入轴封系统。冷态时先抽真空，然后向轴封供热，温态、热态和极热态时先供轴封后拉真空。

（2）投运凝结水系统，开启注水门对轴加、轴加回汽U型管和轴加风机出口U型管注水，注水完闭后关闭注水门；开启凝结水至轴加冷却水进出口门，关闭其旁路门。

（3）启动一台轴加风机，维持风机进口管道的真空大约为177.8mmH_2O（1mmH_2O=1.3332×10^2Pa），正常后，另一台风机投备用。

（4）开启辅助蒸汽至轴封供汽门前的疏水门，疏水完成后稍开辅助蒸汽母管截止阀暖管，暖管结束后将阀门开启。

（5）稍开轴封蒸汽供汽门，缓慢对轴封蒸汽母管进行暖管，暖管结束后，轴封蒸汽供汽门投自动，维持轴封蒸汽母管压力在0.103～0.206MPa。

（6）正常运行时由轴封蒸汽供汽门控制轴封蒸汽母管压力。

7-77　试叙述在停机过程中轴封蒸汽是如何停用的？

答：（1）停机前，应预先联系辅助蒸汽母管汽源，在汽轮机负荷下降直至空转过程中，应及时将轴封汽源切至辅助蒸汽母管。

（2）机组解列后，随着机组转速和真空的降低，应及时调节轴封蒸汽的压力。

（3）机组真空到零的时候，应及时停用轴封供汽，当轴封供汽停用后，停用轴加风机。

（4）视情况停用凝水系统。

7-78　轴封加热器系统上为什么不能使用普通阀门？

答：因为轴封蒸汽系统是与凝汽器汽侧连通的，如果阀门门杆泄漏，将导致凝器的真空下降，将会影响汽轮机的效率，情况严重时，将会导致机组低真空停运。而水封阀的特性就是密封效果好，可以防止真空系统漏入空气，因此轴封加热器系统上使用的阀门都是水封阀门，而不使用普通阀门。

7-79　如果在运行中轴封加热器满水会出现什么情况？需要紧急停机吗？

答：在运行中轴封加热器满水会导致轴封蒸汽回汽不畅通，使轴加风机过负荷而跳闸或烧毁；情况严重时会使疏水进入汽缸，造成水冲击，对汽轮机造成严重的损害。因此当经过所有的处理手段后，如果轴封加热器仍然满水的话，应紧急停机。

第四节　凝 结 水 系 统

7-80　绘制 S209FA 型燃气-蒸汽联合循环热电联产机组的凝结水系统图。

答：S209FA 型燃气-蒸汽联合循环热电联产机组的凝结水系统如图 7-4 所示。

7-81　简单介绍 S209FA 型燃气-蒸汽联合循环热电联产机组凝结水系统主要设备的设备规范。

答：凝汽器型式为单壳体，双流程，独立水室，1 台，凝汽器背压为 5.3kPa（绝对压力）。循环水量为 40 007.2m^3/h；循环水进口温度为 21℃；循环水出口温度为 31.1℃；循环水通过凝汽器的最大温升为 10.1℃；凝结水含氧量浓度小于等于 50μg/L；管道的有效总面积为 22 880m^2。

凝结水泵为立式多级筒型式，3 台（二用一备）；流量为 698m^3/h；扬程为 210m。转速为 1500r/min；功率为 630kW。

除铁过滤器为卧式，1 台；初始进出口压差为 0.025MPa；最大允许进出口压差为 0.3565MPa；设计出力为 800m^3/h；过滤精度为 6μm；滤芯规格（直径/长度）为 6″/60″，32 支，滤芯材质 PP。

7-82　说明 S209FA 型燃气-蒸汽联合循环热电联产机组凝结水系统中的凝结水泵启动允许条件。

答：（1）有凝结水泵运行（不限台数）延时 8s 或凝结水泵出口门已关。

（2）凝汽器水位不低。

（3）凝结水泵电动机线圈温度正常。

（4）凝结水泵入口电动门已开。

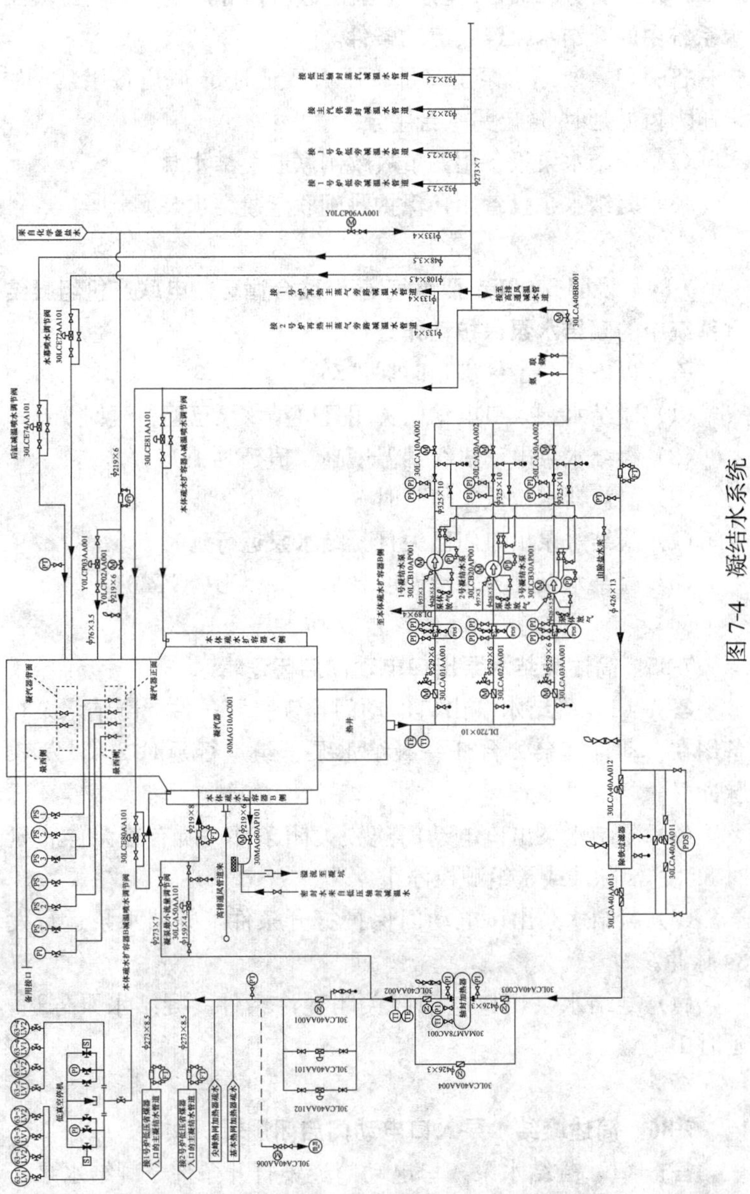

图 7-4 凝结水系统

7-83 说明 S209FA 型燃气-蒸汽联合循环热电联产机组凝结水系统中的凝结水泵连锁启动条件。

答：（1）凝结水泵出口母管压力低延时 8s 联启备用泵，如果压力再低延时 5s 启另一台主泵。

（2）凝结水泵投备用，事故跳闸联起凝结水泵。

（3）凝结水泵投备用，保护跳闸联起凝结水泵。

7-84 说明 S209FA 型燃气-蒸汽联合循环热电联产机组凝结水系统中的凝结水泵保护动作条件。

答：以下任一条件满足时保护动作。

（1）凝结水泵入口电动门关闭且凝结水泵已运行延时 1s。

（2）凝结水泵电动机线圈温度高二值延时 4s（1/3）。

（3）凝汽器水位低二值延时 30s。

（4）凝结水泵出口门已关且凝结水泵运行延时 5s。

（5）凝结水泵推力轴承温度高高（30LCB10CT301）。

7-85 简述凝结水泵出口电动门启闭逻辑。

答：（1）凝结水泵出口电动门连锁打开条件。凝结水泵投备用在自动且其余 2 台任一凝结水泵子组运行延时 20s，发 3s 脉冲。

（2）凝结水泵出口电动门连锁关闭条件。所有凝泵停止延时 8s 发 3s 脉冲或子组顺控停止。

（3）凝结水泵出口电动门保护打开条件。凝结水泵运行发 3s 脉冲。

（4）凝结水泵出口电动门关闭允许条件。凝结水泵停运，延时 1s。

7-86 简述凝结水泵入口电动门启闭逻辑。

答：（1）凝结水泵入口电动门连锁打开条件。凝结水泵子组投备用且其余任意一台凝结水泵子组启动运行延时 20s，3s 脉冲或子组启动。

(2) 凝结水泵入口电动门关闭允许条件。凝结水泵未运行。

(3) 凝结水泵入口电动门连锁关闭条件。

1) 凝结水泵停止。

2) 凝结水泵出口门关。

3) 凝结水泵入口门关。

4) 所有凝结水泵已停止延时20s，发3s脉冲。

7-87　简述S209FA型燃气-蒸汽联合循环热电联产机组凝结水系统中的凝结水泵启停步骤。

答：(1) 凝结水系统投运前的准备和检查。

(2) 除盐水泵的启动。

(3) 凝结水系统的启动。

(4) 凝结水系统运行中的监视和检查。

(5) 凝结水泵的切换。

(6) 凝结水系统的停运。

7-88　凝结水系统投运前应做的准备和检查项目有哪些？

答：(1) 检查凝结水系统检修工作已结束，凝结水系统管道、阀门完好，现场清洁。

(2) 检查系统中的各热工仪表在投入状态且工作正常。

(3) 检查闭式冷却水系统及仪用压缩空气系统已投入。

(4) 检查化学除盐水水箱液位正常，凝汽器补给水系统能正常投运。

(5) 检查凝结水系统所有电动门电源正常，在“远控”位置，就地及DCS控制面板上无报警信号。

(6) 按阀门卡检查确认系统阀门的位置正确。凝结水泵进口滤网及进出口至凝器放空气门开启；凝泵进口滤网排污门关闭；凝结水泵轴承油位正常，轴承冷却器冷却水供应正常；凝结水泵进口隔离阀开启，出口隔离阀关闭。

(7) 检查凝结水泵电动机电缆及接线盒完好，接地线牢固，电动机及泵体地脚螺栓紧固，联轴器连接牢固，油位正常。

(8) 测凝结水泵电动机绝缘合格，送上控制、动力电源。

7-89　简述除盐水泵的启动过程。

答：(1) 检查除盐水箱水位在2/3以上后，启动一台除盐水泵。

(2) 开启凝汽器热井水位调节阀旁路电动阀向凝汽器补水，注意除盐水箱水位，及时通知化学人员制水。

7-90　简述凝结水系统的启动步骤。

答：(1) 入口电动门稍开，给管道泵体注水，入口滤网放气阀及泵体放气阀打开，看见水流出后关放气阀。

(2) 打开凝结水泵密封水及冷却水手动门。

(3) 打开凝结水再循环调门，开度为50%，选择顺控启动一台凝结水泵，按下凝结水泵启动按钮，当出口电动门开度为5%时就地终停，缓慢注水，防止空管注水过程中振动过大，当凝结水母管压力稳定后将出口电动门全开。

(4) 检查凝结水泵振动、轴承温度正常，确认凝结水泵电流，出口压力正常。

(5) 检查密封水正常，入口过滤器前后压差正常。

(6) 将凝结水再循环门投自动，检查凝结水再循环门动作正常，母管压力、流量正常、稳定。

(7) 投入除铁过滤器，投入时将除铁过滤器放空阀打开，入口门缓慢开启注水，放完空气后关闭。

(8) 稍开轴封加热器凝结水放空气门，凝结水母管放空阀，放完空气后关闭。

(9) 检查凝结水管道无跑、冒、滴、漏。

(10) 将运行泵投自动，备用泵投入连锁，检查其出口电动门自动全开，就地无倒转现象。凝结水泵在入口电动门关闭状态下不要投密封水，防止入口压力超压，入口安全阀 0.3MPa 起跳。

(11) 通知化学化验凝结水水质，水质合格后方允许开启凝结水至余热锅炉上水门。

7-91 凝结水系统运行中应监视和检查哪些项目？

答： (1) 检查系统管路、阀门位置正常，无跑、冒、滴、漏现象。

(2) 检查运行凝结水泵电流在 43～53A 之间（额定值 70.5A）视为正常。

(3) 检查凝结水泵出口压力在 2.0～3.0MPa 为正常，凝结水再循环调节阀自动，压力设定值在 2.0～3.0MPa。

(4) 检查电动机轴承温度小于 80℃，推力轴承温度小于 70℃，线圈温度小于 130℃正常。

(5) 检查凝结水泵密封水，冷却水投入正常。

(6) 检查凝结水泵电动机轴承油位正常，泵体及电动机无过热、无异常声响；振动位移合格小于 0.08mm。

(7) 检查备用泵处于良好备用状态。

(8) 检查凝汽器水位在 500～700mm 为正常。

(9) 检查凝汽器水幕喷水调节阀平时关闭，锅炉蒸汽旁路阀打开时投入。

(10) 检查后缸减温水调阀投自动，设定温度在 40～50℃，疏水扩容器减温水调节阀投自动，设定温度在 40～50℃。

(11) 检查凝结水泵进口过滤器压差小于 50kPa 正常。

(12) 检查除铁过滤器运行正常，滤网压差小于 250kPa。

(13) 检查凝结水水质合格，凝结水溶氧量小于 50μg/L 为正常。

(14) 检查凝坑水位正常，排污泵投入自动。

(15) 在并退汽过程中，锅炉大量上水时注意除盐水母管不得低于0.2MPa（0.2MPa对应当凝汽器补水调阀和电动阀全开时上水量为280t/h），应防止影响凝汽器真空。

（16）当投入热网时，凝结水调节阀后压力小于热网疏水回水压力，不投热网时调阀后压力在2～2.5MPa。

7-92 如何进行凝结水泵的切换？

答：（1）检查凝结水系统运行正常，各参数正常。

（2）检查备用泵具备启动条件。

（3）将再循环调节阀解手动，开50%左右开度，适当降低供水母管压力。

（4）启动备用泵。

（5）启动后注意启动电流及电流能正常返回。

（6）通过调节再循环调节阀保持供水母管压力稳定。

（7）测量备用泵启动后的振动及温度正常，无异音。

（8）就地关闭原运行泵出口电动门至5%～10%。

（9）通过调节再循环调节阀保持供水母管压力稳定。

（10）手动停运原运行泵。

（11）检查运行泵电流正常。

（12）检查原运行泵停止后无倒转现象，否则全关其出口电动门。

（13）将再循环调节阀投自动。

（14）将运行泵投自动，停运泵投入备用。

7-93 简述凝结水系统的停运步骤。

答：（1）确认所有凝结水用户已经具备停止供水条件。

（2）确认真空破坏门开启。

（3）检查汽轮机低压缸排汽温度在规定范围内。

（4）汽缸最高缸温在200℃以下。

（5）确认轴封进汽气动调整门关闭。

（6）退出备用泵连锁。

(7) 在 DCS 上顺控停止凝结水泵运行，检查出口阀全关。

(8) 关闭供凝泵密封水手动阀。

(9) 注意凝结水泵惰走正常。

(10) 检查凝汽器水位正常，防止凝汽器水位上涨。

(11) 关闭凝结水系统至化学取样、加药阀门。

(12) 机组正常运行时，其中一台凝结水泵若需要停运，应将出口电动门就地关至5%再停泵，防止该泵出口止回门不严影响锅炉上水；若需检修，待其停运后，切断电机电源，关闭其进出口阀并摇紧，挂上“严禁操作”警告牌，将泵体中的水放掉，同时注意凝汽器内真空的变化，若发现真空下降，应停止操作，恢复设备原状，并通知有关人员，考虑另外的隔离措施等。

7-94　凝结水含氧量增大应如何处理？

答：(1) 通知化学取样证实含氧量是否真实增加。

(2) 检查凝汽器至凝结水泵管道及阀门有无泄漏。

(3) 检查凝结水泵密封水投入是否正常。

(4) 检查除氧器排气旁路手门开度是否正常。

7-95　凝结水系统中除铁过滤器压差增大应如何处理？

答：(1) 当发现除铁过滤器差压不正常升高时，迅速查明原因，消除相应故障。

(2) 当差压达到 250kPa 时，应打开除铁过滤器旁路气动阀，观察压差下降。

(3) 若需清洗隔离，应关闭除铁过滤器出入口手动及气动隔离阀，打开除铁过滤器放空及排污阀放水，观察除铁过滤器是否隔绝，若有漏流停止放水。

(4) 清洗完除铁过滤器投入时打开放空阀，关闭排污阀，打开入口气动阀，缓慢打开入口手动门给除铁过滤器注水，防止凝结水出口母管压力突降联启备泵。

（5）当放空阀连续出水时关闭，将除铁过滤器出入口门全开投入除铁过滤器，关闭除铁过滤器旁路气动阀。

（6）观察除铁过滤器压差在合格范围内，除铁过滤器无泄漏。

7-96　简述凝结水泵出力不足的现象、原因。

答：凝结水泵出力不足的现象：

（1）凝结水泵电流下降或摆动。

（2）凝结水泵出口压力下降或摆动。

凝结水泵出力不足的原因：

（1）泵内或吸入管有空气。

（2）凝汽器水位过低。

（3）凝结水泵入口滤网堵。

（4）密封环磨损过多。

（5）凝结水再循环调节门误开。

7-97　凝结水泵出力不足应如何处理？

答：（1）检查密封水投入是否正常，开启凝结水泵至轴封抽空气阀，注意观察真空，若下降严重应立刻关闭。

（2）将凝汽器水位补至正常水位。

（3）若因滤网堵塞造成凝结水泵进水量不足，应切泵清理滤网。

（4）若密封环磨损过多应切泵检查或更换密封环。

（5）关闭凝结水再循环调节门。

7-98　如何判断凝结水泵跳闸？应执行哪些操作？

答：凝结水泵跳闸现象：

（1）发出“凝结水泵跳闸”报警。

（2）凝结水泵停运。

（3）备用泵联启。

（4）低压汽包水位下降，凝汽器水位上升。

凝结水泵跳闸的原因：

（1）凝汽器液位低。

（2）电气故障。

（3）凝结水泵保护动作。

（4）人员误操作。

凝结水泵跳闸的处理方法：

（1）凝结水泵跳闸备用泵应联启，否则在DCS上手动启动，关闭故障泵出口电动阀，此后查明故障泵跳闸原因并消除；

（2）调整汽包在正常水位，若热网投运，应检查热网加热器水位是否正常；

（3）若无备泵的情况下凝结水泵跳闸，确认无明显故障时可抢启一次，若抢启不成功：当还有一台凝泵运行时立即减负荷，当无凝结水泵运行时应紧急停机。

7-99　简述凝结水泵汽蚀现象及发生汽蚀的原因。

答：（1）凝结水泵发生汽蚀时的现象：

1）凝结水出口流量大幅度波动。

2）凝结水母管压力大幅度波动。

3）凝结水泵电动机电流大幅度波动。

4）凝结水泵发出异常的轰鸣声。

（2）凝结水泵发生汽蚀的原因：

1）凝汽器水位过低。

2）凝结水流量过低。

3）凝结水泵及其滤网空气门关闭或堵塞。

7-100　若凝结水大流量调节阀卡涩应如何处理？

答：（1）当发现凝结水大流量调节阀卡涩，应迅速查明原因，消除相应故障。

（2）当凝结水大流量调节阀卡涩暂时无法处理时，若调阀后压力不足，应打开小流量调阀增加给水量，若仍不足，应派人就地将给水电动阀打开到合适的开度，查看凝结水泵再循环调阀是否正常调节。若热网投运，注意热网加热器水位。

（3）若凝结水大流量调节阀卡涩造成调阀后压力升高，应快速查看热网水位，调节热网水位，防止热网加热器因满水跳闸。同时加大锅炉给水量减小调阀后压力，派人就地关小调阀前手动门，保持调阀后正常压力，靠小流量调节阀进行微调。

（4）根据检修需要隔绝凝结水大流量调节阀，隔绝过程中注意凝结水出口压力要保持平稳。

7-101　凝结水系统分别向哪些支路提供凝结水？

答：（1）余热锅炉给水加热器供水及高中压汽包注水。

（2）汽轮机低压后缸喷水减温。

（3）高、中、低压旁路系统减温。

（4）辅助蒸汽减温水。

（5）凝汽器水幕喷水。

（6）水环真空泵供水。

（7）轴封蒸汽减温及事故喷水减温。

（8）本体及管道疏水扩容器减温。

（9）向闭冷水膨胀水箱供水。

7-102　机组运行中，如何进行一台凝结水泵隔离操作？

答：（1）将停用凝结水泵控制开关打至退出位置，停电。

（2）关闭停用凝结水泵进出口电动阀，停电。

（3）将停用凝结水泵进口电动阀手动紧死。

（4）关闭停用凝结水泵进出口至凝汽器空气门。

（5）关闭停用凝结水泵进口滤网至凝汽器空气门。

（6）关闭停用凝结水泵密封水进水手动门。

（7）开启动停用凝结水泵进口滤网放水门，检查放水正常，放水口无空气倒吸，泵无倒转。

（8）关闭停用凝结水泵轴承冷却水供水门。

7-103　大修后凝结水泵怎样投入操作？

答：（1）关闭凝泵进口滤网放水门。

（2）开启凝结水泵轴承冷却水供水门。

（3）开启凝结水泵密封水进水手动门。

（4）稍开进口滤网至凝器放空气门，注意对凝器真空的影响，影响严重时应迅速关闭。

（5）待泵体内空气排尽后开启凝结水泵进出口至凝器空气门。

（6）凝结水泵进出口电动门送电，开启动凝泵进口电动门（如手动紧过应手动松几圈）。

（7）凝结水泵送电，试转，正常后停用工作凝结水泵，投入备用。

7-104　简述凝结水泵跳闸条件。

答：下列情况任一发生将出现凝结水泵跳闸。

（1）凝结水母管流量低且任一台泵在运行中。

（2）热井水位在低Ⅱ值。

（3）泵吸入口滤网压差高持续 10s（高Ⅰ、Ⅱ值均发报警）。

（4）电动机上轴承温度高延时 5s。

（5）电动机下轴承温度高延时 5s。

（6）凝泵推力轴承温度高延时 5s。

（7）电动机三相线圈温度高延时 5s（共 6 个测点，任一点温度高均跳闸）。

7-105　简述备用凝结水泵自动投入条件。

答：下列条件同时满足时，备用凝结水泵自动投入。

（1）工作泵跳闸或工作泵运行时凝结水母管压力低于定值。

（2）备用泵允许启动条件满足。

7-106 简述凝结水泵报警的条件。

答：（1）泵运行时电流低于10A，或给水泵停运时电流高于10A，持续10s发出一致性报警。

（2）任一台泵运行中凝结水母管压力低于定值。

（3）泵吸入口滤网压差高Ⅰ、Ⅱ值均发报警。

（4）电动机线圈温度高、电动机上下轴承温度高、凝泵推力轴承温度高均无延时发出报警信号，随后延时5s跳泵。

7-107 简述凝结水泵最小流量控制的操作条件。

答：（1）任一台凝结水泵运行中，凝结水母管流量低Ⅰ值持续1s全开凝结水再循环阀。

（2）任一台凝结水泵运行中，凝结水母管流量低Ⅱ值持续5s跳运行泵。

（3）凝结水泵全停，关闭再循环门。

（4）当凝结水泵启动时，再循环门自动开启至启动开度。

7-108 简述凝汽器热井水位报警、连锁及保护。

答：（1）凝汽器热井水位低Ⅰ值。发水位低Ⅰ值报警，开启事故补水阀，超驰关闭至雨水系统放水阀。

（2）凝汽器热井水位低Ⅱ值。发水位低Ⅱ值报警，两台凝结水泵跳闸。

（3）凝汽器热井水位低Ⅲ值。发水位低Ⅲ值报警。

（4）凝汽器热井水位高Ⅰ值。发水位高Ⅰ值报警，连锁开启至雨水系统放水阀，将0%开度赋予正常水位控制阀。

（5）凝汽器热井水位高二值。发水位高二值报警，关闭高压旁路压力控制阀，关闭低压旁路压力控制阀，关闭中压旁路压力控制阀。

（6）凝汽器热井水位高三值。发水位高三值报警，机组跳闸。

7-109 凝结水产生过冷却的主要原因有哪些?

答:(1)凝汽器汽侧积有空气。

(2)运行中凝结水水位过高。

(3)凝器冷却水管排列不佳或布置过密。

(4)循环水量过大。

7-110 凝汽器冷却水管的腐蚀有哪些原因?

答:凝汽器冷却水管的腐蚀有下列几个方面的原因:①化学性腐蚀;②电腐蚀;③机械腐蚀。

7-111 汽轮机真空下降有哪些危害?

答:(1)排汽压力升高,可用焓降减少,不经济,同时使机组出力降低。

(2)排汽缸及轴承座受热膨胀,可能引起中心变化,产生振动。

(3)排汽温度过高可能引起凝汽器铜管松弛,破坏严密性。

(4)可能使汽机轴向推力增大。

(5)真空下降使排气的容积流量减小,对末几级叶片工作不利。末级要产生脱流及旋流,同时还会在叶片的某一部位产生较大的激振力,有可能损坏叶片,造成事故。

7-112 凝汽器铜管轻微泄漏应如何堵漏?

答:凝器铜管胀口轻微泄漏,凝结水硬度微增大,可在循环水进口或在胶球清洗泵加球室加锯末,使锯末吸附在铜管胀口处,从而堵住胀口泄漏点。

7-113 如何进行凝汽器半边隔离?

答:(1)设定总负荷在250MW左右。若两台循环水泵运行,可根据凝汽器真空情况停用一台循环水泵。

(2)将两台水室真空泵联动解除。

(3) 关闭隔离侧汽侧空气门并监视凝汽器真空，若下降迅速应立即开启该空气门。

(4) 缓慢关闭隔离侧凝汽器循环水进水门（注意监视凝汽器真空变化，若真空迅速下降应立即开启循环水进水门），以及隔离侧凝汽器循环水出水门并挂牌，据真空情况适当降低负荷。

(5) 就地开启隔离侧凝汽器水室放水门，放尽隔离侧凝汽器水室存水，注意观察汽机房循环水坑的水位，防止水位过高淹没排水泵电动机。

(6) 将隔离侧凝汽器循环水进、出门停电并就地挂牌。

(7) 联系检修可就地打开水侧人孔门进行工作。

7-114　凝汽器水侧半面隔离后如何恢复？

答：(1) 确认检修工作结束，工作票终结，现场卫生清洁，汽机房循环水坑水位正常。

(2) 就地关闭隔离侧凝汽器水室放水门。

(3) 将隔离侧循环水进出水门电源送上，取掉警告牌。

(4) 开启隔离侧凝汽器循环水出水门，注意观察回水管压力。

(5) 稍开隔离侧凝汽器循环水进水门，就地对隔离侧凝汽器水室排空气，待放气结束后关闭水室放气阀，全开隔离侧凝汽器进水阀，注意观察真空应有所上升。

(6) 将两台水室真空泵联动投入。

(7) 就地缓慢开足隔离侧凝汽器汽侧空气门，注意观察真空变化。

(8) 根据需要可增加机组负荷，并据真空情况增开一台循泵。

7-115　启机时开启凝结水再循环有什么作用？

答：(1) 在汽轮机启动、停止或低负荷时，由于凝结水量少，此时开启再循环门，使凝结水回到凝汽器，保证轴封加热器有足够的冷却水量，维持正常运行。

（2）对凝结水泵起保护作用，防止流量低汽蚀。

第五节　抽真空系统

7-116　绘制 S209FA 型燃气-蒸汽联合循环热电联产机组的抽真空系统图。

答： S209FA 型燃气-蒸汽联合循环热电联产机组的抽真空系统如图 7-5 所示。

7-117　介绍 S209FA 型燃气-蒸汽联合循环热电联产机组凝汽器抽真空系统的主要设备规范。

答： 真空泵为 Y355L-10 液环式，2 台（一用一备），密封水流量为 13.6m^3/h，转速 590r/min，功率为 160kW；气液分离罐为 2 个立式储罐；设计压力为 50kPa；设计温度为 93℃；出力为 0.7m^3/h；冷却器为 2 台管壳式；冷却面积为 2.8m^2；冷却水流量为 60t/h；冷却水压力为 300kPa；设计冷却水温度为 31.5℃。

7-118　凝汽器抽真空系统投运前应做哪些检查工作？

答：（1）检查凝汽器抽真空系统检修工作已结束，系统管道、阀门完好，现场清洁。

（2）检查系统中的各热工仪表在投入状态且工作正常。

（3）检查开式冷却水系统已投入。

（4）检查真空泵补给水系统能正常投运。

（5）检查轴封系统已投入运行。

（6）检查凝汽器抽真空系统所有电动门电源正常，在“远控”位置，就地及 DCS 控制面板上无报警信号。

（7）按阀门卡检查确认系统阀门的位置正确。

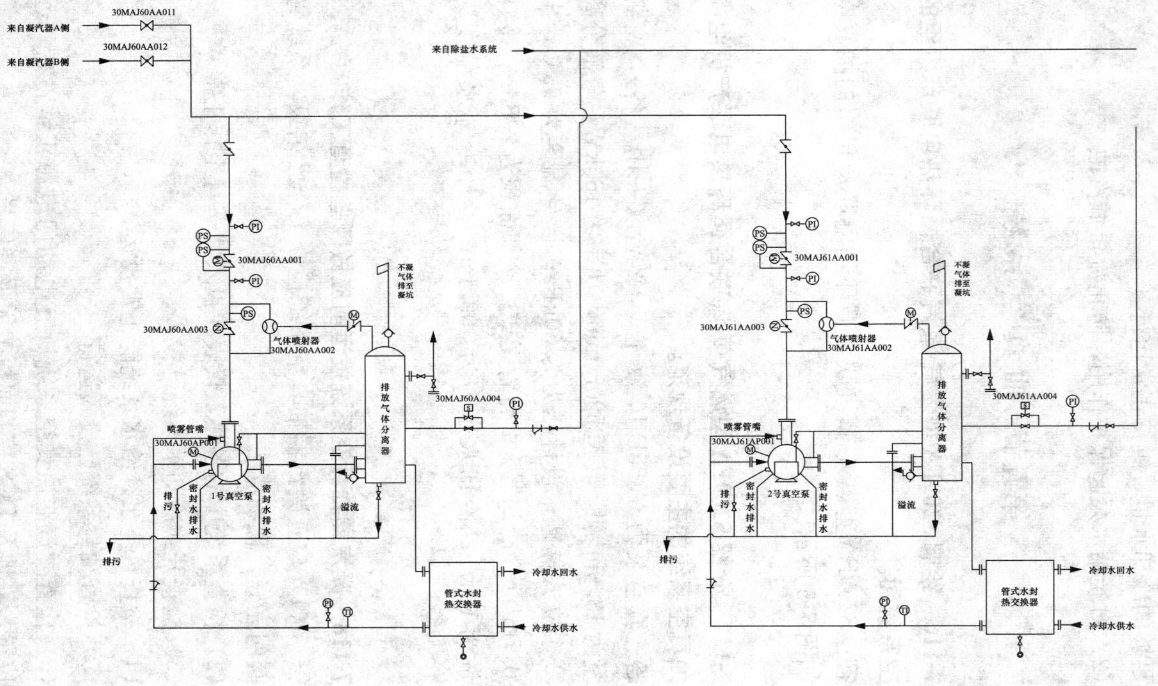

来自凝汽器A侧
来自凝汽器B侧
30MAJ60AA011
30MAJ60AA012
来自除盐水系统
30MAJ60AA001
30MAJ60AA003
气体喷射器
30MAJ60AA002
不凝气体排至凝坑
30MAJ60AA004
喷雾管嘴
30MAJ60AP001
排污
密封水排水
1号真空泵
溢流
排放气体分离器
管式水封热交换器
冷却水回水
冷却水供水
30MAJ61AA001
30MAJ61AA003
30MAJ61AA002
30MAJ61AA004
30MAJ61AP001
2号真空泵
PI
PS
TI

图 7-5　抽真空系统图

（8）检查真空泵电动机电缆及接线盒完好，接地线牢固，电动机及泵体地脚螺栓紧固，联轴器连接牢固。

（9）测真空泵电动机绝缘合格，电源已正常投入。

7-119　简述凝汽器抽真空系统的启动步骤。

答：（1）打开真空泵补水电磁阀补水，检查真空泵分离器液位高一开关报警，将补水电磁阀关闭投自动。

（2）打开密封水冷却器冷却水进、出口阀，放空气阀放尽空气后关闭。

（3）顺控启动真空泵。

（4）检查真空泵振动、轴承温度正常，确认真空泵电流，入口压力正常。

（5）检查密封水正常，分离器液位正常。

（6）检查冷却器冷却水供水正常。

（7）检查凝汽器抽真空系统无跑、冒、滴、漏。

（8）将备用泵投入连锁。

7-120　凝汽器抽真空系统运行中应监视和检查哪些项目？

答：（1）检查系统管路、阀门位置正常，无跑、冒、滴、漏现象。

（2）检查运行真空泵电流 230～250A（额定值 333A）正常。

（3）检查凝汽器真空值大于－89kPa 为正常。

（4）检查电动机轴承温度小于 70℃，线圈温度小于 110℃为正常。

（5）检查真空泵密封水，冷却水正常。

（6）检查分离器液位正常。

（7）检查真空泵泵体及电动机无过热、无异常声响；振动位移合格小于 0.12mm。

（8）检查备用泵处于良好备用状态。

7-121 简述凝汽器抽真空系统真空泵的切换步骤。

答:（1）检查凝汽器抽真空系统运行正常，各参数正常。

（2）检查备用泵具备启动条件。

（3）启动备用泵。

（4）启动后注意启动电流及电流能正常返回。

（5）检查凝汽器真空为正常。

（6）测量备用泵启动后的振动及温度正常，无异音。

（7）关闭原运行泵入口电动门。

（8）手动停运原运行泵。

（9）检查凝汽器真空正常。

（10）检查运行泵电流正常。

（11）将原运行泵投入备用。

7-122 简述凝汽器抽真空系统的停运步骤。

答:（1）确认汽轮机已经停运。

（2）确认无疏水进入凝汽器。

（3）备用真空泵退出连锁，顺控停运行泵。

（4）开启凝汽器真空破坏门，观察凝汽器压力逐渐趋于大气压。

7-123 真空泵工作不正常或效率降低应如何处理?

答:真空泵工作正常的现象有:

（1）真空泵电流上升或摆动。

（2）凝汽器真空偏低。

原因有:

（1）真空系统有空气吸入。

（2）真空泵出力降低。

（3）真空泵带病运行。

处理方法为:

（1）进行负压系统查漏。

（2）检查真空泵振动，温度是否正常，有无异音。

（3）检查真空泵分离器水位，水温正常，冷却水量是否足够。

（4）必要时通过实验检查真空泵的工作效率；若运行真空泵有明显异常，及时切泵。

7-124　汽轮机凝汽器真空系统是如何建立的？

答：大量来自低压缸做完功的蒸汽进入凝汽器后，由于循环冷却水的冷却而凝结成水，比体积发生急剧收缩，形成真空。

7-125　简述凝汽器抽真空系统的作用。

答：（1）在机组启动初期，真空泵将汽轮机系统的空气抽除，从而形成真空。

（2）正常运行中，真空泵用于抽除外界漏入真空系统的空气及系统中携带的不凝气体以维持机组真空。

7-126　简述机组不同温度状态时真空系统启动的步骤。

答：（1）冷态时，由于汽轮机轴封及缸体温度较低，因此可以先抽真空后供轴封。

（2）热态时，由于汽轮机轴封及缸体温度较高，在投用真空轴封系统时，为了防止冷空气进入汽轮机系统，对高温度的轴封齿强烈冷却引起变形，应先供轴封后抽真空。

7-127　冷、热（温）态启动时抽真空与送轴封的顺序各是什么？为什么？

答：冷态时，先抽真空，后送轴封。主要原因是考虑差胀影响。

热态时，先送轴封，后抽真空。否则大量的空气被吸入汽缸内，使轴封段转子收缩，胀差负值增大，还会使径向间隙缩小。

7-128 真空泵运行中应注意事项有哪些?

答:(1)严防真空泵抽空气管积水。

(2)分离水箱水位应正常。

(3)密封水冷却系统正常。

(4)密封水温度在正常范围内。

7-129 机组真空下降的原因是什么?

答:(1)机组加负荷过程中循环水流量未及时调整。

(2)夏季循环水温度高。

(3)凝汽器虹吸恶化导致循环水量减少。

(4)真空系统管道、阀门、法兰损坏或泄漏,真空破坏阀误开或关闭不严。

(5)轴封供汽压力太低。

(6)轴封加热器疏水浮子阀卡导致U型管水封破坏。

(7)管道扩容器水位调节阀故障,空气从管扩进入凝汽器。

(8)因真空泵密封水温度高或水箱水位低导致真空泵效率下降。

(9)凝汽器热井水位太高堵塞不凝气体排放通道甚至淹没抽气口。

(10)余热锅炉停运时炉侧至凝汽器有关管路阀门开启。

7-130 真空泵启动前检查操作的内容有哪些?

答:(1)开启凝结水(或除盐水系统)补水门,关闭补水电磁阀旁路手动门。

(2)关闭分离器放水门及真空泵泵体放水门。

(3)检查分离器水位控制电磁阀自动开启将水位补至正常值后自动关闭。

(4)检查密封水冷却器冷却水进出口门在开启位置,水压正常。

(5) 检查真空泵轴承油室油位正常。

(6) 检查真空泵抽空气气动阀在关闭位置。

(7) 开启动凝汽器至真空泵系统甲、乙侧空气电动阀。

7-131　水环式真空泵的工作原理是什么？

答： 水环式真空泵的叶轮与泵体呈偏心布置，两端由侧盖封住，侧盖端面上开有吸气口和排气口。当泵体内充水时，由于叶轮的旋转，水向四周甩出，在泵体内部和叶轮之间形成一个旋转的水环，水环内表面与轮毂表面及侧盖端面之间形成月牙形的工作空腔，叶轮上的叶片把空腔分成若干个互不相通、容积不等的封闭小室。在叶轮的前半转（吸入侧），小室的容积逐渐增大，气体经吸气口被吸入小室中；在叶轮的后半转（排出侧），小室容积逐渐减小，气体被压缩，压力升高，经排气口排出。

另外，水环式真空泵工作时，必须连续地注入一定量的新鲜工作液体以补充排气所带走的损失。工作液体除了传递能量，还起到密封工作腔和冷却气体的作用。

7-132　简述凝汽器水室启动系统的作用。

答： 凝汽器水室启动系统是通过水室真空泵的抽吸作用，排出凝器循环水进出水室中的空气，使循环水充满凝器进出水室，建立和维持循环水虹吸，从而在不增加循环水泵功耗的情况下增加循环水流量。

7-133　真空泵入口母管喷嘴的作用是什么？

答： 由于真空泵在吸入口真空较高时，密封水开始汽化，排气管中的水蒸气量快速增加，抽空气量随之下降，因而真空泵不易形成较高的真空。而在真空泵入口母管串接缩放喷嘴，可以在喷嘴的喉部形成高于真空泵吸入口的真空，这样就提高了凝汽器的真空。

7-134 为什么主蒸汽截止阀前的疏水不可以直接进入凝汽器?

答: 因为主蒸汽截止阀前的蒸汽压力和温度往往非常高,且蒸汽管道粗,需要的疏水量也很大,因此在这种情况下,如果直接进入凝器的话,将会对凝器产生较大的热冲击,所以应该减温减压后再进入凝器中。

7-135 进入凝汽器的疏水母管中为什么要喷入一路凝结水?

答: 因为在疏水母管上接有很多路疏水管线,其中有的疏水管线的压力相对比较高,当其进入疏水母管时,会汽化变成蒸汽,会阻碍其他低压蒸汽疏水管线的疏水,所以在设计上加入一路减温用的凝结水,对其进行冷却,确保所有的疏水管道的疏水畅通。

7-136 低压缸排汽口为什么要通入一路减温水?

答: 对低压缸的排汽进行冷却,以免排汽温度过高使汽缸产生热膨胀,从而对低压缸的后轴承的中心产生影响,从而使机组产生振动;同时也可以防止低压缸排汽温度过高对凝器设备的性能和寿命产生影响。

7-137 再热冷、热段疏水进入凝汽器时为什么要加装一个扩容器装置?

答: 因为再热蒸汽冷、热段的疏水的量较大,且温度和压力也比较高,当其经扩容器减压后进入凝器,可以减小对凝器的热冲击。

7-138 所有的疏水为什么要送回到凝器中?是否可以直接排放到大气中?

答: 回收工质,提高机组的效率和电厂的热经济性。不可能将其直接排入到大气中，因为有一些低压疏水的压力低于大气压的，根本排放不出去，而且会影响机组的真空。

7-139　机组正常运行后是否可以将疏水门关闭，为什么？

答：疏水是高温蒸汽遇到冷源来凝结成水，管道中的疏水一般都是蒸汽对冷管壁进行加热后凝结成的水，而当管道被完全被加热后，就不再有疏水产生，因此在机组正常运行后，就可以将疏水门关闭了。同时这样也可以提高电厂的热经济性。

7-140　与凝汽器直接相连的疏水管线共有多少条？它们分别来自哪里？

答：与凝汽器直接相连的疏水管共有 8 条，分别来自：冷凝收集器疏水管线（来自 MSCV-1 阀前）、MSCV-1 阀后疏水管线、CRV-1/2 阀前/后疏水管线、冷段再热管道疏水管线、密封蒸汽冷凝疏水管线、密封蒸汽调节阀外部疏水管线、再热疏水母管（来自 HRSG）、低压疏水母管。

7-141　为什么主、再热蒸汽管线的疏水不能并入低压疏水线母管中？

答：因为低压疏水母管的容量是有限的，当大量的主、再热蒸汽管线的疏水进入后，由于其所携带的热量相当大，即使有一定量的凝结水喷水减温，也可能使一些低压蒸汽母管的疏水不畅，如果喷入大量的凝结水的话，有可能使某些低蒸汽母管疏水不畅，甚至可能会出现凝结水倒入蒸汽母管的情况。

7-142　如果疏水量过大，凝汽器真空将如何变化？

答：如果疏水量过大的话，凝器的真空将会下降，因为疏水量过大，将导致凝汽器的凝结水温上升，从而导致凝汽器的排汽温度升高，所以凝汽器的真空也就相应降低了。

7-143 说明水环式真空泵启动和运行注意事项。

答：（1）泵出口分离器内要补充凝结水。

（2）泵出口分离器内水位要保持运行要求高度。

（3）冷却水要正常，降低水环温度。

（4）开启排气阀。

第六节 循环水及开式水系统

7-144 绘制S209FA型燃气-蒸汽联合循环热电联产机组的汽轮机循环水及开式水系统图。

答：S209FA型燃气-蒸汽联合循环热电联产机组的汽轮机循环水及开式水系统如图7-6所示。

7-145 介绍S209FA型燃气-蒸汽联合循环热电联产机组循环水及开式水系统主要设备规范。

答：循环水泵为立式混流泵，3台（二用一备），其单泵扬程为16.2mH_2O，流量为7.33m^3/s，双泵扬程为21mH_2O，流量为6.11m^3/s，转速为425r/min，功率为1600kW；循环水泵出口蝶阀为液控止回蝶阀，直径为1400mm，公称压力为0.6MPa；旋转滤网为全框架侧面进水；网板上升速度为3.7125m/min；冲洗水泵为离心泵，型号为150/125SQB200/50-45，2台（一用一备），流量为200t/h，扬程为50mH_2O，转速为1475r/min；机力冷却塔风机9台，转速（高速/低速）为1489/743r/min，功率（高速/低速）为185/60kW；胶球泵为离心泵，2台，流量为80t/h；收球网型号RZ13-III，规格2800×2000，收球率为98%，水阻MH_2O小于或等于0.5网格间距为8mm；开式水泵为双吸中开式离心泵，型号350LC-25，2台（一用一备），流量为4100t/h，扬程为13mH_2O，转速为740r/min；开式水自动滤水器型号DLS-1000，进出口管径为1000mm，工作压力为0.18MPa，过滤精度为2mm。

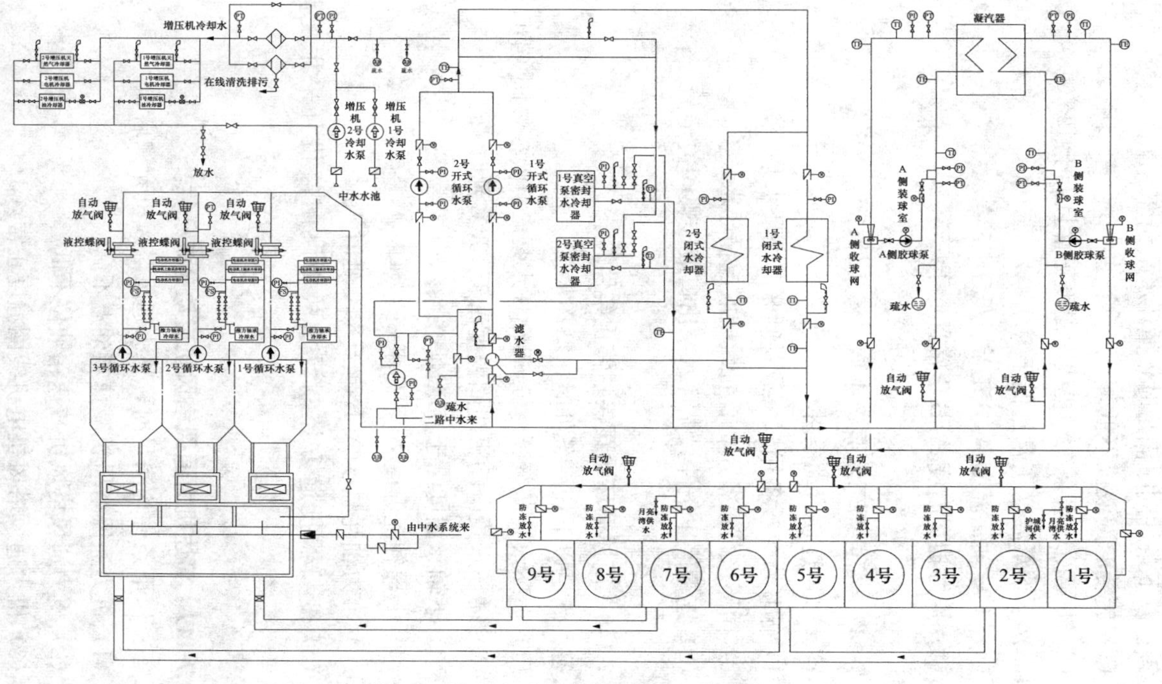

图7-6 循环水及开式水系统图

7-146　简述循环水泵允许启动条件。

答：以下条件同时满足时，循环水泵允许启动。

（1）旋转滤网液位不低。

（2）1号循环水泵电动机线圈温度正常且低于125℃。

（3）下轴承温度正常且低于90℃。

（4）上导轴瓦温度A/B正常且低于75℃。

（5）推力轴瓦温度A/B正常且低于75℃。

7-147　简述循环水泵连锁启、停条件。

答：（1）连锁启动条件。

1）循环水泵投备用，事故跳闸联起循环水泵。

2）循环水泵投备用，保护跳闸联起循环水泵。

（2）连锁停止条件，循环水泵出口液控蝶阀关至75°。

7-148　简述循环水泵保护停止条件。

答：满足以下任一条件时，循环水泵停止。

（1）循环水泵运行延时5s且循环水泵出口液控蝶阀关闭。

（2）循环水泵电动机线圈温度高于130℃延时4s。

（3）下轴承温度高于95℃延时4s。

（4）上导轴瓦温度A/B高于85℃延时4s。

（5）推力轴瓦温度A/B高于85℃延时4s。

（6）变频器投远方控制且重故障跳闸停机且采用变频方式。

7-149　简述机力通风塔风机启动允许条件。

答：以下条件均满足时，机力通风塔风机允许启动。

（1）机力通风塔风机减速箱油温不高。

（2）机力通风塔风机减速箱油位不低。

（3）机力通风塔风机电机线圈温度正常（3/3）。

7-150　简述机力通风塔风机保护停止条件。

答： 满足任一条件时，保护动作，机力通风塔停止。

（1）机力通风塔风机减速箱油温高高，延时4s。

（2）机力通风塔风机电动机线圈温度高二值延时4s（三取一）。

（3）机力通风塔风机减速箱油位低低，延时4s。

（4）机力通风塔风机振动高高，延时4s。

7-151　循环水及开式水系统投运前的准备和检查的项目有哪些？

答：（1）检查循环水及开式水系统检修工作已结束，循环水及开式水系统管道、阀门完好，现场清洁。

（2）检查系统中的各热工仪表在投入状态且工作正常。

（3）检查所有电动门电源正常，在“远控”位置，就地及DCS控制面板上无报警信号。

（4）按阀门卡检查确认系统阀门的位置正确。

（5）保持凝汽器循环水两侧出水电动蝶阀全开，将凝汽器循环水两侧进水电动蝶阀关至15%开度。

（6）检查凝汽器循环水侧放空门开启。

（7）检查机力冷却塔各相关阀门打开，系统导通，前池补水至正常水位。

（8）检查循环水系统电动机电缆及接线盒完好，接地线牢固，电动机及泵体地脚螺栓紧固，联轴器连接牢固。

（9）检查循环水泵油位正常，液控蝶阀油箱油位在2/3油位计以上。

（10）测旋转滤网、冲洗水泵、液控蝶阀油泵、排污泵、循环水泵、开式水泵电动机绝缘，合格后送上动力电源及控制电源。

7-152　简述循环水泵的启动步骤。

答：（1）先手动开启循环水泵出口液控止回阀，给循环水泵注水，注水完毕后关闭液控蝶阀并打至“远方”位，再顺序控制启动一台循环水泵。当出口液控蝶阀开15%信号出现后，在就地暂停启动，待凝汽器循环水侧排空阀有连续大量的水后（一般需要15min），再将循环水泵出口液控蝶阀开至全开位置，并将液控蝶阀“就地/远方”按钮切至“远方”。

（2）检查循环水泵声音，振动正常，油位在标线范围内，确认循环水泵电流，出口压力正常。

（3）检查循环水泵冷却水压力正常，DCS上冷却水流量低开关不报警。

（4）检查循环水系统无跑、冒、滴、漏。

（5）注水完毕后关闭凝汽器循环水侧排空阀，缓慢全开凝汽器循环水两侧进水电动蝶阀。

（6）将运行泵投自动，备用循环水泵投入连锁。

（7）通知化学检测循环水水质，投入加药系统。

7-153 简述开式循环水泵的启动步骤。

答：（1）检查循环水系统运行正常，系统压力正常。

（2）检查开式水泵入口压力正常。

（3）就地打开1号及2号开式泵出口电动门，开度为8%，开式水管道注水。

（4）检查1号、2号闭式水冷却器出口管道放空阀及增压机供水管道放空阀见连续水流后关闭。

（5）打开1号、2号开式泵泵体放空，见水后关闭。

（6）关闭1号、2号开式泵出口电动门，打至“远方”位。

（7）根据闭式水使用的冷却器情况，选择冷却器运行，检查其进出口阀开启；将另一台冷却器投备。

（8）检查DCS上1号、2号开式水泵状态显示正常，允许启动，顺控启动一台开式水泵。

（9）检查开式水泵声音，振动，出口压力，轴瓦温度正常。

（10）检查开式水管道无跑、冒、滴、漏。

(11) 将运行泵投自动，备用泵投入连锁，检查其出口电动门自动全开，就地无倒转现象。

7-154　循环水及开式水系统运行中的监视和检查的项目有哪些?

答: (1) 检查系统管道阀门无跑、冒、滴、漏现象。

(2) 检查循环水泵电流为 165～185A 为正常（额定 200.2A）。

(3) 检查出口母管压力。单台泵运行为 0.15～0.2MPa，两台泵运行为 0.2～0.24MPa 视为正常。

(4) 检查电动机轴承温度小于 85℃，推力轴承温度小于 75℃，线圈温度小于 125℃视为正常。

(5) 检查循环水泵冷却水投入正常，循环水泵冷却水滤网压差小于 0.05MPa，运行泵无冷却水压力低报警。

(6) 检查检查循环水泵电动机轴承油位正常，泵体及电动机无过热、无异常声响，振动位移合格小于 0.12mm。

(7) 检查出口液控蝶阀油压大于 9MPa 为正常。

(8) 检查开式冷却水泵电流正常为 24～29A（额定 28.8A）。

(9) 检查开式冷却水泵出口母管压力在 0.25～0.35MPa 为正常。

(10) 检查开式水泵电机轴承温度小于 85℃，线圈温度小于 130℃正常，振动位移小于 0.12mm。

(11) 检查开式冷却水泵泵体及电动机无过热、无异常声响；振动位移合格小于 0.12mm。

(12) 检查开式水自动滤水器运行正常。

(13) 检查前池液位在 4000～4400mm 为正常，旋转滤网前后水位差小于 300mm 为正常，

(14) 检查机力通风塔冷却风机运行正常，高速电流小于 334A 及低速电流小于 143A 为正常，

(15) 检查风机振动小于 6.8mm/s、齿轮箱油位大于

－5mm、齿轮箱油温小于82℃为正常。

（16）检查机力塔上塔门后淋水盘淋水正常，冬季无结冰。

（17）检查循环水水质合格，硬度小于15，PH值为8.3～8.5，浓缩倍率为2～3。

（18）检查循泵房雨水坑水位正常，排污泵投入正常。

（19）根据负荷及经济情况选择运行循环水泵及冷却塔风机个数。

7-155 简述冷却塔风机的启动步骤。

答：（1）开入口电动门。

（2）选择高速或低速方式。

（3）点启动并确认。

（4）投入软起并确认。

（5）检查高速/低速电流正常。

（6）检查风机振动，油位正常。

7-156 简述冷却塔风机的停运步骤。

答：（1）退出软起并确认。

（2）点停止并确认。

（3）根据运行方式选择是否关闭入口电动门。

7-157 如何切换循环水泵?

答：（1）检查循环水系统运行正常，各参数正常。

（2）检查备用泵具备启动条件。

（3）启动备用泵。

（4）启动后注意启动电流及电流能正常返回。

（5）检查母管压力正常。

（6）测量备用泵启动后的振动及温度正常。

（7）顺控停止原运行泵。

（8）检查母管压力正常及运行泵电流。

（9）检查原运行泵停止后无倒转现象，液控碟阀全关。

（10）将运行泵投自动，停运泵投入备用。

7-158　如何切换开式水泵?

答:（1）检查开式水系统运行正常，各参数正常。

（2）检查备用泵具备启动条件。

（3）启动备用泵。

（4）启动后注意启动电流及电流能正常返回。

（5）检查出口母管压力正常。

（6）测量备用泵启动后的振动及温度正常。

（7）就地关闭原运行泵出口电动门至5%～10%。

（8）手动停运原运行泵。

（9）检查出口母管压力正常。

（10）检查原运行泵停止后无倒转现象，否则全关其出口电动门。

（11）将运行泵投自动，停运泵投入备用。

7-159　简述循环水泵及开式水泵的停运步骤。

答:（1）机组在盘车状态下，确认当低压缸排汽温度低于57℃，且汽轮机各部汽缸的差胀正常，轴向位移、高中压缸上下缸温差及大轴晃动度正常。

（2）确认所有开式水用户已经具备停止供水条件。

（3）退出备用开式水泵连锁。

（4）在DCS上顺控停止开式水泵运行，检查出口阀全关。

（5）注意开式水泵惰走正常。

（6）汽缸最高缸温在200℃以下时，开式水泵停运后，环境温度允许条件下可停运循环水泵。

（7）在DCS上顺控停止循环水泵运行，检查液控蝶阀关闭正常。

（8）注意循环水泵惰走正常。

(9) 关闭循环水系统至化学取样、加药阀门。

(10) 机组正常运行时，其中一台开式水泵若需要停运，应将出口电动门就地关至5%～10%再停泵，防止该泵出口止回门不严影响开式水母管压力。

7-160　简述循环水及开式水系统前池液位下降较快的现象及原因是什么?

答: 循环水及开式水系统前池液位下降较快的现象为:

(1) 前池液位降低。

(2) 供水流量减少。

(3) 排污流量增大。

其原因为:

(1) 前池排污阀误开。

(2) 中水供水阀门有人误关。

(3) 管道泄漏或阀门阻塞。

(4) 中水公司厂外供水中断。

7-161　循环水及开式水系统前池液位下降较快应如何处理?

答: (1) 迅速关闭排污阀。

(2) 将误动阀门恢复正常。

(3) 管道泄漏或阻塞应通知检修人员尽快处理。

(4) 联系中水公司，是否厂外中水供水问题，尽快恢复供水。

(5) 若中水供水其中一路中断无法恢复，应将另一路供水增大，满足运行需要。

(6) 若两路供水均中断，可将综合水通过增压机冷却水泵打入前池，或将自来水注入前池，暂时维持水位，在水位持续下降情况下应减负荷直至停机。

7-162　造成循环水中断的现象及原因有哪些?

答: 现象为:

（1）循环水泵出口母管压力下降严重。

（2）闭式水水温高。

（3）凝汽器真空上升。

（4）运行泵跳闸报警。

原因为：

（1）前池液位低。

（2）循环水泵电气故障。

（3）人员误操作。

（4）循环水主管道破裂。

7-163　循环水中断应怎么办？

答：（1）机组迅速减负荷。

（2）迅速将前池液位补至正常。

（3）备用泵应联启，否则在 DCS 上手动启动。

（4）若无备泵的情况下循环水泵跳闸，确认无明显故障时可抢启一次，若抢启不成功，迅速减负荷或停机；若主管道破裂应停机处理。

7-164　简述循环水系统旋转滤网冲洗水泵的作用。

答：（1）当旋转滤网进出口水位差达 30mm，自动启动旋转网及冲洗水泵对滤网进行冲洗。

（2）当循环水母管无水时启动循环水系统，用冲洗水泵对母管进行充水。

7-165　循环水母管有哪些用户？

答：（1）1、2 号机组凝汽器冷却水。

（2）1、2 号机组闭冷却水冷却器。

（3）水处理系统补水。

7-166 简述正常运行中循环水泵监视、检查内容。

答：（1）循环水泵电动机电流、泵出口压力及出口母管压力。

（2）电动机外壳温度、定子线圈及铁芯温度。

（3）电动机上下轴承、止推轴承温度及轴承油室油位。

（4）电动机空冷器冷却水流量或供水情况。

（5）循环水泵轴端密封的工作情况及密封水压力。

（6）循环水泵进口旋转滤网清洁程度及进水舱水位、滤网水位差。

（7）循环水泵出口蝶阀的工作情况：碟阀行程、油箱油位、油压及油泵的运行情况。

7-167 循环水泵在“备用”位置时，应满足哪些条件？

答：（1）电动机上、下轴承油位正常，油质良好。

（2）循环水泵轴承密封冷却水门开启，密封水流量、压力正常。

（3）电动机冷却水供水正常，冷却水回水正常。

（4）循环水泵出口蝶阀在关闭位置，油箱油位正常，油泵在自动位置，碟阀控制开关投自动。

（5）循泵出口碟阀前自动放空气门活动正常，无卡涩。

（6）旋转滤网清洁，前舱闸板在提起状态，水位正常。

（7）工作循环水泵控制开关在“工作”位置，备用循环水泵控制开关在“备用”位置。

7-168 简述胶球清洗步骤。

答：（1）将收球网切至“收球”位置。

（2）开启胶球清洗泵进口电动阀。

（3）启动胶球清洗泵。

（4）开启胶球清洗泵出口电动阀。

（5）开启装球室出口电动阀。

（6）将装球室切换阀置“清洗”位置。

（7）检查胶球流动正常，注意凝汽器真空、端差等的变化。

（8）清洗 30min（根据需要可延长）。

7-169　简述胶球系统的启动步骤。

答：（1）在装球室装入 1200 粒胶球。

（2）检测胶球泵绝缘合格后，送电。

（3）打开胶球泵排空阀及入口阀，检查装球室水注满，关闭放空阀。

（4）打开胶球泵出口阀。

（5）在控制屏上手动启动胶球泵，选择出球模式。

（6）检查装球室出口电动阀打开，胶球泵运行正常。

7-170　简述胶球系统的停运步骤。

答：（1）选择收球模式，检查装球装置电动阀关闭。

（2）1h 后停止胶球泵。

（3）检查收球正常。

7-171　简述胶球收球步骤。

答：（1）将装球室切换阀置“收球”位置。

（2）开动扰动电动机（正转、反转切换操作）。

（3）收球 15min（根据需要可延长）。

（4）关闭胶球泵出口电动阀。

（5）停止胶球清洗泵。

（6）关闭胶球清洗泵进口电动阀。

（7）关闭装球室出口电动阀。

（8）开启装球室放水阀和放气阀，打开装球室上盖取球，并记录收球率。

（9）盖好装球室上盖，关闭装球室放水阀和放气阀。

（10）若收球率低于 90%，应重新收球。

7-172 循环水系统防冻剂的浓度过低或过高的危害是什么？

答：如果防冻剂的浓度过低，在冬天会有冰塞的危险，损坏冷却系统设备。如果防冻剂的浓度过高，在夏天非常热的日子里会降低系统的冷却能力，导致润滑系统流体过热，很可能会使燃气轮机因润滑油温高而跳机。

第七节 闭式循环冷却水系统

7-173 闭式循环冷却水系统主要冷却部件有哪些？

答：主要部件有：润滑油冷却器、给水泵冷却器、给水泵电机冷却器、给水泵稀油站冷却器、发电机氢气冷却器、水室真空泵冷却器、汽室真空泵冷却器、燃气轮机火焰监测器和支腿冷却器、高温高压及仪表架冷却器、仪表盘冷却器、LCI 冷却器、氢气干燥器、凝结水泵轴承冷却、低压省煤器循环泵冷却器、空压机等。

7-174 闭式循环冷却水系统充水包括哪些？

答：闭式循环冷却水系统充水包括：

（1）闭冷水箱充水。

（2）闭冷水回水母管充水。

（3）闭式循环冷却水泵泵体充水。

（4）闭冷水泵出口母管充水。

（5）闭冷水冷却器充水。

（6）冷却器进口母管充水。

（7）冷却器充水及冲洗

7-175 闭式水系统投运前的准备和检查工作有哪些？

答：（1）检查闭式水系统检修工作已结束，闭式水系统管道、阀门完好，现场清洁。

(2) 检查系统中的各热工仪表在投入状态且工作正常。

(3) 检查除盐水补水系统能正常投运。

(4) 检查闭式水系统所有电动门电源正常，在“远控”位置，就地及DCS控制面板上无报警信号。

(5) 按阀门卡检查确认系统阀门的位置正确。

(6) 检查闭式冷却水泵电动机电缆及接线盒完好，接地线牢固，电动机及泵体地脚螺栓紧固，联轴器连接牢固。

(7) 测闭式水泵电动机绝缘合格后，送控制、动力电源。

7-176 简述闭式冷却水系统的启动步骤。

答：(1) 检查闭冷水水箱水位正常，将水箱补水门投自动。

(2) 关闭闭冷水泵甲、乙出口门，打开泵顶部放空门，排尽空气后将其关闭。

(3) 启动一台闭式冷却水泵，缓慢开启工作泵出口门。检查工作泵电流、出口压力、振动、轴承温度、电动机温度等正常。备用泵投“联动”。

(4) 检查闭冷水冷却器工作正常，压力不高于0.6MPa。正常运行当中一台闭冷水冷却器工作，另一台备用。

(5) 检查各个冷却器工作正常，将润滑油冷却器进口三通阀投自动。

7-177 简述闭式冷却水系统的停止步骤。

答：(1) 解除闭冷水泵的联动开关，解除膨胀水箱的水位自动，关闭水箱补水门。停运运行的闭式冷却水泵并检查其出口压力到零，泵出口门自动关闭。

(2) 若机组停运时间较长，可将系统的存水放尽，关闭到系统的补水及进水阀，开启管道、闭式循环膨胀水箱放水阀放尽存水。

(3) 如果机组需要进行检修，则在停泵前需对冷却器进行磅压查漏，查漏结束后停泵。

7-178　闭式水冷却水系统运行中的监视和检查的项目有哪些？

答：（1）检查系统管路、阀门位置正常，无跑、冒、滴、漏现象。

（2）检查运行闭式冷却水泵电流为 48～55A（额定值 58A）视为正常。

（3）检查闭式冷却水泵母管压力 0.3～0.4MPa 为正常。

（4）检查闭式水水温小于 38℃。

（5）检查电机轴承温度小于 85℃，线圈温度小于 130℃为正常。

（6）检查闭式冷却水泵电动机轴承油位正常，泵体及电动机无过热、无异常声响，振动位移合格且小于 0.10mm。

（7）检查备用泵处于良好备用状态。

（8）检查膨胀水箱水位 800～1000mm 正常，补水调阀自动正常，设定值 900mm。

（9）检查闭式水各用户冷却水调节阀投自动正常，设定温度 40℃。

（10）检查闭式水水质合格。

7-179　简述闭冷水泵自启动条件。

答：当下列条件全部满足时，闭式冷却水泵可自启动。

（1）备用闭冷水泵启动条件满足。

（2）运行闭冷水泵跳闸或运行泵启动 10s 后出口压力低于 0.53MPa。

（3）连锁开关投入。

7-180　闭式冷却水的 pH 值应该控制在多少？

答：闭式冷却水的 pH 值应控制在 8.5～10。

7-181　简述闭式水冷油器的切换过程。

答：（1）检查备用冷却器闭式水侧已投入。

（2）检查备用冷却器出口门在开位。

（3）稍开备用定子冷却水侧放空门，见水后关闭。

（4）缓慢打开备用冷却器入口门。

（5）注意定子冷却水供水流量保持稳定，直至全开入口门。

（6）检查备用冷却器出口温度正常。

（7）缓慢关闭原冷却器入口门。

（8）检查定子冷却水供水流量正常。

7-182　在更换闭式冷却水的防冻剂或抑制剂时应该注意什么？

答：（1）加入新冷却液前，系统应该彻底冲刷，有可能的话还应清洗，要听从防腐剂供应商的建议。

（2）为维持系统化学特性，要听从防腐剂供应商的建议，要监控 pH 值，并使用与防冻和防腐剂相配合的化学药剂维持该值。有些防腐剂具有 pH 染色指示，当 pH 值不对时就会变颜色。染色会受到所使用防冻剂的影响，使颜色变化被罩住看不清。

（3）对含商用防腐剂的系统，不要添加防腐剂，因为商用防冻剂本身带有防腐成分，不能确保两者兼容。特殊情况下的一些防腐剂与非美国制造的商用防冻剂中使用的防腐成分是不兼容的。

（4）确保防冻剂和防腐剂与系统材质兼容，碳钢，铜，铜合金和不锈钢。

7-183　闭式循环冷却水系统一般要经过哪些处理？

答：一般要经过防冻剂，防腐剂，杀虫剂，中和剂的处理。

7-184　GE 燃气轮机闭式冷却系统防腐剂主要有哪两类？

答：主要分为：铜合金防腐剂和低碳钢防腐剂。

7-185　闭式水系统膨胀水箱液位降低的现象及原因有哪些？应如何处理？

答：（1）膨胀水箱液位降低的现象。

1）膨胀水箱液位降低。

2）闭式水入口压力降低。

3）闭式水母管压力下降。

（2）原因：

1）补水调阀故障。

2）系统管道破裂泄漏。

3）系统疏水或放空误开。

4）开闭式水热交换器泄漏。

5）除盐水供水压力不足。

（3）处理方法：

1）将水箱补至正常液位。

2）检查系统，查找泄漏点。

3）将误开疏水或放空恢复正常。

4）切开闭式水换热交换器，对原热交换器进行试压，找到泄漏点。

5）增大除盐水供水母管压力。

7-186　闭式水系统膨胀水箱液位升高的现象及原因有哪些？应如何处理？

答：闭式水系统膨胀水箱液位升高的现象为：

（1）膨胀水箱液位升高。

（2）供水调阀未关。

原因为：

（1）补水调阀故障。

（2）旁路补水手动门误开。

处理方法为：

（1）关闭补水调节阀前后手动门，维修补水调节阀。

（2）关闭补水旁路手动门。

7-187　闭式水供水母管压力低的现象及原因有哪些？应如何处理？

答： 闭式水供水母管压力低的现象：

（1）闭式水母管压力低。

（2）闭式冷却水泵电流异常。

其原因为：

（1）运行泵工作不正常。

（2）系统泄漏，排污放空阀门误开。

（3）入口滤网堵。

（4）闭式水系统积气。

处理方法为：

（1）及时启动备用泵。

（2）查找泄漏点，关闭误开的排污或放空。

（3）若是滤网堵塞造成闭式冷却水泵进水量不足应切泵清理滤网。

（4）加强补排水，放尽系统中的残气。

若运行泵故障，切换后及时处理。

第八节　汽轮机的调节与保护

7-188　简述EH系统工作原理。

答： 数字式电液调节系统（简称DEH），其液压调节系统（简称EH）的控油为14MPa的磷酸酯抗燃液，而机械保安油为0.7MPa的低压透平油，系统有一个独立的高压抗燃油供油装置。每一个进汽阀门均有一个执行机构控制其开关，其中高、中压主汽阀执行机构为开关型两位式执行机构，高、中压调节阀执行机构、低压油动机为伺服式执行机构，可以接受来自于DEH控制系统的±40mA的阀位控制信号，控制其开度，所有阀门执行机构的工作介质均为高压抗燃油。其中高、中压主汽阀执行机构、中压调节阀执行机构为单侧进油，即靠油缸液压力开启阀门，靠弹簧力关闭阀门。而高压调节阀执行机构、低压油动机为双侧进油，低压油动机完全靠高压抗燃油开关，而高压调节阀执行机构靠油缸液压力开启阀门，靠油缸液压力和弹簧力关闭阀门。

起机时首先通过挂闸电磁阀使危急遮断器滑阀复位，并通过ETS系统将AST电磁阀挂闸，然后由DEH开启高、中压主汽阀，全开后，高、中压调节阀执行机构、低压油动机接受DEH的阀位指令信号开启相对应的蒸汽调节阀门，从而实现机组的启动、升速、并网带负荷。

在超速保护系统中布置有两个并联的超速保护电磁阀（20-1/OPC、20-2/OPC），当机组转速超过103%额定转速时或机组甩负荷时，该电磁阀得电打开，速度关闭各调节汽门，以限制机组转速的进一步飞升。

在保安系统中配置有一只飞锤式危急遮断器和危急遮断器滑阀，危急遮断器滑阀和危急遮断器杠杆的工作介质为0.7MPa透平油，当转速达到101%～110%额定转速时，危急遮断器的撞击子飞出击动危急遮断器杠杆，拨动危急遮断器滑阀，泄掉薄膜阀上腔的保安油，使EH系统危急遮断（AST）母管的油泄掉，从而关闭所有的进汽阀门，进而实现停机。除此之外在EH系统中还布置有四个逻辑关系为两“或”一“与”的自动停机（20-1、2、3、4/AST）电磁阀，能接受各种保护停机信号，遮断汽轮机。

7-189　简述EH油系统执行机构。

答：执行机构分为两大类，一类为开关型，另一类为伺服型。伺服型又分为双侧进油执行机构和单侧进油执行机构，本EH油系统机构中属开关型的有左、右中压主汽阀执行机构各一只，左、右高压主汽阀执行机构各一只；本机EH系统执行机构中属伺服型的有高压调节阀执行机构2台，中压调节阀执行机构 2 台、低压油动机 1 台。

7-190　什么是抗燃油再生装置？

答：抗燃油再生装置是保证液压控制系统油质合格的必不可少的部分，当油液的清洁度、含水量和酸值不符合要求时，应启用再生装置，可以改善油质。EH 供油装置所配套的再生装置有三个滤芯，其中一个为硅藻土滤芯用以调节三芳基磷酸酯抗燃液的理化特性，去除水分及降低抗燃液的酸值；另两个滤芯用于对抗燃液中的颗粒度进行调整。在每一个滤芯的外壳上均有一个差压指示器。当滤芯污染程度达到设计值时，表明滤芯需要更换。硅藻土、波纹纤维滤器，以及精密滤器均为可调换式滤芯，关闭相应的阀门，打开过滤器壳体的上盖即可调换。

7-191　EH 油系统投运前的准备和检查项目有哪些？

答：（1）检查 EH 油系统检修工作已结束，EH 油系统管道、阀门完好，现场清洁。

（2）检查系统中的各热工仪表在投入状态且工作正常。

（3）检查闭式冷却水系统投入正常。

（4）检查 EH 油箱油位正常。

（5）检查蓄能器已充氮气正常。

（6）按阀门卡检查确认系统阀门的位置正确。

（7）检查 EH 油系统电动机电缆及接线盒完好，接地线牢固，电动机及泵体地脚螺栓紧固，联轴器连接牢固。

（8）对两台 EH 油泵、冷却油泵及一台再生泵检测绝缘，合格后，电源正常投入。

7-192　EH 油系统的启动步骤。

答：（1）启动 EH 油箱电加热器，加热油温到 40℃以上。

（2）检查 EH 油泵出口泄放阀关闭。

（3）在 DCS 界面上启动 EH 油泵。

(4) 检查电动机电流返回正常、出口压力正常。

(5) 检查泵与电动机振动、温度正常，无异音。

(6) 检查 EH 油管道无跑、冒、滴、漏。

(7) 检查 EH 油箱油温油位都正常。

(8) 检查冷却水投入正常。

(9) 将运行泵投自动，备用泵投入连锁。

(10) 通知化学化验油质，根据需要投入再生装置和滤油装置。

(11) 启动再生装置。

1) 检查各阀门状态正常。

2) 在就地控制上启动再生泵。

3) 检查再生泵振动、温度正常，无异音。

4) 检查再生泵出口压力正常，各过滤器前后压差正常。

7-193 EH 油系统运行中的监视和检查的项目有哪些?

答: (1) 检查系统管路、阀门位置正常，无跑、冒、滴、漏现象。

(2) 检查 EH 油泵电流为 33～37A（额定值 103A）视为正常。

(3) 检查 EH 油泵入口压力在绿色区域，EH 油泵母管压力为 12.5～14.5MPa。

(4) 检查 EH 油油箱温度 40～55℃。

(5) 检查 EH 油箱油位正常 450～550mm

(6) 检查薄膜阀压力（0.7～0.9MPa）正常。

(7) 检查 EH 油泵泵体及电动机无过热、无异常声响，振动位移合格且小于 0.08mm。

(8) 检查冷却油泵泵体及电动机无过热、无异常声响，振动位移合格且小于 0.08mm。

(9) 检查 EH 油再生泵泵体及电动机无过热、无异常声响；振动位移合格且小于 0.08mm。

（10）检查 EH 备用油泵，备用冷却油泵处于良好备用状态。

（11）检查 EH 油真空滤油装置运行正常，真空泵油位 1/2 以上。

（12）检查 EH 油油质合格。

7-194 如何进行 EH 油泵的切换？

答：（1）检查 EH 油系统运行正常，各参数正常。

（2）检查备用泵具备启动条件。

（3）启动备用泵。

（4）启动后注意启动电流及电流能正常返回。

（5）检查母管压力正常。

（6）测量备用泵启动后的振动及温度正常，无异音。

（7）手动停运原运行泵。

（8）检查母管压力及泵运行电流正常。

（9）检查原运行泵停止后无倒转现象，否则全关其出口手动门。

（10）将运行泵投自动，停用泵投入备用。

7-195 简述 EH 油系统的停运步骤。

答：（1）确认汽轮机停运 72h 以上。

（2）确认 EH 油无用户。

（3）停运 EH 油泵。

7-196 EH 油泵跳闸应如何处理？

答：（1）运行 EH 油泵跳闸，备用 EH 油泵自动投入。

1）复置联动 EH 油泵“启动”按钮及跳闸 EH 油泵“停用”按钮，解除 EH 油泵连锁。

2）就地检查联动泵运行情况，联系维修人员对跳闸泵进行检查。

3）跳闸泵经检查、处理正常后恢复备用，投入连锁开关。

（2）EH 油泵跳闸，备用 EH 油泵未自动投入。

1）迅速抢合备用 EH 油泵，检查母管压力应恢复正常；就地检查联动泵运行情况，联系维修人员对跳闸泵进行检查。

2）若抢合备用 EH 油泵未成功，或无备用 EH 油泵，在跳闸 EH 油泵无明显故障的情况下可抢合跳闸泵一次，抢合不成功，应：

a. 立即联系有关人员对 EH 油泵进行检查、尽快恢复。

b. 加强对机组运行情况及有关参数的监视。

c. EH 油压力下降至 9.8MPa，保护应动作跳机，否则应立即紧急停机。

7-197 EH 油压力下降应如何处理?

答:（1）应立即检查运行 EH 油泵进出口滤网、溢油阀情况。若 EH 油泵进口或出口滤网堵，立即切换至备用液压油泵运行，并联系检修人员清洗或更换滤网；若溢油阀内漏，联系检修进行调整。

（2）若备用泵出口止回门不严，立即关闭备用泵出口门，联系检修处理。

（3）若 EH 油系统漏油，应立即采取措施堵漏或将漏点隔离，严密监视油压、油位，汇报值长及有关领导。

（4）EH 油箱油位过低应联系维修人员加油。

（5）EH 油压力降至 11.2MPa，备用 EH 油泵应联动，否则应立即启动备用 EH 油泵。

（6）若是 EH 油泵跳闸引起油压下降，按“EH 压油泵跳闸”事故处理。

（7）EH 油压力下降至 9.8MPa，保护应动作跳机，否则应立即故障停机。

7-198 EH 油箱油位下降应如何处理?

答:（1）EH 油箱油位降至报警值，发出“EH 油油位低 I

值”报警，此时应立即就地检查油位，确认油位下降，立即联系维修人员加油，迅速查找油位下降原因。

（2）若 EH 油系统管道阀门漏油，立即采取措施隔离或堵漏，并汇报值长及有关领导。

（3）若 EH 油箱油位自动下降至某一值后不再下降，应检查蓄能器胶囊是否破裂、胶囊内 N_2 气压力是否过低。

（4）密切注意 EH 油压力的变化。

7-199　汽轮机油系统的作用是什么？

答： 汽轮机油系统有以下作用：

（1）向机组各轴承供油，以便润滑和冷却轴承。

（2）供给调节系统和保护装置稳定充足的压力油，使其正常工作。

（3）供应各传动机构润滑用油。

根据汽轮机油系统的作用，一般将油系统分为润滑油系统和调节（保护）油系统两个部分。

7-200　为什么要将抗燃油作为汽轮发电机组油系统的介质？其有什么特点？

答： 随着机组功率和蒸汽参数的不断提高，调节系统的调节汽门提升力越来越大，提高油动机的油压是解决调节汽门提升力增大的一个途径。但油压的提高、容易造成油的泄漏，普通汽轮机油的燃点低，容易造成火灾。抗燃油的自燃点较高，即使落在炽热高温蒸汽管道表面也不会燃烧，抗燃油还具有使火焰不能维持及传播的特性，从而大大减小了火灾对电厂威胁，因此将抗燃油作为汽轮发电机组油系统的介质。

抗燃油的最大特点是其抗燃性，但也有它的缺点，如抗燃油有一定的毒性，价格昂贵，黏温特性差（即温度对黏性的影响大）。因此一般将调节系统与润滑系统分成两个独立的系统。调节系统用高压抗燃油，润滑系统用普通汽轮机油。

7-201 主油箱的容量是根据什么决定的？什么是汽轮机油的循环倍率？

答：汽轮机主油箱的储油量决定于油系统的大小，应满足润滑及调节系统的用油量。机组越大，调节、润滑系统用油量越多，油箱的容量也越大。

汽轮机油的循环倍率等于每小时主油泵的出油量与油箱总油量之比，一般应小于12。如果循环倍率过大，汽轮机油在油箱内停留时间少，空气、水分来不及分离，致使油质迅速恶化，缩短油的使用寿命。

7-202 汽轮机的润滑油压是根据什么来确定？

答：汽轮机润滑油压根据转子的质量、转速、轴瓦的构造及润滑油的黏度等，在设计时应计算出来，以保证轴颈与轴瓦之间能形成良好的油膜，并有足够的油量来冷却，因此汽轮机润滑油压一般取0.12～0.15MPa。

润滑油压过高可能造成油挡漏油，轴承振动。油压过低使油膜建立不良，甚至发生断油损坏轴瓦。

7-203 汽轮机油箱为什么要装排油烟风机？

答：油箱装设排油烟风机的作用是排除油箱中的气体和水蒸气。这样一方面使水蒸气不在油箱中凝结；另一方面使油箱中压力不高于大气压力，使轴承回油顺利地流入油箱。

反之，如果油箱密闭，那么大量气体和水蒸气积在油箱中产生正压，会影响轴承的回油，同时易使油箱油中积水。

排油烟风机还有排除有害气体使油质不易劣化的作用。

7-204 油箱底部为什么要安装放水管？

答：汽轮机运行中，由于轴封漏汽大、水冷发电机转子进水法兰漏水过多等原因，使汽轮机油中带水，带有水分的油回到油箱后，因为水的比重大，水与油分离后会沉积在油箱底部。

因此油箱底部都装有放水管，用来及时排除这些水可避免已经分离出来的水再与油混合使油质劣化。

7-205　汽轮机油油质劣化有什么危害?

答：汽轮机油质量的好坏与汽轮机能否正常运行关系密切。油质变坏会使润滑油的性能和油膜力发生变化，造成各润滑部分不能很好润滑，会使轴瓦乌金熔化损坏；还会使调节系统部件被腐蚀、生锈卡涩，导致调节系统和保护装置动作失灵，产生严重后果。因此必须重视对汽轮机油质量的监督。

7-206　什么是汽轮机油的黏度?黏度指标是多少?

答：黏度是判断汽轮机油稠和稀的标准。黏度大，油就稠，不容易流动；黏度小，油就稀、薄容易流动。黏度以恩氏度作为测定单位，常用的汽轮机油黏度为恩氏度为2.9～4.3。黏度对于轴承润滑性能影响很大，黏度过大轴承容易发热，过小会使油膜破坏。油质恶化时，油的黏度会增大。

7-207　为什么汽轮机轴承盖上必须装设通气孔和通气管?

答：一般轴承内呈负压状态，通常是因为从轴承流出的油有抽吸作用所造成的。由于轴承内形成负压，促使轴承内吸入蒸汽并凝结水珠。为避免轴承内产生负压，在轴承盖上设有通气孔或通气管与大气连通。在轴承盖上设有通气管也可起着排除轴承中汽轮机油由于受热产生的烟气的作用，使轴承箱内压力低于大气压。运行中应注意通气孔保持通畅防止堵塞。

7-208　汽轮机调节系统的任务是什么?

答：汽轮机调节系统的基本任务是：在外界负荷变化时，及时地调节汽轮机的功率以满足用户用电量变化的需要，同时保证汽轮机发电机组的工作转速在正常允许范围之内。

7-209 调节系统一般应满足哪些要求？

答： 调节系统应满足以下要求。

（1）当主汽门全开时，能维持空负荷运行。

（2）由满负荷突降到零负荷时，能使汽轮机转速保持在危急保安器（ETS保护）动作转速以下。

（3）当增、减负荷时，调节系统应动作平稳，无晃动现象。

（4）当危急保安器（ETS保护）动作后，应保证高、中压主汽门、调节汽门迅速关闭。

（5）调节系统速度变动率应满足要求（一般在4%～6%），迟缓率越小越好，一般应在0.5%以下。

7-210 汽轮机调节系统一般由哪几个机构组成？

答： 汽轮机的调节系统根据其动作过程，一般由转速感受机构、传动放大机构、执行机构、反馈装置等组成。

7-211 汽轮机调节系统各组成机构的作用分别是什么？

答：（1）转速感受机构。感受汽轮机转速变化，并将其变换成位移变化或油压变化的信号送至传动放大机构。按其原理分为机械式、液压式、电子式三大类。

（2）传动放大机构。放大转速感受机构的输出信号，并将其传递给执行机构。

（3）执行机构。通常由调节汽门和传动机构两部分组成。根据传动放大机构的输出信号，改变汽轮机的进汽量。

（4）反馈装置。为保持调节的稳定，调节系统必须设有反馈装置，使某一机构的输出信号对输入信号进行反向调节，使得调节过程稳定。反馈一般有动态反馈和静态反馈两种。

7-212 什么是调节系统的静态特性和动态特性？

答： 调节系统的工作特性有两种：即动态特性和静态特性。在稳定工况下，汽轮机的功率和转速之间的关系即为调节系统的静态特性。从一个稳定工况过渡到另一个稳定工况的过渡过程的特性叫做调节系统的动态特性，是指在过渡过程中机组的功率、转速、调节汽门的开度等参数随时间的变化规律。

7-213　什么是调节系统的静态特性曲线？对静态特性曲线有何要求？

答：调节系统的静态特性曲线即在稳定状态下其负荷与转速之间的关系曲线。

调节系统静态特性曲线应该是一条平滑下降的曲线，中间不应有水平部分，曲线两端应较陡。如果中间有水平部分，运行时会引起负荷的自发摆动或不稳定现象。曲线左端较陡，主要是使汽轮机容易稳定在一定的转速下进行发电机的并列和解列，同时在并网后的低负荷下还可减少外界负荷波动对机组的影响。右端较陡是为使机组稳定经济负荷，当电网频率下降时，使汽轮机带上的负荷较小，防止汽轮机发生过负荷现象。

7-214　什么叫调节系统的速度变动率？对速度变动率有何要求？

答：从调节系统静态特性曲线可以看到，单机运行从空负荷到额定负荷，汽轮机的转速由 n_2 降低到 n_1，该转速变化值与额定转速 n_0 之比称之为速度变动率，以 δ 表示。即

$$\delta=(n_2-n_1)/n_0\times 100\%$$

δ 较小的调节系统具有负荷变化灵活的优点。适用于担负调频负荷的机组；δ 较大的调节系统负荷稳定性好，适用于担负基本负荷的机组；δ 太大，则甩负荷时机组容易超速；δ 太小的调节系统可以出现晃动，故一般取 4%～6%。

速度变动率与静态特性曲线越陡，则速度变动率越大，反之则越小。

7-215 什么是调节系统的迟缓率？

答：调节系统在动作过程中，必须克服各活动部件内的摩擦阻力，同时由于部件的间隙，重叠度等影响，使静态特性在升速和降速时并不相同，变成两条几乎平行的曲线。换句话说，必须使转速多变化一定数值，将阻力、间隙克服后，调节汽门反方向动作才刚刚开始。同一负荷下可能的最大转速变动 Δn 和额定转速 n_0 之比叫做迟缓率。通常用字母 ε 表示，即

$$\varepsilon = \Delta n/n_0 \times 100\%$$

7-216 调节系统迟缓率过大对汽轮机运行有什么影响？

答：调节系统迟缓率过大造成对汽轮机运行有以下影响：

（1）在汽轮机空负荷时，由于调节系统迟缓率过大，将引起汽轮机的转速不稳定，从而使并列困难。

（2）汽轮机并网后，由于迟缓率过大，将会引起负荷的摆动。

（3）当机组负荷骤然甩至零时，因迟缓率过大，使调节汽门不能立即关闭，会造成转速突升，致使危急保安器（ETS保护）动作。如危急保安器有故障不动作，那就会造成超速飞车的恶性事故。

7-217 为什么调节系统要做动态及静态特性试验？

答：调节系统动态特性试验的目的是测取甩负荷时转速飞升曲线，以便准确地评价过渡过程的品质，改善调节系统的动态调节品质。

调节系统静态特性试验的目的是测定调节系统的静态特性曲线、速度变动率、迟缓率，全面了解调节系统的工作性能是否正确、可靠、灵活；分析调节系统产生缺陷的原因，以正确地消除缺陷。

7-218 何谓调节系统的动态特性试验？

答：调节系统的动态特性是指从一个稳定工况过渡到另一

个稳定工况的过渡过程的特性，即在此过程中汽轮机组的功率、转速、调节汽门开度等参数随时间的变化规律。汽轮机满负荷运行时，突然甩去全负荷是最大的工况变化，此时汽轮机的功率、转速、调节汽门开度变化最大。只要该工况变动时，调节系统的动态性能指标满足要求，其他工况变动也就能满足要求，因此动态特性试验是以汽轮机甩全负荷为试验工况，即甩全负荷试验就是动态特性试验。

7-219　电磁超速保护装置的结构是怎样的？

答：电磁超速保护装置结构有两种形式。

一种是上半部为电磁铁，下半部为套筒和滑阀，在正常运行中滑阀将放大器来的二次油堵住，当电磁铁动作时滑阀芯杆上移，将二次油从回油孔排掉。

另一种是电磁加速器控制阀（简称电磁阀）。上部为电磁铁，下部为控制活塞，正常运行时活塞将校正器和放大器来油与高、中压油动机油路接通。当电磁铁动作时，活塞将校正器和放大器的来油口关闭，而将高、中压油动机的油路与排油接通，使高、中压调节汽门同时关闭。当电磁阀线圈电源中断后，靠弹力和重力使活塞下落，校正油压和二次油压重又恢复，使高、中压调节汽门恢复到较低位置的开度。

7-220　电液调节系统的基本工作原理是怎样的？

答：电液调节装置是一个以转速信号作为反馈的调节系统。转速信号来自安装在汽轮机轴端的磁阻发送器（或测速发电机）。将被测轴的转速转换成相应的频率电信号，线性地转换成电压输出，通过运算放大器与转速给定值综合比较，并将其差值放大。这一代表转速偏差的电量又在下一级运算放大器中与同步器给出的电压偏量综合，然后作为电调的总输出。经过电液转换器将这一输出电量线性地转换成油压量。最后由控制执行机构，即高、中压油动机来改变高、中压调节汽门开度，对汽轮机转速进行自动调节。

7-221 汽轮机为什么必须有保护装置?

答: 为了保证汽轮机设备的安全，防止设备损坏事故的发生，除了要求调节系统动作可靠以外，还应该具有必要的保护装置，以便汽轮机遇到调节系统失灵或其他事故时，能及时动作，迅速停机，避免造成设备损坏等事故，因此汽轮机必须有保护装置。

保护装置本身应特别可靠，并且汽轮机容量越大，造成事故的危害越严重，因此对保护装置的可靠性要求就越高。

第八章

燃气-蒸汽联合循环发电设备的运行

第一节　燃气轮机启动和停运通则

8-1　燃气轮机运行具有哪些特点？

答：燃气轮机运行具有以下特点：

（1）在高温、高转速下运行，不能超温，不能超速，不能超振，能安全运行。

（2）启动速度快，加载和减载运行工况速度变化快，热冲击剧烈，适用于调峰运行。

（3）燃气轮机出力随环境温度、大气条件而变化，且功率、热效率等性能参数变化较大。

（4）先进的自动控制系统。

8-2　什么是燃气轮机启动？

答：燃气轮机启动指机组从静止零转速状态加速达到全速空载、并网、带至满负荷的过程。通常分为正常启动和快速启动。

8-3　燃气轮机的运行方式有哪些？如何根据年启动次数、年运行时间等参数来区分？

答：运行方式有：应急型、尖峰负荷型、中间负荷型和基本负荷型。运行方式分类表见表8-1。

表 8-1 燃气轮机运行方式分类表

类型		应急型	尖峰负荷型	中间负荷型	基本负荷型
使用指标	工作时间（h/年）	＜500	500～2000	2000～6000	＞6000
	启动次数（次数/年）	＞500	100～500	20～100	＜20
工况	连续运行时间（h/次）	＜1	1～20	20～300	＞300
	启动和加载时间（min）	＜5	＜25	＜35	＜40

8-4 燃气轮机选用的启动装置有哪些？主要作用是什么？

答：燃气轮机选用的启动装置有：柴油机、交流电机和变频马达。

主要作用为：用于产生足够大扭矩将燃气轮机脱离静止状态，当启动装置带动燃气轮机转动，当透平功率足以维持压气机消耗的功率时，启动装置脱扣。

8-5 简述重型燃气轮机应用的典型的运行方式。

答：重型燃气轮机应用的典型运行方式一般有三种。即调峰运行、周期性重型运行和连续重型运行。

(1) 调峰运行机组有相对较高的启动周波且每次启动时间较短。运行遵从季节需要。调峰机组一般经历多次冷态启动。

(2) 周期性重型运行机组每天启动，仅在周末时停运。典型的是每次启动时间为 12～16h，大多数启动时会使转子达到温态条件。冷态启动一般只是在检修停机或周末两天停机后的启动。

(3) 连续重型运行的使用每次启动时间很长，大多数启动是冷态的，因为停机通常是被迫检修停机。由于多为冷态启动，总的启动次数不多。

8-6 简单叙述燃气轮机的启动步骤。

答：(1) 启动前的检查、准备阶段，确认设备具备启动条件。

（2）启动盘车。盘车至少连续运行 1h，检查动静部分有无摩擦和异声。

（3）冷拖、清吹。启动装置带动转子升速。清吹指点火前用空气吹扫机组内可能漏入的燃料气或积油产生的油雾。冷拖用于机组启动失败时，或停机和熄火后，用于冷却机组和吹掉燃烧室内积油。

（4）点火、暖机。点火转速通常为额定转速的 15%～20%。

（5）升速。启动机帮助机组转速达到 50%～60%后，脱扣。

（6）加速至空载工况。

（7）并网带负荷。

8-7　什么是假启动？

答：假启动是指当燃气轮机检修后，为检查机组或燃料系统的密封性和工作情况，当启动机带动燃气轮机到达燃油喷油点火转速时，只让燃油系统喷油而不点火（切除点火电源开关）。

8-8　为实现快速启动应做哪些调整？

答：为实现快速启动应做以下调整：

（1）重新调整点火转速信号的触发值，使其在 10%～12%n_0（额定转速）提前动作，进行点火。

（2）减少或取消暖机时间。

（3）提高升速时 FSR 的上升速率。

（4）提高排气温度上升速率，由 2.8℃/s 改为 8.4℃/s。

（5）提高机组加速率限值，典型值由 1% n_0/s 改为 2% n_0/s。

快速启动对机组寿命不利，除加载过程外，机组启动过程和正常启动相同。

8-9　燃气轮机首次投运或大修后开机时的注意事项有哪些？

答：需要记录从启动到稳定运行的性能参数和相关重要数据，并将这些数据作为机组的基准数据。另外，还应注意以下事项：

（1）若机组点火失败，第二次点火前必须进行清吹。

（2）观察启动机的脱扣转速和怠速运行时间。

（3）观察停机过程中各个辅机投退情况。

（4）注意观察转速继电器动作转速是否与整定值一致。

（5）注意升速过程中可转导叶的动作情况。

（6）注意观察升速过程中排烟温度和振动值分布情况。

（7）观察燃料行程基准 FSR 在整个启动过程中的变化情况。

（8）机组空载满速后，进入轮机间检查火焰筒、联焰管、透平集合面、防喘阀的波纹管结合面有无漏气现象，检查各燃油管路和单向阀有无漏油现象。

（9）检查各个轴承温度和回油温度是否正常。

8-10　燃气轮机运行过程中对重要数据的检查和记录有哪些要求？

答：要求有：

（1）每隔 1h 记录机组重要数据，观察其在规定范围内，观察运行中的数据变化和数据之间的相互关系。

（2）在每天规定的时间内对机组的全系统进行巡视检查，跟踪机组运行参数的变化，及时发现问题并处理。

（3）对运行数据归纳整理并比较，分析参数变化规律，有助于制定机组维修计划，预防和避免运行事故，确保机组安全运行。

8-11　什么是燃气轮机的停运？

答：燃气轮机发电机组从带负荷的正常运行状态转到静止状态的过程称为停机。

8-12　燃气轮机停运方式有哪些？

答：（1）正常停机，也称热态停机。当接到电网调度命令或运行中发现不需紧急停机的故障时，可采用正常停机。即逐步减少燃料量，直至转速较低才切断燃料，减速过程中燃气温度不断降低。

（2）自动停机。控制系统检测到可能影响机组正常、安全运行的因素时，自动触发燃气轮机的减负荷、停机程序。

（3）保护跳机。运行中，控制系统检测到危机机组安全运行的因素时，自动切断燃料供给，机组迅速停机。

（4）紧急停机。运行中，发现某些危及人身、设备安全运行的因素时，手动切断机组燃料供给，迅速停机的过程。

8-13　正常停机包括哪些过程？

答：正常停机包括停机前的准备工作、减负荷、解列及降低转速等过程。

8-14　简述正常停机的顺序。

答：（1）运行人员发出停机指令，机组减负荷。厂用电切换为备用电源供电。

（2）发电机负载减至零，发电机与电网解列，机组减速。

（3）转速下降至95%额定转速及以下，压气机关闭，辅助油泵和雾化空压机投入工作。

（4）燃料降至零后切断燃料，主燃油泵脱开，机组进入惰走状态。

（5）转速降至零，投盘车，机组开始进入冷机程序。

8-15　简述停机过程中的注意事项。

答：（1）检查机组各部位振动情况、内部声音及润滑油母管油压。

（2）记录机组熄火转速和惰走时间。判断燃气轮机设备的性能，并可以检查设备的某些缺陷。

（3）自动投入盘车后，加强监视转子转动情况，倾听机组内部声音，注意烟囱的冒烟情况，防止燃油漏入燃烧室贴壁自燃。

8-16　手动紧急停机的条件有哪些？

答：（1）运行参数达到跳机限额，而自动保护装置拒绝动作。

（2）机组内部有明显的金属撞击声。

（3）机组任一轴承断油或冒烟。

（4）压气机发生喘振。

（5）燃气轮机间燃油管路大量漏油。

（6）机组突然强烈振动，振动值超标。

（7）运行中烟囱大量冒黑烟，机组燃烧恶化。

（8）发生危及人身和设备安全的情况。

8-17　手动紧急停机的操作过程及注意事项有哪些？

答：按压控制盘上的紧急停机按钮，或在辅机间扳动手动紧急事故跳闸装置或手击危机遮断器杆，使机组紧急停机。

注意事项有：

（1）如果燃气轮机转动部分故障，停机后，不应投入盘车。

（2）紧急停机后，应迅速查明原因，正确处理。

8-18　机组冷机时的注意事项有哪些？

答：注意事项有：

（1）正常停机要立即进行盘车冷机，防止转子弯曲和叶片变形。

（2）在冷机状态的任何时刻都可以启动机组、带负荷。

（3）盘车过程一般不少于24h，直到透平间温度低于60℃后，可以停止盘车。不得打开燃机机舱室或打开保温板来加速冷却。

8-19　清吹的目的是什么？

答：清吹的目的是在机组点火之前，在一定的转速下，利用压气机出口空气对机组进行一定时间的清吹，吹掉可能漏进机组热通道中的燃料气。清吹的时间要根据排气道的容积来选择，因至少能将整个排气道体积 4 倍的空气吹除掉，以避免爆燃。

8-20　判断点火成功的依据是什么？

答：60s 内有 2 个以上（包括 2 个）火焰检测器指示有火。

8-21　为什么燃机在启动过程中要密切监视排烟温度的变化？

答：（1）在点火初期由于燃料量的变化，将会引起透平前温度的变化，为防止叶片损坏，应密切监视排烟温度。

（2）监视燃烧室工作情况。

（3）监视压气机工作情况。

（4）监视透平工作情况。

8-22　什么是 IGV 温控？投入 IGV 温控对燃机和汽机有什么影响？

答：IGV 温控是指通过对 IGV 角度的控制来实现对燃气轮机排气温度的控制。

为保证 HRSG 的正常工作和最理想的效率，往往要求燃气轮机排气温度处于恒定的、比较高的温度。因此燃气轮机在部分负荷运行时要适当关小 IGV，相应减少空气流量而维持较高的排气温度。其结果是燃气轮机的效率基本不变而提高了 HRSG 和汽轮机的效率，还使得联合循环的总效率得到提高。

8-23　启动过程中点不着火原因有哪些？

答：启动过程中点不着火的原因有：

（1）火花塞不工作。包括：①火花塞没插入（开机前应检查）；②点火器电源断开（开机关应检查）；③点火回路 L2TV 不通等原因导致不打火花。

（2）燃气系统故障。

（3）水洗后未退出水洗程序开机。

（4）火焰探测器试验隔离阀未打开，一般出现在水洗后或大小修后应打开。

8-24　启动过程中点着火后熄火原因有哪些？

答：启动过程中点着火后熄火的原因有：

（1）联焰不良，联焰管漏气阻塞。

（2）部分喷嘴堵塞。

（3）伺服系统控制阀故障，动作不稳定引起燃气量过大过小。

（4）燃气管路不畅通，如有关阀门未打开，滤网堵塞。

（5）来气压力过低。

8-25　从点火到100%负荷燃烧室中有哪几种燃烧方式？

答：燃烧方式有：扩散模式，次先导预混模式，先导预混模式，预混模式。

8-26　联合循环正常停机过程分为几个步骤？

答：停机前的准备→减负荷→解列→降低转速→HRSG停止受热→投入盘车。

8-27　汽轮机额定参数停机与滑参数停机有何不同？

答：额定参数停机：停运后HRSG蒸汽压力、汽轮机金属温度保持在较高水平。减负荷过程中主蒸汽参数保持在额定值不变，只通过关小汽轮机调门减少进汽的方法减负荷。

滑参数停机：停机后HRSG、汽轮机金属温度降到较低水平，以利于检修。停机时汽轮机调门全开，依靠燃气轮机负载降低，烟气温度降低，主蒸汽压力和温度的逐步降低将机组负载逐渐减到0直至停机。通流部分通过的是大流量、低参数的蒸汽，各金属部件可以得到较均匀的冷却，热应力和热变形都较小。

8-28　为什么规定停机过程中的减负荷速度应小于启机时的加负荷速度？

答：停机过程实质上是各部件降温冷却的过程。因为各部件的冷却条件不同，也将出现温差，产生热应力和热变形，其情况正好与启动过程相反。由于金属部件的快速冷却比快速加热更危险，而且汽轮机通流部分的动叶进口边与静叶出口边的轴向间隙小于动叶出口边与下级静叶进口边的轴向间隙，当停机出现负胀差时，对汽轮机的安全威胁更大。因此，在停机减负荷过程中，减负荷速度应小于启机时的加负荷速度。

8-29　停机过程中何时切断燃料？为什么？

答：在发电机开关断开后，大约40%转速时机组打闸，燃气轮机完成一次点火停机。在此转速下切断燃料主要是降低停机过程中对金属部件的热冲击（缓慢冷却）。

8-30　为什么说启动是汽轮机设备运行中最重要的阶段？

答：汽轮机启动过程中，各部件间的温差、热应力、热变形大，汽轮机多数事故是发生在启动时刻。由于不正确的暖机工况，值班人员的误操作，以及设备本身某些结构存在缺陷都可能造成事故，即使在当时没有形成直接事故，但由此产生的后果还将在以后的生产中造成不良影响。现代汽轮机的运行实践表明，汽缸、阀门外壳和管道出现裂纹、汽轮机转子和汽缸的弯曲、汽缸法兰结合面的翘曲、紧力装配元件的松弛、金属结构状态的变化、轴承磨损的增大，以及在投入运行初始阶段所暴露出来的其他异常情况，都是启动质量不高的直接后果。因此启动是汽轮机设备运行中最重要的阶段。

8-31　汽轮机升速、带负荷阶段与汽轮机机械状态有关的主要变化是哪些？

答：汽轮机升速、带负荷阶段与汽轮机机械状态有关的主要变化有：

（1）由于内部压力的作用，在管道、汽缸和阀门壳体产生应力。

（2）在叶轮、轮鼓、动叶、轴套和其他转动部件上产生离心应力。

（3）在隔板、叶轮、静叶和动叶产生弯曲应力。

（4）由于传递力矩给发电机转子，汽轮机轴上产生切向应力。

（5）由于振动使汽轮机的动叶，转子和其他部件产生交变应力。

（6）出现作用在推力轴承上的轴向推力。

（7）各部件的温升引起的热膨胀，热变形及热应力。

8-32　汽轮机启动操作可分为哪三个性质不同的阶段？

答：汽轮机启动过程可分为下列三个阶段：

（1）启动准备阶段。

（2）冲转、升速至额定转速阶段。

（3）发电机并网和汽轮机带负荷阶段。

8-33　汽轮机启动有哪些不同的方式？

答：汽轮机的启动过程就是将转子由静止或盘车状态加速至额定转速并带负荷至正常运行的过程，根据不同的机组和不同的情况，汽轮机的启动有不同的方式。

（1）按启动过程的新蒸汽参数分。分为：额定参数启动和滑参数启动。

（2）按启动前汽缸温度水平分。分为：冷态启动和热态启动。

（3）按冲动时的进汽方式分。分为：高、中压缸进汽启动和中压缸进汽启动。

（4）按冲动控制转速所用阀门分。分为：调节汽门启动、自动主汽门启动、电动主闸门启动及总汽阀旁路门启动。

8-34　汽轮机滑参数启动应具备哪些必要条件？

答：汽轮机滑参数启动应具备以下必要条件：

（1）对于非再热机组要有凝汽器疏水系统，凝汽器疏水管必须有足够大的直径，以便锅炉从点火到冲转前所产生的蒸汽能直接排入凝汽器。

（2）汽缸和法兰螺栓加热系统有关的管道系统的直径应予以适当加大，以满足法兰和螺栓及汽缸加热需要。

（3）采用滑参数启动的机组，其轴封供汽、射汽抽气器工作用汽和除氧器加热蒸汽须装设辅助汽源。

8-35　滑参数启动有哪些优缺点？

答：滑参数启动的优点有：

（1）滑参数启动使汽轮机启动与锅炉启动同步进行，因而大大缩短了启动时间。

（2）滑参数启动中，金属加热过程是在低参数下进行的，且冲转、升速是全周进汽，因此加热较均匀，金属温升速度亦比较容易控制。

（3）滑参数启动还可以减少汽水损失和热能损失。

缺点是：用主蒸汽参数的变化来控制汽轮机金属部件的加热，在用人工控制的情况下，启动程序较难掌握，弄不好参数变化率大。

综合比较，滑参数启动利大于弊，因此目前单制大容量机组广泛采用滑参数启动方式。

8-36 滑参数启动主要应注意什么问题？

答：滑参数启动应注意以下问题：

（1）滑参数启动中，金属加热比较剧烈的时间一般在低负荷时的加热过程中，此时要严格控制新蒸汽升压和升温速度。

（2）滑参数启动时，金属温差可按额定参数启动时间的指标加以控制。启动中有可能出现差胀过大的情况，此时应通知锅炉停止新蒸汽升温、升压，使机组在稳定转速下或稳定负荷下停留暖机，还可以调整凝汽器的真空或用增大汽缸法兰加热进汽量的方法加以调整金属温差。

8-37 汽轮机启动前为什么要保持一定的油温？

答：机组启动前应先投入油系统，油温应控制在35～45℃之间，若温度低时，可采用提前加油温。

保持适当的油温，主要是为了在轴瓦中建立正常的油膜。如果油温过低，油的黏度增大会使油膜过厚，使油膜承载能力下降，工作不稳定。油温也不能过高，否则油的黏度过低，难以建立油膜，会失去润滑作用。

8-38 汽轮机启动前向轴封送汽要注意什么问题？

答：轴封送汽应注意下列问题：

（1）轴封供汽前应先对送汽管道进行暖管，使疏水排尽。

（2）必须在连续盘车状态下向轴封送汽，热态启动应先送轴封供汽，后抽真空。

（3）向轴封供汽时间必须恰当，冲转前过早地向轴封供汽，会使上、下缸温差增大，或使胀差正值增大。

（4）要注意轴封送汽的温度与金属温度的匹配。热态启动最好用适当温度的备用汽源，有利于胀差的控制，如果系统有条件将轴封汽的温度调节，使之高于轴封体温度则更好，而冷态启动轴封供汽最好选用低温汽源。

(5) 在高、低温轴封汽源切换时必须谨慎，切换太快不仅引起胀差的显著变化，而且可能产生轴封处不均匀的热变形，从而导致摩擦、振动等。

8-39　为什么转子静止时严禁向轴封送汽？

答：因为转子静止状态下向轴封送汽，不仅会使转子轴封段局部不均匀受热产生弯曲变形，而且蒸汽从轴封段处漏入汽缸也会造成汽缸不均匀膨胀，产生较大的热应力与热变形，从而使转子产生弯曲变形。因此转子静止时严禁向轴封供汽。

8-40　额定参数启动汽轮机怎样控制减少热应力？

答：额定参数启动汽轮机时，冲动转子的一瞬间，接近额定温度的新蒸汽进入金属温度较低的汽缸内，和新蒸汽管道暖管的初始阶段相同，蒸汽将对金属进行剧烈的凝结放热。使汽缸内壁和转子外表面温度急剧增加，温升过快，容易产生很大的热应力，因此额定参数下冷态启动时只能采用限制新蒸汽流量，延长暖机和加负荷的时间等方法来控制金属的加热速度。减少受热不均产生过大的热应力和热变形。

8-41　进行压力法滑参数启动冲转，蒸汽参数选择的原则是什么？

答：冷态滑参数启动冲转后，进入汽缸的蒸汽流量能满足汽轮机顺利通过临界转速达到全速。为使金属各部件加热均匀，增大蒸汽的容积流量，进汽压力应适当选低一些。温度应有足够的过热度，并和金属温度相匹配，以防止热冲击。

热态滑参数启动时，应根据高压缸调节级和中压缸进汽室的金属温度，选择适当的与之匹配的主蒸汽温度和再热蒸汽温度，即两者的温差符合汽轮机热应力、热变形和胀差的要求。一般都要求蒸汽温度高于调节级上缸内壁金属温度 50～100℃，但最高不得高于额定温度值。为了防止凝结放热，要求蒸汽过热度不低于50℃，保证新蒸汽经过调节汽门节流和喷嘴膨胀后，蒸汽温度仍不低于调节级的金属温度。

8-42　什么是负温差启动？为什么应尽量避免负温差启动？

答：凡冲转时蒸汽温度低于汽轮机最热部位金属温度的启动称为负温差启动。负温差启动时，转子与汽缸先被冷却，而后又被加热，经历一次热交变循环，增加了机组疲劳寿命损耗。如果蒸汽温度过低，则将在转子表面和汽缸内壁产生过大的拉应力，而拉应力较压应力更容易引起金属裂纹，并会引起汽缸变形，使动静间隙改变，严重时会发生动静摩擦事故，此外热态汽轮机负温差启动，使汽轮机金属温度下降，加负荷时间必须相应延长，因此一般不采用负温差启动。

8-43　启动、停机过程中应怎样控制汽轮机各部温差？

答：高参数大容量机组的启动或停机过程中，因金属各部件传热条件不同，各金属部件产生温差是不可避免的，但温差过大，使金属各部件产生过大热应力和热变形，加速机组寿命损耗及引启动静摩擦事故，是不允许的。

因此应按汽轮机制造厂规定，应控制好蒸汽的升温或降温速度，金属的温升、温降速度，上下缸温差，汽缸内外壁、法兰内外壁、法兰与螺栓温差及汽缸与转子的胀差。控制好金属温度的变化率和各部分的温差，就是为了保证金属部件不产生过大的热应力、热变形，其中对蒸汽温度变化率的严格监视是关键，不允许蒸汽温度变化率超过规定值，更不允许有大幅度的突增突降。

8-44　启动过程中应注意哪些事项？

答：汽轮机启动是运行人员的重大操作之一，在启动时应充分准备，认真检查，做好启动前的试验，并在启动中应注意以下事项：

（1）严格执行规程制度，机组不符合启动条件时，不允许强行启动。

（2）在启动过程中要根据制造厂规定，控制好蒸汽、金属温升速度，上下缸、汽缸内外壁、法兰与螺栓等温差，胀差等指标。尤其是蒸汽温升速度必须严格控制，不允许温升率超过规定值，更不允许有大幅度的突增突降。

（3）启动时，进入汽轮机的蒸汽不得带水，参数与汽缸金属温度相匹配，要充分疏水暖管。

（4）严格控制启动过程的振动值。

（5）高压汽轮机滑参数启动中，金属加热比较剧烈的阶段是冲转后和并列后的低负荷阶段，这些阶段容易出现较大的差胀和金属温差。可采用调整真空，投汽缸，法兰、螺栓加热装置和调整轴封用汽温度的办法加以调整。

（6）在启动过程中，按规定的曲线控制蒸汽参数的变化，保持足够的蒸汽过热度。

（7）调节系统赶空气要反复进行，直至空气赶完为止。赶空气后保持高压油泵连续运行到机组全速后方可停下，以免空气再次进入调节系统。

（8）任何情况下，汽温在10min内突降或突升50℃，应打闸停机。

（9）刚冲转时，一定要控制转速，不能突升过快，并网后调节汽门应分段开起，严禁并网后突然开足。

（10）并网后应注意各风、油、水、氢气的温度，调整正常，保持发电机氢气温度不低于35℃。

8-45　高压汽轮机启动有哪些特点？

答： 高压汽轮机结构上比较复杂，动静间隙较小，主要有以下特点：

（1）高压汽轮机轴向间隙相当小，如启动加热不均匀，将会出现差胀值超过规定，可能造成轴向动静摩擦，因此差胀控制很重要。

（2）高压机组径向间隙也很小，故控制上下汽缸温差及转子弯曲值极为重要，上下缸温差、转子弯曲超过规定值不得启动，应采取措施使之恢复正常。

（3）高压机组汽缸壁、法兰都很厚重，一般采用汽缸法兰加热装置。要注意加热蒸汽温度必须比汽缸法兰温度高。加热时，法兰温度应低于汽缸温度。法兰螺栓比较粗大，受热膨胀较慢，要注意法兰和螺栓的温度差。为了减小上下缸温度差，启动时应尽量把下缸的疏水放尽，合理使用加热装置，并要对下缸加强保温。为了消除转子热弯曲，停机后，启动前都必须投连续盘车。

（4）高压机组启动时，应特别注意机组的振动情况。如振动超过规定，应立即果断停机投盘车，不得使用降速暖机的办法消除振动。

8-46　汽轮机启动时，暖机稳定转速为什么应避开临界转速150～200r/min？

答：因为在启动过程中，主汽参数、真空都会波动，且厂家提供的临界转速值在实际运转中会有一定出入，如不避开一定转速，工况变动时机组转速可能会落入共振区而发生更大的振动，因此规定暖机稳定转速应避开临界转速150～200r/min。

8-47　汽轮机冲转条件中为什么规定要有一定数值的真空？

答：汽轮机冲转前必须有一定的真空，一般为0.06MPa左右，若真空过低，转子转动就需要较多的新蒸汽，而过多的乏汽突然排至凝汽器，凝汽器汽侧压力瞬间升高较多，可能使凝汽器汽侧形成正压，造成排大气安全薄膜损坏，同时也会给汽缸和转子造成较大的热冲击。

冲动转子时，真空也不能过高，真空过高不仅要延长建立真空的时间，也因为通过汽轮机的蒸汽量较少，放热系数也小，使得汽轮机加热缓慢，转速也不易稳定，从而会延长启动时间。

8-48　汽轮机冲转时为什么凝汽器真空会下降？

答：汽轮机冲转时，一般真空还比较低，有部分空气在汽缸及管道内未完全抽出，在冲转时随着汽流冲向凝汽器。冲转时蒸汽瞬间还未立即与凝汽器铜管发生热交换而凝结，故冲转时凝汽器真空总是要下降的。当冲转后进入凝汽器的蒸汽开始凝结，同时抽气器仍在不断地抽空气，真空即可较快地恢复到原来的数值。

8-49　轴向位移保护为什么要在冲转前投入？

答：冲转时，蒸汽流量瞬间较大，蒸汽必先经过高压缸，而中、低压缸几乎不进汽，轴向推力较大，完全由推力盘来平衡，若此时的轴向位移超限，也同样会引启动静摩擦，故冲转前就应将轴向位移保护投入。

8-50　为什么在启动、停机时要规定温升率和温降率在一定范围内？

答：汽轮机在启动、停机时，汽轮机的汽缸、转子是一个加热和冷却过程。启、停时，势必使内外缸存在一定的温差。启动时由于内缸膨胀较快，受到热压应力，外缸膨胀较慢则受到热拉应力；停机时，应力形成则相反。当汽缸金属应力超过材料的屈服应力极限时，汽缸可能产生塑性变形或裂纹，而应力的大小与内外缸温差成正比，内外缸温差的大小与金属温度变化率成正比，启动、停机时没有对金属应力的监测指示，取一间接指标，即用金属温升率和温降率作为控制热应力的指标。

8-51　冲转后，为什么要适当关小主蒸汽管道的疏水门？

答：主蒸汽管道从暖管到冲转这一段时间内，暖管已经基本结束，主蒸汽管温度与主蒸汽温度基本接近，不会形成多少疏水。另外，冲转后，汽缸内要形成疏水，如果此时主蒸汽管疏门还是全开，疏水膨胀器内会形成正压，排挤汽缸的疏水，造成汽缸的疏水疏不出去，十分危险。疏水扩容器下部的存水管与凝汽器热井相通，全开主蒸汽管疏水门，疏汽量过大，使水管中存在汽水共流，形成水冲击，易振坏管道，影响凝汽器真空；另外，疏水门全开，热损失大，因此冲转后应关小主蒸汽管上所有疏水门。

8-52　汽轮机启动、停机时为什么要规定蒸汽的过热度？

答：如果蒸汽的过热度低，在启动过程中，由于前几级温度降低过大，后几级温度有可能低到此级压力下的饱和温度，变为湿蒸汽。蒸汽带水对叶片的危害极大，因此在启动、停机过程中蒸汽的过热度要控制在50～100℃较为安全。

8-53　热态启动时应注意哪些问题？

答：热态启动时应注意以下问题：

（1）热态启动前应保证盘车连续运行，大轴弯曲值不得大于原始值，否则不得启动，应连续盘车直轴，直至合格。连续盘车应在4h以上，不得中断。若有中断，应追加10倍于盘车中断时间连续盘车。

（2）先向轴封送汽，后抽真空。轴封高压漏汽门应关闭严密，轴封用汽使用高温汽源（送轴封汽前应充分疏水），真空至39.997kPa，通知锅炉点火。

（3）必须加强本体和管道疏水，防止冷水、冷汽倒至汽缸或管道，引起水击振动。

（4）低速时应对机组全面检查，确认机组无异常后，即升至全速，并列带适当负荷。在升速过程中应防止转速上升过快又降速的现象。

（5）在低速时应严格监视机组振动情况，一旦轴承振动过大，应立即打闸停机，投盘车，测量轴弯曲情况。（如因故盘车投不上，不得强行盘车，查明原因，采取措施后，方可再次投盘车）。

（6）要适时投入汽缸法兰加热装置。

8-54　为什么热态启动时先送轴封汽后抽真空？

答：热态启动时，转子和汽缸金属温度较高，如先抽真空，冷空气将沿轴封进入汽缸，而冷气是流向下缸的，因此下缸温度急剧下降，使上下缸温差增大，汽缸变形，动静产生摩擦，严重时使盘车不能正常投入，造成大轴弯曲，所以热态启动时应先送轴封汽，后抽真空。

8-55　低速暖机时为什么真空不能过高？

答：低速暖机时，若真空太高，暖机的蒸汽流量太小，机组预热不充分，暖机时间反而加长。另外，过临界转速时，要求尽快地冲过去，其方法有：①加大蒸汽流量；②提高真空。若一冲转就将真空提得太高，冲越临界转速的时间就加长了，机组较长时间在接近临界转速的区域内运行是不安全的，也是不允许的。

8-56　什么是缸胀？机组启动停机时缸胀如何变化？

答：汽缸的绝对膨胀称为缸胀。启动过程是对汽轮机汽缸、转子及每个零部件的加热过程。在启动过程中，缸胀逐渐增大；停机时，汽轮机各部金属温度下降，汽缸逐渐收缩，缸胀减小。

8-57　什么是差胀？差胀正负值说明什么问题？

答：汽轮机启动或停机时，汽缸与转子均会受热膨胀，受冷收缩。由于汽缸与转子质量上的差异，受热条件不相同，转子的膨胀及收缩较汽缸快，转子与汽缸沿轴向膨胀的差值，称为差胀。差胀为正值时，说明转子的轴向膨胀量大于汽缸的膨胀量；差胀为负值时，说明转子的轴向膨胀量小于汽缸膨胀量。

当汽轮机启动时，转子受热较快，一般都为正值；汽轮机停机或甩负荷时，差胀较容易出现负值。

8-58 差胀大小与哪些因素有关？

答：汽轮机在启动、停机及运行过程中，差胀的大小与下列因素有关：

(1) 启动机组时，汽缸与法兰加热装置投用不当，加热汽量过大或过小。

(2) 暖机过程中，升速率太快或暖机时间过短。

(3) 正常停机或滑参数停机时，汽温下降太快。

(4) 增负荷速度太快。

(5) 甩负荷后，空负荷或低负荷运行时间过长。

(6) 汽轮机发生水冲击。

(7) 正常运行过程中，蒸汽参数变化速度过快。

8-59 汽轮机差胀正值、负值过大有哪些原因？

答：汽轮机差胀正值大的原因有：

(1) 启动暖机时间不足，升速或增负荷过快。

(2) 汽缸夹层、法兰加热装置汽温太低或流量较小，引起加热不足。

(3) 进汽温度升高。

(4) 轴封供汽温度升高，或轴封供汽量过大。

(5) 真空降低，引起进入汽轮机的蒸汽流量增大。

(6) 转速变化。

(7) 调节汽门开度增加，节流作用减小。

(8) 滑销系统或轴承台板滑动卡涩，汽缸胀不出来。

(9) 轴承油温太高。

(10) 推力轴承非工作面受力增大并磨损，转子向机头方向移动。

(11) 汽缸保温脱落或有穿堂冷风。

(12) 多缸机组其他相关汽缸差胀变化，引起本缸差胀变化。

(13) 双层缸夹层中流入冷汽或冷水。

(14) 差胀指示表零位不准，或受频率、电压变化影响。

负差胀值大的原因有：

(1) 负荷下降速度过快或甩负荷。

(2) 汽温急剧下降。

(3) 水冲击。

(4) 轴封汽温降低。

(5) 汽缸夹层、法兰加热装置加热过度。

(6) 进汽温度低于金属温度。

(7) 轴向位移向负值变化。

(8) 轴承油温降低。

(9) 双层缸夹层中流入高温蒸汽（进汽短管漏汽）。

(10) 多缸机组相关汽缸差胀变化。

(11) 差胀表零位不准，或受频率、电压变化影响。

8-60　轴向位移与差胀有何关系？

答：轴向位移与差胀的零点均在推力瓦块处，而且零点定位法相同。轴向位移变化时，其数值虽然较小，但大轴总位移发生变化。轴向位移为正值时，大轴向发电机方向位移，差胀向负值方向变化；当轴向位移向负值方向变化时，汽轮机转子向机头方向位移，差胀值向正值方向增大。

如果机组参数不变，负荷稳定，差胀与轴向位移不发生变化。机组起停过程中及蒸汽参数变化时，差胀将会发生变化，而轴向位移并不发生变化。运行中轴向位移变化，必然引起差胀的变化。

8-61　差胀在什么情况下出现负值？

答：由于汽缸与转子的钢材有所不同，一般转子的线膨胀系数大于汽缸的线膨胀系数，加上转子质量小受热面大，机组在正常运行时，差胀均为正值。

当负荷下降或甩负荷时，主蒸汽温度与再热蒸汽温度下降，汽轮机水冲击；机组启动与停机时汽加热装置使用不当，均会使差胀出现负值。

8-62 机组启动过程中差胀大如何处理？

答：机组启动过程中差胀过大，应做好以下工作：

（1）检查主蒸汽温度是否过高，联系锅炉运行人员，适当降低主蒸汽温度。

（2）使机组在稳定转速和稳定负荷下暖机。

（3）适当提高凝汽器真空，减少蒸汽流量。

（4）增加汽缸和法兰加热进汽量，使汽缸迅速胀出。

8-63 汽轮机启动时怎样控制差胀？

答：可根据机组情况采取下列措施：

（1）选择适当的冲转参数。

（2）制定适当的升温、升压曲线。

（3）及时投用汽缸、法兰加热装置，控制各部件金属温差在规定的范围内。

（4）控制升速速度及定速暖机时间，带负荷后，根据汽缸温度掌握升负荷速度。

（5）冲转暖机时及时调整真空。

（6）轴封供汽使用适当，及时进行调整。

8-64 汽轮机上下汽缸温差过大有何危害？

答：高压汽轮机启动与停机过程中，很容易使上下汽缸产生温差。有时，机组停机后，由于汽缸保温层脱落，同样也会造成上下缸温差大，严重时，甚至达到130℃左右。通常上汽缸温度高于下汽缸温度。上汽缸温度高，热膨胀大，而下汽缸温度低，热膨胀小。温差达到一定数值就会造成上汽缸向上拱起。

在上汽缸拱背变形的同时，下汽缸底部动静之间的径向间隙减小，因而造成汽轮机内部动静部分之间的径向摩擦，磨损下汽缸下部的隔板汽封和复环汽封，同时隔板和叶轮还会偏离正常时所在的平面（垂直平面），使转子转动时轴向间隙减小，结果往往与其他因素一起造成轴向摩擦。摩擦就会引起大轴弯曲，发生振动。如果不及时处理，可能造成永久变形，机组被迫停运。

8-65　为什么要规定冲转前上下缸温差不高于50℃？

答：当汽轮机启动与停机时，汽缸的上半部温度比下半部温度高，温差会造成汽轮机汽缸的变形，可以使汽缸向上弯曲从而使叶片和围带损坏。对汽轮机进行汽缸挠度的计算，当汽缸上下温差达100℃时，挠度大约为1mm，通过实测，数值是很近似。由经验表明，假定汽缸上下温差为10℃，汽缸挠度大约0.1mm，一般汽轮机的径向间隙为0.5～0.6mm。故上下汽缸温差超过50℃时，径向间隙基本上已消失，如果此时启动，径向汽封可能会发生摩擦。严重时还能使围带的铆钉磨损，引起更大的事故。

8-66　如何减少上下汽缸温差？

答：为减小上下汽缸温差，避免汽缸的拱背变形，应该做好下列工作：

（1）改善汽缸的疏水条件，选择合适的疏水管径，防止疏水在底部积存。

（2）机组启动和停机过程中，运行人员应正确及时使用各疏水门。

（3）完善高、中压下汽缸挡风板，加强下汽缸的保温工作，保温砖不应脱落，减少冷空气的对流。

（4）正确使用汽加热装置，发现上下缸温差超过规定数值时，应用汽加热装置对上汽缸冷却或对下缸加热。

8-67　热态启动时为什么要求新蒸汽温度高于汽缸温度50～80℃？

答： 机组进行热态启动时，要求新蒸汽温度高于汽缸温度50～80℃。可以保证新蒸汽经调节汽门节流，导汽管散热、调节级喷嘴膨胀后，蒸汽温度仍不低于汽缸的金属温度。因为机组的启动过程是一个加热过程，不允许汽缸金属温度下降。如在热态启动中新蒸汽温度太低，会使汽缸、法兰金属产生过大的应力，并使转子由于突然受冷却而产生急剧收缩，高压差胀出现负值，使通流部分轴向动静间隙消失而产生摩擦造成设备损坏。

8-68　汽轮机冲转后为什么要投用汽缸、法兰加热装置？

答： 对于高参数大容量的机组来讲，其汽缸壁和法兰厚度可达300～400mm。汽轮机冲转后，最初接触到蒸汽的金属温升较快，而整个金属温度的升高则主要靠传热。因此汽缸法兰内外受热不均匀，容易在上下汽缸间，汽缸法兰内外壁、法兰与螺栓间产生较大的热应力，同时汽缸、法兰变形，易导致动静之间摩擦，机组振动。严重时造成设备损坏。故汽轮机冲转后应根据汽缸、法兰温度的具体情况投用汽缸、法兰加热装置。

8-69　暖机的目的是什么？

答： 暖机的目的是使汽轮机各部金属温度得到充分的预热，减少汽缸法兰内外壁，法兰与螺栓之间的温差，转子表面和中心的温差，从而减少金属内部应力，使汽缸、法兰及转子均匀膨胀，高压差胀值在安全范围内变化，保证汽轮机内部的动静间隙不致消失而发生摩擦，同时使带负荷的速度相应加快，缩短带至满负荷所需要的时间，达到节约能源的目的。

8-70 汽轮机启动与停机时，为什么要加强汽轮机本体及主、再热蒸汽管道的疏水？

答：汽轮机在启动过程中，汽缸金属温度较低，进入汽轮机的主蒸汽温度及再热蒸汽温度虽然选择得较低，但均超过汽缸内壁温度较多。蒸汽与汽缸温度相差超过200℃。暖机的最初阶段，蒸汽对汽缸进行凝结放热，产生大量的凝结水，直到汽缸和蒸汽管道内壁温度达到该压力下饱和温度时，凝结放热过程结束，凝结疏水量才大大减少。

在停机过程中，蒸汽参数逐渐降低，特别是滑参数停机，蒸汽在前几级做功后，蒸汽内含有湿蒸汽，在离心力的作用下甩向汽缸四周，负荷越低，蒸汽含水量越大。

另外汽轮机打闸停机后，汽缸及蒸汽管道内仍有较多的余汽凝结成水。

由于疏水的存在，会造成汽轮机叶片水蚀，机组振动，上下缸产生温差及腐蚀汽缸内部，因此汽轮机启动或停机时，必须加强汽轮机本体及蒸汽管道的疏水。

8-71 汽轮机启动或过临界转速时对油温有什么要求？

答：汽轮机油黏度受温度影响很大，温度过低，油膜厚且不稳定，对轴有黏拉作用，容易引起振动甚至油膜振荡。但油温过高，其黏度降低过多，使油膜过薄，过薄的油膜也不稳定且易被破坏，因此对油温的上下限都有一定的要求。启动初期轴颈表面线速度低，比压过大，汽轮机油的黏度小了就不能建立稳定的油膜，因此要求油温较低。过临界转速时，转速很快提高，汽轮机油的黏度应该比低转速时小些，即要求的油温要高些，汽轮机启动时油温应在30℃以上，过临界转速时油温在38～45℃。

8-72 过临界转速时应注意什么？

答：过临界转速时应注意以下几点：

（1）过临界转速时，一般应快速平稳的越过临界转速，但也不能采取飞速冲过临界转速的做法，以防造成不良后果，现有规程规定过临界转速时的升速率为500r/min左右。

（2）在过临界转速过程中，应注意对照振动与转速情况，确定振动类别，防止误判断。

（3）振动声音应无异常，如振动超限或有碰击摩擦异声等，应立即打闸停机，查明原因并确证无异常后方可重新启动。

（4）过临界转速后应控制转速上升速度。

8-73 为什么调节系统不能维持汽轮机空负荷运行的机组禁止启动？

答：汽轮机不能维持空负荷运行，说明调节系统已有严重的缺陷，如果强行启动，并网和解列都会发生困难，即使可能并入电网，也会出现不能自由减负荷到零的情况，而且机组突然甩负荷后会严重超速。

8-74 汽轮机停机的方式有几种？如何选用各种不同的停机方式？

答：汽轮机停机方式有正常停机和故障停机。所谓正常停机是指有计划地停机。故障停机是指汽轮发电机组发生异常情况下，保护装置动作或手动停机以达到保护机组不至于损坏或减少损失的目的。故障停机又分为紧急停机和一般性故障停机。

正常停机中按停机过程中蒸汽参数不同又分为滑参数停机和额定参数停机两种方式。

停机方式根据停机的目的和设备状况来决定。正常停机，如果是以检修为目的的，希望机组尽快冷却，使检修早日开工，应尽可能采用滑参数停机，并且要尽量使滑参数停机的时间长一些，将参数滑得低一些。

8-75 什么是滑参数停机?

答: 汽轮机从额定参数和额定负荷开始，开足高、中压调节汽门，由锅炉改变燃烧，逐渐降低蒸汽参数，使汽轮机负荷逐渐降低。同时投用汽缸法兰加热装置，使汽缸法兰温度逐渐冷却下来，待主蒸汽参数降到一定数值时，解列发电机打闸停机，此过程称为滑参数停机。

8-76 滑参数停机有哪些注意事项?

答: 滑参数停机应注意事项以下：

(1) 滑参数停机时，对新蒸汽的滑降有一定的规定，一般高压机组新蒸汽的平均降压速度为0.02～0.03MPa/min，平均降温速度为1.2～1.5℃/min。较高参数时，降温、降压速度可以较快一些；在较低参数时，降温、降压速度可以慢一些。

(2) 滑参数停机过程中，新蒸汽温度应保持50℃的过热度，以保证蒸汽不带水。

(3) 新蒸汽温度低于法兰内壁温度时，可以投入法兰加热装置。

(4) 滑参数停机过程中不得进行汽轮机超速试验。

(5) 高、低压加热器在滑参数停机时应随机滑停。

8-77 为什么滑参数停机过程中不允许做汽轮机超速试验?

答: 在蒸汽参数很低的情况下做超速试验是十分危险的。一般滑参数停机到发电机解列时，主汽门前蒸汽参数已经很低，要进行超速试验就必须关小调节汽门来提高调节汽门前压力。当压力升高后蒸汽的过热度更低，有可能使新蒸汽温度低于对应压力下的饱和温度，致使蒸汽带水，造成汽轮机水冲击事故，因此规定大机组滑参数停机过程中不得进行超速试验。

8-78　何谓“惰走曲线”？绘制它有什么作用？

答：发电机解列后，从自动主汽门和调节汽门关闭起，到转子完全静止的这段时间称为转子惰走时间，表示转子惰走时间与转速下降数值的关系曲线称为转子惰走曲线。

新机组投运一段时间，各部工作正常后，即可在停机期间，测绘转子的惰走曲线，以此作为该机组的标准惰走曲线，绘制这条曲线时要控制凝汽器的真空，使其以一定速度下降，以后每次停机均按相同工况记录，绘制惰走曲线，以便于比较分析问题。如果惰走时间急剧减少时，可能是轴承磨损或汽轮机动静部分发生摩擦；如果惰走时间显著增加，则说明新蒸汽或再热蒸汽管道阀门或抽汽止回门不严，致使有压力蒸汽漏入汽缸。

当顶轴油泵启动过早，凝汽器真空较高时，惰走时间也会增加。

8-79　为什么停机时必须等真空到零方可停止轴封供汽？

答：如果真空未到零就停止轴封供汽，则冷空气将自轴端进入汽缸，使转子和汽缸局部冷却，严重时会造成轴封摩擦或汽缸变形，因此规定要真空至零，方可停止轴封供汽。

8-80　为什么规定打闸停机后要降低真空使转子静止时真空到零？

答：汽轮机停机惰走过程中，维持真空的最佳方式应是逐步降低真空，并尽可能做到转子静止，真空至零，这是因为：

（1）停机惰走时间与真空维持时间有关，每次停机以一定的速度降低真空，便于惰走曲线进行比较。

（2）如惰走过程中真空降得太慢，机组降速至临界转速时停留的时间就长，对机组的安全不利。

（3）如果惰走前阶段真空降得太快，尚有一定转速时真空已经降至零，后几级长叶片的鼓风损失产生的热量多，易使排汽温度升高，也不利于汽缸内部积水的排出，容易产生停机后汽轮机金属的腐蚀。

（4）如果转子已经停止，还有较高的真空，这时轴封供汽又不能停止，也会造成上下缸温差增大和转子变形不均发生热弯曲。

综上所述，停机时最好控制转速到零，真空到零，实际操作时用真空破坏门控制调节。

8-81 汽轮机盘车过程中为什么要投入油泵连锁开关？

答：汽轮机盘车装置虽然有连锁保护，当润滑油压低到一定数值后，联动盘车跳闸，以保护机组各轴瓦，但盘车保护有时也会失灵，万一润滑油泵不上油或发生故障，会造成汽轮机轴瓦干摩擦而损坏。油泵连锁投入后，若交流油泵发生故障可联动直流油泵开启，避免轴瓦损坏事故。

8-82 盘车过程中应注意什么问题？

答：盘车过程中应注意以下问题：

（1）监视盘车电动机电流是否正常，电流表指示是否晃动。

（2）定期检查转子弯曲指示值是否有变化。

（3）定期倾听汽缸内部及高低压汽封处有无摩擦声。

（4）定期检查润滑油泵的工作情况。

8-83 停机后盘车状态下，对氢冷发电机的密封油系统运行有何要求？

答：氢冷发电机的密封油系统在盘车时或停止转动而内部又充压时，都应保持正常运行方式。因为密封油与润滑油系统相通，此时含氢的密封油有可能从连接的管路进入主油箱，油中的氢气将在主油箱中被分离出来。氢气如果在主油箱中积聚，就有发生氢气爆炸的危险和主油箱失火的可能，因此油系统和主油箱系统使用的排烟风机和排氢风机也必须保持连续运行。

8-84　为什么停机后盘车结束，润滑油泵必须继续运行一段时间？

答：润滑油泵连续运行的主要目的是冷却轴颈和轴瓦，停机后转子金属温度仍然很高，顺轴颈方向轴承传热。如果没有足够的润滑油冷却转子轴颈，轴瓦的温度会升高，严重时会使轴承乌金熔化，轴承损坏；轴承温度过高还会造成轴承中的剩油急剧氧化，甚至冒烟起火。

低压油泵运行期间，冷油器也需要继续运行并且使润滑油温不高于40℃。

高压汽轮机停机以后，润滑油泵至少应运行8h以上。当然，每台机组应根据情况具体确定。

8-85　停机后应做好哪些维护工作？

答：停机后的维护工作十分重要，停机后除了监视盘车装置的运行外，还需做好以下工作：

（1）严密切断与汽缸连接的汽水来源，防止汽水倒入汽缸，引起上下缸温差增大，甚至设备损坏。

（2）严密监视低压缸排汽温度及凝汽器水位，加热器水位，严禁满水。

（3）注意发电机转子进水密封支架冷却水，防止冷却水中断，烧坏盘根。

（4）锅炉泄压后，应打开机组的所有疏水门及排大气阀门；冬天做好防冻工作，所有设备及管道不应有积水。

8-86　汽轮机停机后转子的最大弯曲在什么地方？在哪段时间内启动最危险？

答：汽轮机停运后，如果盘车因故不能投运，由于汽缸上下温差或其他某些原因，转子将逐渐发生弯曲，最大弯曲部位一般在调节级附近，最大弯曲值约在停机后2～10h之间，因此在这段时间内启动是最危险的。

8-87　为什么负荷没有减到零不能进行发电机解列？

答： 停机过程中若负荷不能减到零，一般是由于调节汽门不严或卡涩，或是抽汽止回门失灵，关闭不严，从供热系统倒进大量蒸汽等引起。此时如将发电机解列，将要发生超速事故。故必须先设法消除故障，采用关闭自动主汽门、电动隔离汽门等方法，将负荷减到零，再进行发电机解列停机。

8-88　为什么滑参数停机时最好先降汽温再降汽压？

答： 由于汽轮机正常运行中，主蒸汽的过热度较大，因此滑参数停机时最好先维持汽压不变而适当降低汽温，降低主蒸汽的过热度，有利于汽缸的冷却，可以使停机后的汽缸温度低一些，能够缩短盘车时间。

第二节　S209FA型燃气-蒸汽联合循环热电联产机组启动与停运

8-89　简述主设备概况。

答： S209FA型燃气-蒸汽联合循环热电联产机组为一套780MW级“二拖一”燃气-蒸汽联合循环供热机组。其配置为：2台PG9351FA燃气轮机、2台燃气轮发电机、2台余热锅炉、1台蒸汽轮机和1台蒸汽轮发电机。燃气轮发电机组和蒸汽轮发电机组为不同轴布置。联合循环机组在性能保证工况下的发电出力为706.12MW，净供热能力为465.2MW。其中燃气轮发电机组和蒸汽轮发电机组由美国GE公司/哈尔滨动力设备有限公司生产，余热锅炉由杭州锅炉集团责任有限公司生产。

8-90　简述根据燃气轮机缸体温度划分机组启动状态。

答：（1）冷态启动。高压内缸下半进汽区金属温度在120℃以下。

（2）温态启动。高压内缸下半进汽区金属温度在 120～415℃。

（3）热态启动。高压内缸下半进汽区金属温度在 415℃以上。

（4）极热态启动。高压内缸下半进汽区金属温度在 450℃以上。

8-91 简述划分汽轮机启动状态的依据。

答：以汽轮机第一级或再热汽室内表面金属温度为启动状态的依据。

（1）冷态。高压缸第一级或再热汽室内表面金属温度大于或等于 54℃，小于 204℃。

（2）温态。高压缸第一级或再热汽室内表面金属温度大于或等于 204℃，小于 371℃。

（3）热态。高压缸第一级或再热汽室内表面金属温度大于或等于 371℃。

8-92 简述不同机组启动状态对应的启动时间。

答：启动状态根据机组停机的时间来确定，不用启动状态对应的启动时间不同。

（1）冷态启动（停机大于 72h），启动至基本负荷的时间为 300min/540min。

（2）温态启动（停机大于 10h，小于 72h），启动至基本负荷的时间为 180min/300min。

（3）热态启动（停机大于 1h，小于 10h），启动至基本负荷的时间为 100min/180min。

（4）极热态启动（停机小于 1h），启动至基本负荷的时间为 60min/120min。

8-93 解释 GE 燃气轮机机组 MARK-IV 控制界面英文指令。

答：（1）MODE SELECT 运行方式选择，用于机组运行方式选择。

1）OFF 禁止启动。选择此方式机组不能启动。

2）CRANK（冷拖）：选择此方式，若给出启动信号，机组被带到冷拖转速，但不进行点火，启动程序结束。

3）FIRE（点火）。选择此方式，若给出启动信号，机组被带到点火转速，并进行点火；当机组处于“CRANK”时，选择“FIRE”将启动点火程序，进行点火。点火后程序不再继续。

4）AUTO（自动）：选择此方式，若给出启动信号，机组将启动到工作转速，完成全部程序；当机组处于“FIRE”时，选择“AUTO ”，机组也将升速到工作转速。

5）REMOTE（遥控）。选择此方式，对机组启动的控制将从 MARK-Ⅵ控制转为 DCS 控制方式。

（2）MASTER SELECT 主控开关。

1）START（启动）。选择此键发出启动信号。

2）STOP（停机）。选择此键发出停机信号。

（3）LOAD SELECT 负荷选择。

1）BASE LOAD（基本负荷）。选择此键，机组启动并网后自动升至基本负荷。

2）PRESELECT Ld（预选负荷）。可预先选设定负荷点，机组启动并网后自动升至设定负荷。

（4）GENERATOR MODE（发电机方式）。

1）OFF。手动控制无功负荷方式。通过“kV/kVAR CONTROL”的“RAISE”及“LOWER”按钮手动升降无功负荷。

2）PF。固定功率因素控制方式。在“PF CONTROL”的“SETPOINT”中输入 PF 值，根据有功值调节无功，保持 PF 值恒定。

3）VAR。固定无功负荷控制方式。在“MVAR CONTROL”的“SETPOINT”中输入 VAR 值，无功保持恒定，不随有功值改变。

(5) 同期画面。

1) SYNC OFF：禁止机组同期并网。

2) MAN SYNC：在全速空载时通过手动调节机组电压和频率，在满足条件后，手动同期合上发电机断路器。

3) AUTO SYNC：系统将自动匹配电压和转速并在同期条件满足时自动合上发电机断路器。

(6) 汽轮机控制方式。

1) AUTO：选择此按钮汽机启动自动方式。

2) MANUAL：选择此按钮汽机启动手动方式。

3) AUTO STOP：此按钮与 START-UP 画面的“STOP”功能相同。

4) IPC 在机组并网后选择“IPC IN”按钮，手动投入“进口压力控制”模式。

8-94　解释 GE 燃气轮机机组 DCS 控制界面命令。

答：(1) 负荷主控画面“负荷控制”框。

1) DCS：选择此按钮，负荷指令由 DCS 发出。

2) MARK-VI：选择此按钮，负荷指令由 MARK-VI 发出。

(2) 负荷主控画面“负荷选择”框。

1) 预选负荷：负荷由 DCS 控制方式下，选择此按钮，在功率目标值中输入负荷值后，机组并网将自动升至预选负荷值。

2) 基本负荷：负荷由 DCS 控制方式下，选择此按钮，机组并网将自动升至基本负荷值。

(3) 负荷主控画面“负荷调度”框。

1) 投入：负荷由 DCS 控制方式下，选择此按钮，负荷值将通过 AGC 控制。

2) 切除：负荷由 DCS 控制方式下，选择此按钮，负荷值根据负荷选择框的选择来决定。

(4) 负荷主控画面“发电机功率”框。

1) 功率设定值：通过上下箭头手动升降机组负荷。

2) 功率目标值：由 DCS 预选负荷方式下，在此框输入目标负荷值，按确认按钮。

8-95 简述严禁蒸汽轮机启动的条件。

答：(1) MARK-VI、DCS 通信故障或控制系统工作不正常，影响机组启动和正常运行。

(2) 影响机组启动的设备或系统检修工作未结束，或经检查试验或试运不合格。

(3) 机组跳闸后原因未查明并消除。

(4) 蒸汽轮机任一项主要保护装置失常，如：紧急跳闸、超速（103%）、低真空（绝对压力 20.3kPa）、低油压（48kPa）、轴向位移（±1mm）、轴承温度（107℃）等，经试验不能正常投入或保护动作值不符合规定。

(5) 盘车过程中，动静部分有摩擦声，原因及影响程度不清。

(6) 蒸汽轮机调节系统工作不正常。

(7) 蒸汽轮机高、中压主汽截止阀、控制阀之一卡涩。

(8) 联合循环任一紧急跳闸按钮试验不正常。

(9) 蒸汽轮机主要测量仪表（如转速、轴向位移、差胀、润滑油压、液压油油压、振动传感器、氢气密封油压差、氢气压力、密封油压力、轴承金属温度、真空、主汽压力、主汽温度及主要缸壁测温等）故障。

(10) 蒸汽轮机交、直流润滑油泵，交、直流密封油泵，EH 油泵，盘车装置之一故障或相应的自启动控制装置故障。

(11) 油质不合格（颗粒度大于 8 级），主油箱油位，EH 油箱油位低于规定值。

(12) 蒸汽轮机系统主要汽、水、油、气管路泄漏严重。

(13) 胀差大于规定的极限值（小于－3.8mm，或大于

17.8mm）。

（14）蒸汽轮机高中压缸进汽区上下金属温差大于或等于42℃。

（15）蒸汽轮机任一高、中、低压旁路或旁路减温水系统故障或失灵。

（16）蒸汽轮机真空系统或轴封系统故障。

（17）超速保护装置失常。

（18）仪表和热工保护电源失去。

（19）调节系统不能维持空负荷运行或甩负荷后不能控制转速在超速保护动作转速以下。

（20）机组大连锁试验不合格。

（21）消防系统不正常。

（22）有严重威胁人身或设备安全的其他设备缺陷。

8-96　简述严禁燃气轮机启动的条件。

答：（1）影响燃气轮机及余热锅炉启动的设备或系统检修工作未结束，或经检查试验后试运不合格。

（2）燃气轮机或余热锅炉跳闸原因未查明并消除。

（3）燃气轮机紧急跳闸按钮动作试验不正常。

（4）燃气轮机及余热锅炉主要管路系统泄漏严重。

（5）余热锅炉任一安全阀动作不正确。

（6）余热锅炉主汽电磁泄放阀动作不正确。

（7）余热锅炉高中低压旁路减压减温阀之一动作不正确。

（8）余热锅炉烟气挡板故障。

（9）仪表和热工保护电源失去。

（10）余热锅炉主要仪表（如各汽包水位、压力，各过热蒸汽压力、温度、流量等）工作不正常，影响余热锅炉启动及正常运行。

（11）余热锅炉过热蒸汽、再热蒸汽减温装置工作失常。

(12) 燃气轮机系统任一伺服阀故障

(13) 燃气轮机压气机进口导叶（IGV）动作失灵。

(14) 燃气轮机压气机进气室滤网破损或进气室滤网堵塞。

(15) 燃气轮机任一点火火花塞或任一火焰探测器故障。

(16) 燃气轮机排气温度测点故障数大于或等于2个。

(17) 任一汽包水位完全失去远程监视。

(18) MARK-VI系统不正常，影响机组操作，短时间内不能恢复。

(19) DCS系统不正常而影响机组启动及正常运行。

(20) 增压站系统ESD动作不正常或设备工作不正常，天然气压力无法维持在正常范围内。

(21) 增压机有影响启动的报警。燃机入口管线压力不正常。

(22) 燃汽轮机润滑油油质不合格（颗粒度大于8级）。

(23) 消防系统不正常，危险气体监测系统故障。

(24) 有严重威胁人身或设备安全的相关设备缺陷。

8-97　简述在机组启动前应对公共系统做的检查有哪些?

答: (1) 确认各公共系统所有的检修工作已经完成，工作票终结，影响启动的检修安全措施已拆除。

(2) 检查楼梯、平台、栏杆应完整，通道及设备周围无妨碍工作和通行的杂物，照明充足。

(3) 机组整体启动前的公共系统部分的保护传动及相关的静态试验已完成并符合要求。

(4) 所有热工仪表及保护电源已正常投入，检查仪表指示正确。

(5) 集控室和各公共系统就地控制盘完好，各种测量元件显示完好正确，各种指示仪表报警装置以及操作控制开关完整动作正常。

(6) 公共系统各MCC电源已正常投入，电压正常。

(7) 消防设施完好，消防系统已正常投运，通信联络可靠畅通。

(8) 通知化学检查加药系统的氨、联氨、磷酸盐、循环水加药系统的稳定剂、硫酸、杀菌剂溶液箱液位正常，溶液浓度、温度正常，各加药泵、搅拌机电源正常，具备启动条件，各阀门位置正确。至各加药口的阀门处于启动前的正确位置。

(9) 启动除盐水泵向闭式水系统注水，注水正常后启动一台闭式水泵，检查闭式水系统正常。

(10) 闭式冷却水投运后，通知化学检查取样系统的冷却水压力、温度正常，冷却器正常，具备投用条件，各导电度表、pH 值表等电源已正常投入，且无异常。取样口到取样高温架的各阀门位置处于启动前状态。

(11) 闭式冷却水系统投运后，检查仪用空气系统正常投运，压力 0.8MPa。

(12) 检查启动炉及辅助蒸汽系统具备投运条件。

(13) 检查循环水、开式冷却水系统具备投运条件，机力通风塔具备投运条件。

8-98 简述启动前针对燃气轮机所做的检查。

答：(1) 检查燃气轮机相关检修工作结束，工作票终结，临时安全措施已拆除。

(2) 检查各热工仪表、信号、保护电源已投入正常，各表计、监测装置完整、齐全，投入正常。

(3) 检查 MARK-VI 控制系统交、直流电源已投入正常，各控制器工作正常，状态指示灯显示红色。

(4) 检查确认燃气轮机各 MCC 电源已投入，电压正常。

(5) 燃气轮机各辅机已测绝缘良好，各辅机电源开关在工作位置，控制方式在“AUTO”位置，绿灯指示亮。

(6) 检查各空间加热器电源投入正常，控制方式在自动模式。

(7) 检查燃气轮机直流系统工作正常，直流润滑油泵、直流密封油泵电源已投入正常，蓄电池充电器已正常投运，蓄电池电压正常。

(8) 检查火灾保护系统电源已投入正常，CO_2 灭火系统出口门已打开并处于正常备用状态。

(9) 在 MARK-VI 上查看确认燃气轮机进气温度、排气温度、轮间温度符合机组当时的状态。

(10) 检查燃气轮机侧仪用空气压力正常。

(11) 检查燃气轮机侧闭式冷却水系统已正常投运，润滑油冷却器、发电机氢冷器、火焰探测器、透平支撑腿、LCI 冷却器冷却水投运正常。

(12) 燃气轮机连锁保护经热工传动试验正常，各控制阀经热工传动正常，各阀门状态已符合启动条件。

(13) 检查进气滤网反吹系统（APU）电源已正常投入。检查空气处理装置正常，具备启动条件。

(14) 检查进、排气道人孔门关闭。进气室内无杂质，进排气管道及连接的管路应清理干净，进气滤网清洁完好。

(15) 检查 IBH 系统处于备用状态，IBH 手动隔离阀 VM15-1 打开。

(16) 检查进口可转导叶应在关闭位置，指针指示 28°。

(17) 检查天然气调压站及燃气前置模块系统置换合格后投运，增压机试启动后检查天然气压力正常并已送至燃机辅助阀门间燃气截止阀前，检查无泄漏。

(18) 检查危险气体监测系统投入正常，无报警。

(19) 检查 MARK-VI 及 DCS 上均无影响机组启动的报警。

(20) 检查操作燃气轮机及所属各系统阀门至启动前状态。

(21) 顺控启动燃气轮机盘车，检查燃气轮机润滑油泵启动，润滑油供油母管压力正常（170～200kPa）。检查液压油压力 11.5MPa、顶轴油压力、盘车电机启动正常，转动部位无摩擦声，轴系振动正常。

（22）检查发电机内氢气纯度达到96%以上，氢气压力满足启动要求。

（23）燃汽轮机启动前需连续盘车4h以上。

8-99　简述启动前应对蒸汽轮机做的检查有哪些？

答：（1）检查确认蒸汽轮机所有的检修工作已经完成，所有的工作票已终结，临时安全设施已拆除。

（2）机组整体启动前的蒸汽轮机部分的保护传动及相关的静态试验已完成并符合要求。确认汽机及辅助设备各连锁保护试验合格，试验后将各保护表计定值整定好，全部连锁投入。

（3）检查蒸汽轮机各辅机及电动门绝缘合格，电源已正常投入；各项连锁、保护试验合格，具备启动条件。

（4）检查确认现场辅机系统阀门已按阀门操作卡操作至启动前状态。

（5）检查确认蒸汽轮机侧仪用空气压力正常。

（6）检查确认蒸汽轮机各MCC电源已正常投入，电压正常。

（7）检查确认蒸汽轮机本体、主要管道保温完好。

（8）检查DCS、DEH所有系统画面正常，指示正确，通信正常。

（9）检查确认DCS蒸汽轮机相关页面显示正常，无影响启动的报警。

（10）检查确认DEH系统各主汽阀、调节阀状态正常。

（11）检查投运蒸汽轮机润滑油系统，检查润滑油压及各轴承回油正常，润滑油箱油位正常，油质合格。

（12）检查调整润滑油温度在30～33℃范围内。

（13）检查确认DCS所有系统阀门，按照逻辑传动单传动正常。

（14）检查化学除盐水补水系统正常投运，检查除盐水母管压力正常（0.35MPa），闭式水膨胀水箱及凝汽器热井水位正常。

（15）检查闭式冷却水系统正常投运，闭式冷却水系统压力、温度、流量正常，系统无泄漏，板式热交换器正常。

（16）检查仪用空气系统正常投运，检查压缩空气压力正常（0.65～0.80MPa），冷干机工作正常；其中一台空压机处于备用状态。气源已送至汽机房、锅炉、公用系统及化学各储气罐。

（17）检查前池液位正常后，循环水系统正常投运，检查机力塔下水正常，管道、阀门无泄漏，凝汽器循环水通水正常，水室水位正常无空气积聚。

（18）检查开式循环冷却水系统正常投运，开式水电动滤水网自动清洗正常。

（19）检查凝结水系统正常投运，凝结水水质合格。

（20）检查轴加水位正常，轴加U型管水封注水正常。

（21）检查凝汽器抽真空系统在启动前状态，真空泵备用良好，工作水、冷却水供给正常，分离器水位正常。

（22）检查定子冷却水系统正常投用，定冷水压力正常。（若发电机内无氢压，发电机进水压力应小于50kPa）。

（23）检查EH油系统母管压力正常（13～14MPa），系统无泄漏。

（24）启动蒸汽轮机交流润滑油泵、空侧密封油泵、氢侧密封油泵，检查各油泵电流正常，密封油调节系统工作正常，空、氢侧密封油油压正常，润滑油压力正常。

（25）启动蒸汽轮机一台顶轴油泵，检查顶轴油压正常后投盘车，汽机启动前需连续盘车4h以上。

（26）检查发电机内氢气纯度达到96%以上，氢气压力满足启动要求。

（27）启动启动锅炉，蒸汽压力0.1MPa、温度120℃时，对辅助蒸汽进行暖管，打开启动锅炉至辅汽联箱供汽管道手动疏水，缓慢调整辅汽联箱压力至0.8MPa，温度220℃。

（28）开辅汽至轴封蒸汽联箱电动阀，微开轴封蒸汽联箱压力控制阀，对轴封蒸汽联箱进行暖管，当低压轴封温度达到80℃，启动轴加风机，关闭真空破坏门注水正常，启动真空泵。

1）轴封供汽必须具有不小于14℃的过热度。

2）盘车之前不得投入轴封供汽系统，以免转子弯曲。

3）低压缸轴封供汽温度设定为170℃。

（29）按启动前汽机侧阀门状态要求将阀门置正确位置。

（30）启动高压密封备用油泵，检查运行正常。

（31）检查高压、中压、低压旁路系统各阀门位置处于启动前状态，旁路减温水系统正常，具备投运条件。

8-100　简述机组燃气轮机组整体启动步骤。

答：（1）第一台燃气轮机启动。

（2）余热锅炉冷态启动。

（3）蒸汽轮机冷态启动。

（4）第二台燃气轮机启动。

（5）第二台余热锅炉启动。

（6）两台余热锅炉并汽。

8-101　简述燃气轮机启动步骤。

答：（1）启动（第一台燃气轮机对应的增压机）增压机。

（2）检查DCS上辅助系统正常。

（3）检查DCS的“燃机允许”画面各汽包水位正常，烟道挡板全开，凝汽器真空符合要求。

（4）检查燃气轮机励磁变、隔离变热备用状态，合上燃机励磁变6kV侧开关。

（5）接到值长机组启动命令。

（6）进行机组启动前的全面复位，按照日常检查和监视要求抄表。

（7）启动第一台燃气轮机。

（8）燃气轮机点火及暖机。

(9) 燃气轮机升速并网。

(10) 燃气轮机带负荷。

8-102　燃气轮机启动前需检查的 DCS 上辅助系统有哪些?

答: (1) 辅助蒸汽及轴封系统正常。

(2) 循环水系统正常。

(3) 开式冷却水系统正常。

(4) 闭式冷却水系统正常。

(5) 凝结水系统正常。

(6) 压缩空气系统正常。

(7) 除盐水箱水位正常。

(8) 润滑油系统正常，试启蒸汽轮机直流润滑油泵正常后停运。

8-103　燃气轮机清吹过程需抄录的项目有哪些?

答: (1) 燃气轮机入口温度。

(2) 燃气轮机入口压差。

(3) 压气机排气压力。

(4) 压气机排气温度。

(5) 燃气轮机排气流量。

(6) 燃气轮机排气温度。

(7) 天然气流量。

(8) 机组最大瓦振。

(9) 励磁电流。

(10) 励磁电压。

(11) 最大轮间温度。

(12) 最大轴承温度。

8-104　燃气轮机启动前需抄录的项目有哪些?

答: 燃气轮机启动前需抄录的项目有：天然气温度；天然

气流量；FSR；IGV开度；燃气轮机入口温度；燃气轮机入口压差；压气机排气压力；压气机排气温度；燃气轮机排气流量；燃气轮机排气温度；机组最大瓦振；最大扩散度；TTRF1；励磁电流；励磁电压；IBH开度；最大轮间温度；最大轴承温度；发电机氢气压力；发电机氢气纯度。

8-105　蒸汽轮机冲转前需抄录监视的项目有哪些？

答：蒸汽轮机中轮前需抄录监视的项目有：轴向位移（四个）；胀差；偏心值；左/右绝对膨胀；主汽压力；左/右侧主汽温度；再热压力；再热温度；高压缸内缸金属温度；高压缸外缸金属温度；中压缸内缸金属温度；中压缸外缸金属温度；机组真空；汽轮机润滑油温度；汽轮机润滑油压力；EH油温度；EH油压力。

8-106　蒸汽轮机全速空载时需抄录监视的项目有哪些？

答：蒸汽轮机全速空载时需抄录监视的项目有：轴向位移（四个）；胀差；左/右绝对膨胀；主汽压力；左/右侧主汽温度；再热压力；再热温度；高压缸内缸金属温度；高压缸外缸金属温度；中压缸内缸金属温度；中压缸外缸金属温度；机组真空；汽轮机润滑油温度；汽轮机润滑油压力；EH油温度；EH油压力；最大轴振　号瓦；最大瓦振　号瓦；最大轴承温度　号瓦；左/右侧循环水温度。

8-107　简述第一台燃气轮机启动流程。

答：（1）检查燃气轮机同期页面，确认同期控制在“OFF”状态。

（2）选择燃气轮机启动模式“ENABLE”。

（3）查燃气轮机发电机模式在“OFF”位。

（4）进行主复位、诊断复位。

（5）选择为“AUTO”启动方式，查看所有启动栏目显示为绿色。

(6) 检查燃气轮机入口天然气压力符合要求。

(7) 进入启动画面，点击“Start”钮发启动令。

(8) 直流润滑油泵自动试运5s后停运。

(9)“Start”灯亮，燃气轮机进入启动程序。

(10) 接受启动命令，送电，约10s后，变频启动装置使发电机带动燃气轮机开始转动。

(11) 当燃气轮机转速达到45r/min转速时，停盘车电动机。

(12) 机组转速到400r/min左右时，检查燃气轮机进行气体阀门泄漏试验。

(13) 机组转速升至420r/min时，燃气轮机清吹30s，检查排气框架冷却风机自动停止正常。

(14) 当转速升至698r/min，气体阀门第二次泄漏试验，开始15min的清吹。

(15) 转速698r/min，润滑油温控阀投自动，检查润滑油温度为38℃左右。

8-108 简述燃气轮机点火及暖机流程。

答：(1) 检查清吹15min结束，机组降速，排气框架冷却风机自动停止正常，启动器停止输出。

(2) 转速逐渐下降至398r/min，启动器开始重新输出，转速升至420 r/min时燃气轮机开始点火。

(3) 天然气进入燃气轮机进行扩散燃烧，火花塞点火30s。

(4) 4个火焰探测器监测到火焰或至少有2个及以上火焰探测器测得火焰信号并维持30s，30s内燃气轮机点火成功。如果30s内燃气轮机点火不成功，将自动进行第二次点火程序。若第二次点火失败则燃气轮机自动停机。若第一次点火失败，可选择机组控制模式“Crank”，待点火失败原因查明并消除后，选择机组控制模式“AUTO”，燃气轮机进入点火程序。

(5) 燃气轮机点火，检查顶轴油退出。

(6) 点火后，燃机轴承冷却风机自启动；启透平间冷却风机及透平排气段冷却风机，燃气轮机进入暖机程序，在 435r/min 暖机 1min。

(7) 检查燃气管道无泄漏现象，危险气体监视无报警，机组振动应在正常范围内，排气道应无烟气泄漏现象，天然气压力应正常。

(8) 检查天然气电加热器自动投入运行正常。

8-109 简述燃气轮机升速过程操作流程。

答：(1) 燃气轮机暖机结束后，启动器改变输出转速基准至 100%，燃气轮机开始加速。

(2) 注意监视各轴轴承的振动值和排气扩散度的情况，燃料行程逐渐增加到启动加速值，转子被加速。

(3) 当转速达到 85%额定转速时，逐步开大压气机进口可旋转导叶至 49°。

(4) 当转速升至大于 91%额定转速时，发电机励磁、启动器变频器退出运行，记录退出转速，启动器电源开关断开。确认排气温度始终不超过温控设定点。

(5) 当转速升至 95%转速时，检查燃气轮机透平框架冷却风机的主风机启动运行。

(6) 转速继续升至大于 95%额定转速时，发电机开始自动建立励磁。

(7) 转速达到 3000r/min，检查燃气轮机发电机空载励磁电压、空载励磁电流、机端电压。

8-110 燃气轮机全速空载后应做检查工作有哪些？

答：(1) 系统无燃料泄漏，燃烧室燃烧正常。

(2) 燃气轮机发电机做听声检查，若有异声应立即停机。

(3) 各小间均无明显的异常。

(4) 发电机三相定子电流应为零。

（5）发电机三相电压应平衡，接近额定电压。

（6）发电机绕组温度在正常范围内。

（7）燃气轮机达到额定转速后，全面检查联合循环机组并记录主要参数。

8-111　简述燃气轮机并网流程。

答：（1）燃气轮机并网应按值长命令进行，正常选用自动准同期并网方式。

（2）发电机的同期操作。

（3）并网成功后检查。

（4）投入燃气轮机发变组保护“发电机保护联跳”。

8-112　发电机与电网并列应满足的条件有哪些？

答：（1）发电机电压与系统电压一致，允许相差±5%的额定电压值。

（2）发电机周波与系统周波一致，允许相差±0.05～0.1周/s。

（3）发电机相位、相序与系统一致，即相角相同。

8-113　简述燃气轮机升负荷的操作流程。

答：（1）根据汽轮机缸温及应力情况退出燃机温度匹配，根据余热锅炉和汽轮机的启动要求升带负荷。

（2）随着燃气轮机负荷的上升，提升天然气温度，燃机负荷35MW时，控制在176～186℃，燃气轮机负荷升至70MW时，在182～186℃范围内。

（3）加负荷过程中，注意燃气轮机IGV的变化，注意余热锅炉过热器、再热器出口温度的控制，此时升负荷速率和幅度不应过大，以防止主、再蒸汽温度超限。

（4）加负荷过程中，注意燃烧模式的切换（自动切换），监测燃机瓦振不超限。

8-114 蒸汽轮机冲转前需检查记录哪些参数?

答: 蒸汽轮机冲转前应检查记录汽缸金属温度、汽缸总胀、差胀、轴向位移、偏心度、主汽压力、主汽温度、再热汽压、再热汽温、润滑油温等主要参数。

8-115 简述蒸汽轮机冷态启动过程。

答:（1）检查报警复位。

（2）控制方式由手动变为自动。

（3）关闭再热主汽联合阀前疏水电动阀。

（4）确认打开高、中压主汽门。

（5）检查所有进汽阀关闭，试验蒸汽轮机各紧急跳闸按钮动作正常。

（6）开启主再蒸汽电动主汽阀。

（7）设置调阀启动方式。

（8）设定目标转速 1（600r/min）和升速率，升速。

（9）盘车装置自动脱开，盘车电动机自停转。

（10）蒸汽轮机冷态启动转速达到目标转速 1（600r/min），汽机打闸，检查蒸汽轮机摩擦，漏油，偏心值。

（11）如果没有异常，汽机重新挂闸。

（12）设定目标值 2（2400r/min），升速率，继续升速。蒸汽轮机转速达到 2000r/min，顶轴油泵联停，转速达到 2400r/min 时，保持暖机 3h 左右。

（13）暖机结束，如无异常，则蒸汽轮机以 300r/min 直接升到全速空载转速。

8-116 简述蒸汽轮机冲转升速过程中的注意事项。

答:（1）维持燃机负荷，调整汽包水位，并维持蒸汽参数稳定，控制温升速率。

（2）注意油温变化，保证供油油温在规定范围，检查各轴承金属温度、轴承回油温度、发电机密封油系统的工作情况。

(3) 检查蒸汽轮机排汽温度是否超温，若超温后需检查缸喷水阀是否全开。

(4) 蒸汽轮机应迅速平稳地通过临界转速，记录下临界转速及最大振动值。若轴瓦和轴的振动值超过规定，紧急停机。

(5) 监测轴位移、胀差、左右膨胀的变化以及上、下缸温差的变化及温升率，其中任意一项超过限值，必须停止升速或降速暖机，必要时停机检查。

(6) 蒸汽轮机达到额定转速后，确认主油泵工作正常，停止交流润滑油泵、高备泵运行并投入连锁，检查油系统正常。

(7) 根据需要做跳闸试验，试验正常后如无异常，汽轮机机组准备并网。

(8) 蒸汽轮机达到3000r/min后，燃机温度匹配退出。

8-117　为什么汽轮机冷态启动时要投燃机温度匹配?

答: 由于汽轮机冷态启动过程中，汽缸温比较低，而燃气轮机排烟温度高导致主蒸汽温度比较高，此时构不成投减温水条件，应通过投入燃气轮机温度匹配来控制燃气轮机排烟温度，从而使主汽温度达到汽机冷态冲转参数。

8-118　简述汽机启动时的燃机温度匹配与退出过程。

答: 投入温度匹配步骤:

(1) 燃气轮机并网负荷，燃气轮机转速基准达到温度匹配投入条件。

(2) 投入温度匹配。

1) IGV控制阀开。

2) 设置匹配速率，投入温度匹配回路。

3) 控制燃气轮机排烟温度，设定排烟温度降率。

4) 逐渐开大IGV，将燃气排气温度降至设定值。

退出温度匹配步骤:

（1）检查燃气轮机排烟温度，回设排烟温度升率。

（2）逐渐关小 IGV，将燃气排气温度回升至燃气轮机当前负荷下的排烟温度。

（3）退出温度匹配回路。

8-119　简述蒸汽轮机并网操作步骤。

答：（1）联系电气。

（2）启动励磁机，检查发电机端电压、励磁电压、励磁电流。升压过程中如出现异常应立即降压，切除励磁，查明原因后再重新升压。

（3）投自动同期，将蒸汽轮机由转速控制切换到自动同期装置控制。蒸汽轮发电机组达到同步转速，符合同期条件自动并网。

（4）在 DCS 汽机发变组画面，点击。

（5）蒸汽轮机并网后，检查高排止回阀。

（6）投入蒸汽轮机保护“断路器联跳压板”。

8-120　简述蒸汽轮机升负荷的步骤。

答：（1）蒸汽轮机发电机并网后，蒸汽轮机自动转为“阀控”方式。设定升速率。

（2）蒸汽轮机逐渐开大高、中压调节阀加负荷。

（3）蒸汽轮机冲转、并网、升负荷，高压、再热旁路逐渐关闭。

（4）关闭高排通风阀，表明高排蒸汽并入冷再。

（5）蒸汽轮机 20%负荷左右，将高压调阀切至单阀控制。

（6）当蒸汽轮机负荷大于 20%时，检查蒸汽轮机本体疏水阀自动关闭。

（7）当蒸汽轮机高压调节阀开度全开，旁路压力控制阀全关且高压蒸汽流量达到 30%后，慢慢开启冷再至辅汽联箱调节阀，设定辅汽联箱压力至正常范围（0.8～1.0MPa）。轴封供汽由辅汽联箱切换至冷再蒸汽提供。

（8）低压补气投入。

（9）联合循环启动过程中，应注意调整燃烧模式。

（10）机组负荷交由调度控制。

（11）对整套联合循环机组进行全面检查。

8-121　简述蒸汽轮机温态启动前需检查的参数。

答：简述蒸汽轮机温态启动前需检查的参数有：主蒸汽压力和温度；再热汽压力和汽温；凝汽器真空，低压缸排汽温度；主机润滑油压力、油温、油位；主机 EH 油压、油温、油位；汽缸上下缸温差；轴向位移；胀差；大轴偏心；主、再热蒸汽品质；蒸汽轮机高中低压主汽门、调节门、旋转隔板状态；左、右侧联通管蝶阀状态；高排通风阀状态；盘车运行情况。

8-122　简述蒸汽轮机温态启动步骤。

答：（1）检查各处参数正常，阀门状态正常，盘车运行正常。

（2）检查报警复位正常。

（3）汽轮机控制方式由手动变为自动。

（4）在蒸汽轮机冲转前关闭再热主汽联合阀前疏水电动阀。

（5）确认打开高、中压主汽门。

（6）检查所有进汽阀关闭，试验蒸汽轮机各紧急跳闸按钮动作正常，重新开启主再蒸汽电动主汽阀。

（7）机组重新挂闸，确认高压调节门为顺序阀启动，中压调阀为单阀启动。

（8）设定目标转速和升速率，升速。

（9）转速增加后盘车装置自动脱开，盘车电动机自停转。

（10）蒸汽轮机升速至 2000r/min 后，汽轮机顶轴油泵联停。

（11）蒸汽轮机温态启机，不需要暖机，可直接升速至额定转速。

（12）全速时根据需要做跳闸试验，试验正常后如无异常，机组准备并网。

8-123　简述汽轮机冷态、温态和热态启动过程的不同。

答:（1）启动前对应的蒸汽参数，设备状态不同。

（2）设定升速率不同。

（3）是否需要暖机不同。

8-124　简述第二台燃气轮机启动注意事项。

答:（1）第一台燃气轮机带蒸汽轮机运行正常后，启动第二台燃气轮机。

（2）第二台燃气轮机启动前检查第二台余热锅炉高压主汽及其旁路电动门，再热蒸汽及其旁路电动门，冷再蒸汽及其旁路电动门，低压主汽及其旁路电动门关闭。

（3）检查第二台余热锅炉高、中压给水泵运行正常。

（4）第二台燃气轮机启动过程中，根据余热锅炉上水量需求启动第二台凝结水泵。

8-125　简述联合循环启动过程中燃气轮机和汽轮机侧注意事项。

答:（1）启动过程应严格按操作规程执行，在启动过程中如发生紧急情况，应立即按事故处理规程进行果断处理。

（2）严格按启动检查操作票执行，实际系统与操作票中不符的系统应在启动操作票中注明。

（3）加强监视机组振动、各轴承的润滑油油压、油温。

（4）严密监视燃气轮机排气温度、分散度和轮间温度的变化。

（5）对所有管系、法兰等处的检查，及时发现并处理漏油、漏水、漏汽、漏气等情况，特别是燃气处理系统、增压站、燃气管道、氢冷系统应加强检查。

（6）启动过程中，应控制升温速度。

（7）联合循环温态、热态启动及极热态重点注意不能使蒸汽轮机高温金属冷却。控制蒸汽轮机胀差不出现缩小（负胀差），以防蒸汽轮机产生动静摩擦。在汽缸进汽前，尽可能使主蒸汽与金属温度相匹配，做好机组启动的各项准备工作，协调好各辅机的启动，控制各金属部件的温升率、上下缸温差、胀差不超过限制值。

（8）冷态和温态启动蒸汽轮机时，应特别注意加强疏水。启动过程中，蒸汽温度高于汽缸金属温度，并始终保持50℃以上的过热度。检查各蒸汽管道疏水是否正常，防止因疏水不畅造成水冲击。

（9）燃气轮机点火成功至燃气轮机熄火期间，一般情况下禁止打开燃气轮机间出入门和禁止人员进入，必须要进入时应做好安全措施（配戴硬头盔、安全眼镜、听力保护器、背带/安全带、耐热/耐火工作服和手套等）。

（10）蒸汽轮机先送轴封后抽真空。送轴封汽前应有足够的疏水暖管时间，避免由于轴封蒸汽带水而使金属受冷冲击。

（11）燃气轮机在清吹期间，应对机组做全面的听声检查。

第三节　运行参数调整与维护

8-126　燃气轮机运行主要监测参数有哪些？

答：燃气轮机运行主要监测参数有：润滑油温度；天然气进口压力；天然气进口温度；速比阀后（P_2）压力；压气机进口滤网差压；燃气轮机排气压力与温度；燃气进气压力与温度；燃气滤网差压；轴瓦与轴承振动；轴向位移；轴承回油温度；轴瓦金属温度；推力轴承金属温度；危险气体。

8-127　燃气轮机机组运行人员应做的检查有哪些？

答：（1）运行人员应对DCS、Mark Ⅵ画面进行监视和对现场设备进行巡回检查。

（2）运行人员巡回检查离开操作盘，应向上一级值班人员说明机组运行工况及注意事项，方可离开。

（3）巡回检查时须携带必要的工具，如：手电筒、对讲机、点温枪等。

（4）进行巡回检查时必须认真、细致、全面，做到眼看、耳听、鼻嗅，发现问题必须及时汇报，并做好记录。

（5）正常运行中应注意监视各参数的变化，及时调整设备参数，使机组运行在最佳状态。

（6）当发现异常和报警后，立即查找原因，并立即调整到正常，按事故预想和事故处理规定进行处理。

（7）集控运行人员每班对机组进行全面检查 3 次，接班检查 1 次，班中检查 2 次。执行检查工作的人员必须认真负责，严格按照机组巡回检查卡对设备进行全面详细的检查，通过看、听、闻等手段判断设备的运行状态。

（8）巡检岗位每 4h 对所管辖设备进行巡回检查 1 次，特别注意检查各转动机械的轴承温度、油压、油温、轴承振动、油箱油位或轴承箱油位应正常。

（9）运行人员必须认真监视各表计指示，应经常根据表计指示分析机组运行情况和设备工作状况，按时抄表。当发现表计指示和正常值有差异时，应及时查明原因，采取措施进行调整。

8-128　燃气轮机运行中 Mark Ⅵ启动界面应监视的参数有哪些?

答:（1）燃气轮机 SRV 阀前压力为 32.13kg/cm^2。

（2）燃气轮机 SRV 阀后压力为 29.89kg/cm^2。

（3）燃气轮机天然气入口温度为 185℃，不低于 150℃，不高于 198.8℃。

（4）燃气轮机天然气流量正常。

（5）燃气轮机排气温度不超过 650℃。

（6）燃气轮机转速基准 Speed Ref10 为 2.6%。

(7) 燃气轮机转速 Speed 为 3000r/min。

(8) 轴瓦最大振动 Max vib 小于 12.4mm/s。

(9) 排气流量 Exh Mass Flow 正常。

(10) 燃气轮机发电机有功功率正常。

(11) 发电机无功功率正常范围内。

(12) 压气机入口滤网差压小于 1989.4Pa。

(13) 燃气轮机 IGV 开度满足运行时开至最大 84°。

(14) 压气机压比正常。

(15) 压气机排气温度正常。

8-129　燃气轮机运行中"IGV CONTROL"页面应监视的参数有哪些？

答：(1) 入口抽汽加热 IBH 阀门开度，当 IGV 关至 58°时 IBH 打开，当 IGV 开至 63°时 IBH 关闭。

(2) IBH 流量 IBH MASS FLOW 为压气机流量的 1%～5%。

(3) IBH 设定值 IBH Valve Rrference 与实际开度 IBH Valve Position 偏差小于 15%。

8-130　燃气轮机运行中"Proximeters"页面应监视的参数有哪些？

答：(1) 各轴振（小于 0.16mm）。

(2) 轴位移在±0.635mm 范围内。

(3) 各轴承振动数据保持稳定无跳变。

(4) 轴位移数据保持稳定无跳变。

8-131　燃气轮机运行中"Wheelspace"页面应监视的参数有哪些？

答：(1) 一级动叶前最大轮间温度小于 490.6℃。

(2) 一级动叶后最大轮间温度小于 537.8℃。

（3）二级动叶前最大轮间温度小于537.8℃。

（4）二级动叶后最大轮间温度小于510℃。

（5）三级动叶前最大轮间温度小于510℃。

（6）三级动叶后最大轮间温度小于371.1℃。

（7）温度显示数据稳定无跳变。

8-132　燃气轮机运行中“Bearing Temps”页面应监视的参数有哪些？

答：（1）燃机润滑油温度控制方式为AUTO。

（2）润滑油温度为54℃。

（3）推力轴承温度小于121℃。

（4）轴承金属温度小于129℃。

（5）回油温度小于93.3℃。

8-133　燃气轮机机组正常运行中的操作和调整的主要目的是什么？

答：机组正常运行中的操作和调整，必须保证各参数在允许的范围内，以利于运行工况的稳定，提高调整质量。及时调整机组负荷以满足电网需求，保持汽压、汽温及水位正常，机组的变负荷率在正常范围。机组运行调整的主要任务是：满足负荷需求、安全稳定运行、保持运行参数正常、汽水品质合格、提高效率及经济性、减少污染物排放。

8-134　燃汽轮机正常运行如何进行带基本负荷的操作？

答：（1）进入MARK-Ⅵ“START UP”画面，在“LOAD SELECT”栏目下点击“BASE LOAD”按钮，“BASE LOAD”灯亮。

（2）机组开始升负荷，“SPEED/LOAD CONTROL”栏下的“RAISE”按钮闪烁，带至基本负荷后“RAISE”按钮停止闪烁。

（3）检查 RUN STATUS 栏内显示为 BASE LOAD，IGV 全开至 84°，FSR 控制方式变为“温度控制”。

8-135　燃汽轮机正常运行如何进行带预选负荷的操作？

答：（1）进入 MARK-Ⅵ“START UP”画面，先在“MWTAA CONTROL”栏目下点击“SETPOINT”输入预选负荷的数值。

（2）在“LOAD SELECT”栏目下点击“PRESELECT LD”按钮，“PRESELECT LD”灯亮。

（3）机组开始升负荷，“SPEED/LOAD CONTROL”栏目下“RAISE”按钮闪烁，带至预定负荷后，“RAISE”按钮停止闪烁。

8-136　燃汽轮机运行如何进行润滑油温度调整？

答：（1）正常情况下，燃汽轮机润滑油温度通过 TCV 阀自动调节，盘车时 29℃，正常运行时 54.4℃。

（2）若自动调节发生故障，运行人员可在 MARK-Ⅵ“BEARING TEMPERTURE”画面，Lube OIL CONTROL 栏内选择“MANUAL”，然后点击“SETPOINT”输入温度调节阀旁路开度，进行润滑油温度调节。

8-137　燃气轮机机组正常运行中的注意事项有哪些？

答：（1）加强对 IGV 开度、燃汽轮机排气温度、燃汽轮机排气分散度、排烟温度，轴承振动、润滑油温、润滑油压、各轴承金属温度等重要参数的监视，防止超温。密切监视发电机有功功率、无功功率频率、定子电压、定子电流、定子不平衡电流、转子电流、定子绕组温度、定子铁芯温度、转子绕组温度、氢气冷却器进出水温度、发电机氢压、氢温、密封油压、确保这些参数在允许变化范围内。

（2）燃汽轮机正常运行中，不得打开燃汽轮机间两侧的门。

(3) 注意燃气轮机的轮间温度，发现超温应立即汇报。

(4) 燃气轮机突然冒出黑烟可能是外壳故障或其他燃烧问题，应立即按规定采取相应措施进行处理。

(5) 在燃气轮机运行中不应忽视单个排气热电偶故障的现象，运行时故障热电偶的数量不能超过两个，任何三个相邻排气热电偶中故障热电偶不能超过一个。

(6) 由于燃气轮机燃料的复杂性，在靠近下列地方有必要引起高度重视，即透平间，燃料控制系统，燃料管道区域，燃料模块部分或其他的围栏。若要进入上述地区，应清楚注意事项。

8-138 汽轮机运行中主要监测和调整的参数有哪些？

答：汽轮机运行中主要监测和调整的参数有：汽轮机轴振；胀差；轴位移；支持轴承、推力轴承金属温度；轴承回油温度；排汽温度；凝汽器真空；低压汽封温度；汽缸上下缸温差；进汽与高压缸入口金属温差；两个高、中压主汽阀之差；主油泵入口、出口压力；润滑油温、油压；EH 油压；一级、二级抽汽压力；高压缸排气温度；发电机氢气压力、温度；发电机油氢差压；发电机氢气露点温度；发电机氢气纯度；发电机定子线圈温度；发电机励磁端冷风温度、热风温度；发电机汽端冷风温度、热风温度；定子冷却水流量、进水温度、出水温度。

8-139 蒸汽轮机运行中在 TSI 页面所做的监视和检查项目有哪些？

答：监视和检查项目有：

(1) 蒸汽轮机轴位移在±0.9mm 范围内。

(2) 蒸汽轮机胀差在－3.8～17.8mm 范围内。

(3) 蒸汽轮机左绝对膨胀在 21～24mm。

(4) 蒸汽轮机右绝对膨胀在 21～24mm。

(5) 蒸汽轮机推力轴承负面金属温度小于 99℃。

（6）蒸汽轮机推力轴承推力面金属温度小于 99℃。

（7）蒸汽轮机推力轴承回油温度小于 77℃。

（8）蒸汽轮机支持轴承 1～6 号瓦金属温度小于 107℃。

（9）蒸汽轮机支持轴承 1～6 号瓦回油温度小于 77℃。

（10）蒸汽轮机 1～6 号轴承振动小于 125μm。

（11）蒸汽轮机 1～6 号瓦振小于 50μm。

（12）蒸汽轮机隔膜阀压力小于 750kPa。

（13）蒸汽轮机高中压缸金属温度稳定无跳变。

（14）高压缸排气温度小于 450℃。

8-140　蒸汽轮机运行中在 DEH 页面所做的监视和检查项目有哪些?

答： 在 DEH 页面所做的监视和检查项目有：

（1）控制方式为自动。

（2）自动升速为自动。

（3）TV1、TV2 阀门开度均为 100%，无跳变。

（4）GV1、GV2 阀门开度均为 100%，无跳变。

（5）IV1、IV2 阀门开度均为 100%，无跳变。

（6）1EX1 阀门开度为 100%，无跳变。

（7）2EX1、2EX2 阀门开度均为 100%，无跳变。

（8）SUPG 阀门开度根据低压补气压力调整。

（9）阀门方式为“GVSIG”“IVSIG”。

（10）TV1、TV2、RSV1、RSV2、SUPM 阀门指示为红色。

（11）OPC 方式为 OPC 投入为 IN。

（12）ENABLE LATCH 绿灯亮。

（13）ENABLE ROLL 绿灯亮。

（14）TURBINE LATCHED 绿灯亮。

（15）BREAKER CLOSE 绿灯亮。

（16）ETS 系统无报警。

（17）DEH ALARM 无报警。

8-141　蒸汽轮机运行中在汽轮机润滑油页面所做的监视和检查项目有哪些？

答：在汽轮机润滑油页面所做的监视和检查项目有：

（1）主油箱油位在－200～100mm。

（2）润滑油母管温度为38～45℃。

（3）润滑油母管压力（260～280kPa）正常。

（4）检查汽机支持轴承金属温度应小于107℃。

（5）推力轴承金属温度小于99℃。

（6）润滑油回油温度（小于77℃）正常。

（7）检查蒸汽轮机交流润滑油泵、氢密封备用油泵、事故油泵处于良好备用状态。

（8）检查主油箱排烟风机工作正常，备用正常。

（9）主油箱保持一定的真空度为－80～－200Pa。

（10）蒸汽轮机润滑油泵出口第一路、第二路油压低压力开关无报警。

（11）蒸汽轮机润滑油滤网差压高压力开关无报警。

（12）顶轴油泵备用正常。

8-142　蒸汽轮机运行中在EH油页面所做的监视和检查项目有哪些？

答：在EH油页面所做的监视和检查项目有：

（1）EH油母管压力14MPa，且不低于9.8MPa。

（2）检查EH油箱油位在400～570mm。

（3）油箱油温在40～55℃。

（4）检查EH油再生装置正常投运，再生油泵工作正常。

（5）检查EH油系统高压、低压蓄能器压力正常。

（6）检查EH冷却油泵工作正常，冷却器工作正常，滤网差压大未报警。

（7）EH 油泵运行电流为 35A。

（8）OPC 母管压力低开关未报警。

（9）EH 油泵出口滤网差压大压力开关未报警。

（10）EH 油母管压力高、低压力开关均未报警。

（11）EH 油母管压力连锁未报警。

（12）EH 油回油滤网差压大未报警。

8-143　蒸汽轮机运行中在汽机发电机密封油页面所做的监视和检查项目有哪些?

答：在汽机发电机密封油页面所做的监视和检查有：

（1）检查氢侧密封油泵的出口压力为 0.55MPa。

（2）检查空侧侧密封油泵的出口压力为 0.44MPa。

（3）氢侧密封油泵运行电流为 10A。

（4）空侧密封油泵运行电流为 17A。

（5）检查氢侧密封油油箱油位正常，液位高、低开关均无报警。

（6）检查空侧密封油冷却器运行正常，油温为 43℃。

（7）检查氢侧密封油冷却器运行正常，油温为 40℃。

（8）汽轮机密封油油氢差压为 0.84MPa。

（9）检查空侧和氢侧滤网压差正常，压力开关无报警。

（10）检查密封油系统防爆风机运行正常，运行电流为 3A，备用良好。

（11）发电机氢气纯度大于 97%。

（12）发电机氢气温度小于 38℃。

（13）发电机露点温度在－5～－25℃。

（14）发电机氢气检漏装置显示数值不超过 3%。

（15）氢气在线漏氢装置未报警。

（16）汽轮机干燥器未报警。

（17）发电机绝缘监测装置未报警。

（18）汽轮机氢气纯度低未报警。

(19) 发电机发泡箱液位开关未报警。

(20) 氢侧回油箱液位开关未报警。

(21) 发电机油水探测器液位开关未报警。

8-144 蒸汽轮机运行中在凝结水系统页面所做的监视和检查项目有哪些?

答: (1) 凝结水泵出口压力 (2.0～3.0MPa) 正常。

(2) 凝汽器水位 (500～700mm) 正常。

(3) 凝汽器水幕喷水调节阀关闭。

(4) 检查凝结水再循环调节阀自动，压力设定值为 2.0～3.0MPa。

(5) 检查凝泵电动机轴承油位、电动机轴承温度 (小于 80℃)，推力轴承温度 (小于 70℃)，线圈温度 (小于 130℃) 为正常。

(6) 检查运行凝结水泵电流 (额定值为 70.5A，实际值为 48A) 正常。

(7) 检查凝结水系统溶氧量 (小于 50×10) 正常。

(8) 检查备用泵处于良好备用状态。

(9) 检查除铁过滤器运行正常，滤网压差 (小于 250kPa)。

(10) 疏水扩容器温度不高于 50℃。

8-145 蒸汽轮机运行中在闭式水系统页面所做的监视和检查项目有哪些?

答: 在闭式水系统页面所做的监视和检查项目有:

(1) 检查闭式水泵出口压力 (0.6MPa) 正常，检查备用闭式水泵处于良好备用状态。

(2) 检查闭式水泵轴承油位、电动机轴承温度 (小于 80℃)，推力轴承温度 (小于 70℃)，线圈温度 (小于 130℃) 正常。

(3) 检查运行闭式水泵电流额定值为 58A，实际值为 52A。

（4）检查闭式水母管压力为0.3～0.4MPa。

（5）检查膨胀水箱水位在50～965mm。

（6）检查闭式水换热器运行正常，无堵塞，开式冷却水进、出口水温正常。

（7）检查闭式水各系统温度调节阀设自动，温度设定值为40℃。

8-146　蒸汽轮机运行中在循环泵及通风塔页面所做的监视和检查项目有哪些？

答：监视和检查项目有：

（1）检查循环水泵出口母管压力单台泵运行0.16MPa，两台泵运行0.22MPa。

（2）检查循环水泵轴承油位、电动机轴承温度（小于80℃），推力轴承温度（小于70℃），线圈温度（小于130℃）正常；检查运行循环水泵电流额定值为200.2A，实际值为178A。

（3）检查旋转滤网前后压位差小于300mm。

（4）检查机力通风塔冷却风机运行正常，风机振动小于6.8mm/s、油箱油位大于5mm、油箱油温小于82℃。

8-147　蒸汽轮机运行中在循环水冷却系统页面所做的监视和检查项目有哪些？

答：监视和检查项目有：

（1）开式冷却水泵出口母管压力（0.25～0.35MPa）正常。

（2）供增压机冷却水压力为270kPa。

（3）供增压机冷却水滤网前后差压小于40kPa。

（4）开式冷却水泵轴承油位正常，电动机轴承温度（小于85℃），线圈温度小于130℃。

（5）运行开式冷却水泵电流额定值为28.8A，实际值为27A。

（6）开式水自动滤水器运行正常；凝汽器端差小于4℃。

8-148　蒸汽轮机运行中在轴封抽真空系统所做的监视和检查项目有哪些？

答：监视和检查项目有：

（1）检查轴加风机工作正常，运行电流在6～8A，额定值为15A，备用轴加风机处于良好备用状态。

（2）检查轴封母管压力低压为8kPa，高压为7kPa。

（3）低压轴封温度温度为170℃。

（4）轴封回汽温度大于90℃。

（5）检查主汽供轴封管道正常备用。

（6）真空泵真空罐液位正常，补水电磁阀自动补水正常。

（7）真空泵电机轴承温度正常，线圈温度正常。

（8）真空泵备用投入正常。

8-149　蒸汽轮机运行中在辅汽及采暖页面所做的监视和检查项目有哪些？

答：监视和检查项目有：

（1）辅助蒸汽联箱温度大于320℃。

（2）辅助蒸汽联箱压力大于0.6MPa。

（3）各电动门显示状态正常。

8-150　蒸汽轮机运行中在发电机定子冷却水页面所做的监视和检查项目有哪些？

答：监视和检查项目有：

（1）运行定子冷却水泵电流额定值为42.2A，实际值为34A。

（2）备用泵处于良好备用状态。

（3）发电机定子冷却水泵进、出水差压开关无报警。

（4）定子冷却水供水小于50℃、回水小于75℃，温度正常。

(5) 定子冷却水箱液位（450～650mm）正常。

(6) 定子冷却水过滤器滤网压差开关无报警。

(7) 离子交换器出水电导率小于1.5μs/cm。

(8) 定子绕组进水导电率小于5μs/cm。

(9) 定子冷却水流量为43t/h，3个流量测点均显示正常。

(10) 定子冷却水回水温度相邻两点温差不超过8℃。

8-151 蒸汽轮机运行中在汽轮机本体页面所做的监视和检查项目有哪些？

答： 监视和检查项目有：

(1) 检查蒸汽轮机主油泵出口压力在1.9～2.2MPa。

(2) 蒸汽轮机润滑油低油压跳闸压力表显示大于110kPa。

(3) 蒸汽轮机高压主汽联合阀，再热主汽联合阀、低压主汽阀、连通管蝶阀执行机构无漏油。

(4) 蒸汽轮机高中压缸轴封无漏气，蒸汽轮机管道本体无跑、冒、滴、漏现象，汽机发电机励磁滑环温度不超过100℃。

(5) 发电机励磁碳刷刷辫未拉直。

8-152 蒸汽轮机正常运行时，如何对蒸汽轮机润滑油温度进行调整？

答： (1) 正常运行中汽轮机运行有温度自动调整，在闭式水系统页面润滑油冷却器冷却水调阀设定润滑油温度40℃，自动调整润滑油温度至40℃。

(2) 当闭式水温度较高时，润滑油冷却水调节阀全开的情况下，需手动调节润滑温度，打开冷却器入口调门旁路手动门，增加冷却器冷却水流量，将润滑油温度调整至40℃。

8-153 蒸汽轮机正常运行时，如何对汽轮机润滑油箱真空进行调整？

答： (1) 拧开运行中的主油箱排油烟风机出口门锁紧螺栓，

缓慢打开出口门。

(2) 在DCS汽轮机润滑油页面监视油箱真空的变化，调整真空在－80～－200Pa。

(3) 旋紧出口门锁紧螺栓。

8-154　蒸汽轮机正常运行时，如何对汽轮机轴封温度进行调整?

答: (1) 运行中要注意低压轴封的温度变化，在轴封抽真空系统页面低压轴封蒸汽减温水调节阀设定低压轴封温度应在170℃，自动调节轴封温度。

(2) 为了防止转子轴封部位由于热应力而造成损坏，当机组启动和停止时，要尽量减小轴封和转子表面间的温差，其温差不应超过110℃，最高不能超过165℃。

(3) 高中压缸轴封蒸汽温度根据冷再蒸汽温度而定一般在325℃。

8-155　蒸汽轮机正常运行时，如何对汽轮机轴封压力进行调整?

答: (1) 负荷变动时应及时调整轴封进汽压力，使轴封进汽始终在运行范围内运行，高压缸轴封压力7kPa，低压缸轴封压力8kPa。

(2) 汽轮机轴封进入自密封状态时，轴封供气调阀自动关闭，低压缸轴封供气由高中压缸漏气提供，当汽轮机负荷较高时，为保持高中压缸轴封供气压力7kPA，在轴封溢流调阀的定压力15kPA. 通过溢流阀控制轴封压力。

(3) 辅助蒸汽联箱温度调整。当轴封供气调节门全关后冷再至辅助蒸汽联箱调门关闭，辅助蒸汽联箱温度下降，为保证辅助蒸汽联箱温度，打开辅助蒸汽联箱疏水旁路手动门，保证辅助蒸汽联箱温度。

8-156　蒸汽轮机正常运行时，如何对凝汽器水位进行调整？

答：（1）凝汽器水位由凝汽器水位调节阀自动调整，水位设定在650mm，水位调节阀旁路电动门保持关闭状态。

（2）保证凝汽器补水调门压力在0.3MPa。

（3）当凝汽器水位迅速下降，水位调节阀全开仍无法控制水位，手动打开水位调节阀旁路电动门，通过中停控制给水流量，同时提高变频除盐水泵供水压力。

（4）机组升负荷前降低凝汽器水位至620mm，待机组升负荷完毕，恢复原设定值。

（5）机组降负荷前降低凝汽器水位至680mm，待机组升负荷完毕，恢复原设定值。

8-157　蒸汽轮机正常运行时，如何对循环水温度进行调整？

答：（1）循环水温度控制在25℃。

（2）机组一拖一运行方式保持一台循环水泵运行。

（3）根据循环水温度，启停机力通风塔低速运行。

（4）当9台机力通风塔均已低速运行，循环水温度仍较高，逐个切换机力通风塔至高速运行。

（5）机力通风塔启动时注意循环水PCⅠ、Ⅱ段负荷保持平衡。

（6）机组二拖一纯凝工况运行方式保持两台循环水泵运行。

8-158　蒸汽轮机正常运行时，如何对凝汽器真空进行调整？

答：（1）机组正常运行真空保持在－85kPa以上。

（2）真空下降时应及时查找原因，并进行处理。

（3）若因为循环水温度变化导致凝汽器真空变化时应根据环境温度对循环水流量进行调整。

（4）若真空低于－90kPa，泵真空罐水温高于45℃，增加真空泵冷却水量，降低真空罐水温。

（5）当真空高于－90kPa时，投入真空泵喷射器。

（6）当真空低于－85kPa时，启动另一台真泵位置凝汽器真空，并查找真空下降的原因，及时处理。

（7）当高中压缸轴封供气压力低于5kPa，凝汽器真空下降时，应及时提高轴封供气压力大于5kPa。

8-159　汽轮机在阀控方式运行，如何对汽轮机高、中压主蒸汽压力进行调整？

答：（1）正常运行时，汽轮机为滑参数运行。

（2）当需要调整主再热蒸汽压力时，在DEH画面打开控制设置，显示当前运行方式为阀控。

（3）设置目标值，点击确认按钮，确认目标值正确。

（4）设置速率5%/min，点击确认按钮，确认速率正确。

（5）点击“GO”，检查主、再热蒸汽联合阀动作正常。

（6）根据主、再热蒸汽压力变化情况，点击“HOLD”按钮，控制主、再热蒸汽压力变化速度。

8-160　如何对汽机低压主蒸汽压力进行调整？

答：（1）正常运行低压主汽阀前压力高于主汽阀后压力10kPa，并控制在100kPa以上。

（2）当汽机负荷变化时，低压主蒸汽压力随之变化，为保证低压主汽阀前后差压，需要对低压主汽阀进行调整。

（3）在DEH画面检查低压主汽阀控制方式为“阀控”。

（4）在DEH低压主汽补气画面设置目标值，点击确认，确认目标值正确。

（5）在DEH低压主汽补气画面设置速率2%，点击确认，确认速率正确。

（6）在DEH低压主汽补气画面点击“进行”检查低压主汽阀门动作正常。

（7）根据低压注意压力变化情况，点击“保持”按钮，控制低压主汽压力变化速度。

8-161　汽轮机油中进水有哪些因素？如何防止油中进水？

答：油中进水是油质劣化的重要因素之一，油中进水后，如果油中含有机酸，会形成油渣，还会使油系统发生腐蚀的危险。油中进水多半是汽轮机轴封的状态不良或是发生磨损，或轴封的进汽过多所引起的，另外轴封汽回汽受阻，轴封高压漏汽回汽不畅，轴承内负压太高等原因也会直接构成油中进水。

为防止油中进水，除了在运行中冷油器水侧压力应低于油侧压力外，还应精心调整各轴封的进汽量，防止油中进水。

8-162　冷油器为什么要放在机组的零米层？若放在运转层有何影响？

答：冷油器放在零米层，离冷却水源近，节省管道，安装检修方便，布置合理。机组停用时，冷油器始终充满油，可以减少充油操作。若冷油器放在运转层，情况正好相反，因其离冷却水源较远，管路长，要求冷却水有较高的压力，否则冷油器容易失水；停机后冷油器的油全部回至油箱，使油箱满油。启动时，要先向冷油器充油放尽空气，操作复杂。

8-163　汽轮机为什么会产生轴向推力，运行中轴向推力怎样变化？

答：汽轮机每一级动叶片都有大小不等的压降，在动叶片前后也产生压差，形成了汽轮机的轴向推力。在隔板汽封间隙中的漏汽也使叶轮前后产生压差，形成与蒸汽流向相同的轴向推力。另外蒸汽进入汽轮机膨胀做功，除了产生圆周力推动转子旋转外，还将使转子产生与蒸汽流向相反的轴向推力。

运行中影响轴向推力的因素很多，基本上轴向推力的大小与蒸汽流量的大小成正比。

8-164　影响轴承油膜的因素有哪些?

答: 影响轴承转子油膜的因素有：①转速；②轴承载荷；③油的黏度；④轴颈与轴承的间隙；⑤轴承与轴颈的尺寸；⑥润滑油温度；⑦润滑油压；⑧轴承进油孔直径。

8-165　什么是凝汽器的热负荷?什么是循环水温升?温升的大小说明什么问题?

答: 凝汽器热负荷是指凝汽器内蒸汽和凝结水传给冷却水的总热量（包括排汽、汽封漏汽、加热器疏水等热量）。凝汽器的单位负荷是指单位面积所冷凝的蒸汽量，即进入凝汽器的蒸汽量与冷却面积的比值。

循环水温升是凝汽器冷却水出口温度与进口水温的差值，温升是凝汽器经济运行的一个重要指标，温升可监视凝汽器冷却水量是否满足汽轮机排汽冷却之用，因为在一定的蒸汽流量下有一定的温升值。另外，温升还可供分析凝汽器铜管是否堵塞、清洁等。

温升大的原因有：①蒸汽流量增加；②冷却水量减少；③铜管清洗后较干净。

温升小的原因有：①蒸汽流量减少；②冷却水量增加；③凝汽器铜管结垢脏污；④真空系统漏空气严重。

8-166　什么是凝汽器的端差?端差增大有哪些原因?

答: 凝汽器压力下的饱和温度与凝汽器冷却水出口温度之差称为端差。

对一定的凝汽器，端差的大小与凝汽器冷却水入口温度、凝汽器单位面积蒸汽负荷、凝汽器铜管的表面洁净度、凝汽器内漏入空气量，以及冷却水在管内的流速有关。实际运行中，若端差值比端差指标值高得太多，则表明凝汽器冷却表面铜管脏污，致使导热条件恶化。

端差增加的原因有：①凝汽器铜管水侧或汽侧结垢；②凝

汽器汽侧漏入空气；③冷却水管堵塞；④冷却水量减少等。

8-167　什么是凝结水的过冷却度？过冷却度大有哪些原因？

答：在凝汽器压力下的饱和温度与凝结水温度之差称为凝结水的过冷度。从理论上讲，凝结水温度应和凝汽器的排汽压力下的饱和温度相等，但实际上各种因素的影响使凝结水温度低于排汽压力下的饱和温度。出现凝结水过冷的原因有：

（1）凝汽器结构不合理，使上部的凝结水落到下部的管子上再度冷却。

（2）凝汽器水位高，以致部分铜管被凝结水淹没而产生过冷却。

（3）凝汽器汽侧漏空气或抽气设备运行不良，造成凝汽器内蒸汽分压力下降而引起过冷却。

（4）凝汽器铜管破裂，凝结水内漏入循环水（此时凝结水质严重恶化，如硬度超标等）。

（5）凝汽器冷却水量过多或水温过低。

8-168　凝结水过冷却有什么危害？

答：凝结水过冷却有以下危害：

（1）凝结水过冷却，使凝结水易吸收空气，结果使凝结水的含氧量增加，加快设备管道系统的锈蚀，降低了设备使用的安全性和可靠性。

（2）影响发电厂的热经济性，因为凝结水温度低，在除氧器加热就要多耗抽汽量，在没有给水回热的热力系统中，凝结水每冷却7℃，相当于发电厂的热经济性降低1%。

8-169　凝汽器水位升高有什么害处？

答：凝汽器水位过高会使凝结水过冷却，影响凝汽器的经济运行。如果水位太高，将铜管浸没，将使整个凝汽器冷却面积减少，使凝结水过冷却；严重时淹没空气管，使抽气器抽水，凝汽器真空严重下降。

8-170 为什么凝汽器半边清洗时汽侧空气门要关闭？

答： 由于凝汽器半边的冷却水停止，此时凝汽器内的蒸汽未能被及时冷却，故使抽气器抽出的不是空气和蒸汽的混合物，而是未凝结的蒸汽，从而影响了抽气器的效率，使凝汽器真空下降，因此凝汽器半边清洗时，应先将该侧空气门关闭。

8-171 主蒸汽压力升高时对机组运行有何影响？

答： 主蒸汽压力升高后，总的有用焓降增加，蒸汽的做功能力增加，因此如果保持原负荷不变，蒸汽流量可以减少，对机组经济运行是有利的。但最后几级的蒸汽湿度将增加，特别是对末级叶片的工作不利。主蒸汽压力升高超限，最末几级叶片处的蒸汽湿度大大增加，叶片遭受冲蚀。新蒸汽压力升高过多，还会导致导汽管、汽室、汽门等承压部件应力的增加，给机组的安全运行带来一定的威胁。

8-172 新蒸汽温度过高对汽轮机有何危害？

答： 制造厂设计汽轮机时，汽缸、隔板、转子等部件根据蒸汽参数的高低选用钢材，对于某一种钢材有其一定的最高允许工作温度，如果运行温度高于设计值很多时，势必造成金属机械性能的恶化，强度降低，脆性增加，导致汽缸蠕胀变形、叶轮在轴上的套装松弛，汽轮机运行中发生振动或动静摩擦，严重时使设备损坏，故汽轮机在运行中不允许超温运行。

8-173 新蒸汽温度降低对汽轮机运行有何影响？

答： 当新蒸汽压力及其他条件不变时，新蒸汽温度降低，循环热效率下降，如果保持负荷不变，则蒸汽流量增加，且增大了汽轮机的湿汽损失，降低了汽轮机内效率。

新蒸汽温度降低还会使除末级以外各级的焓降都减少，反动度增加，转子的轴向推力增加，对汽轮机安全不利。

新汽温度急剧下降，可能引起汽轮机水冲击，对汽轮机安全运行更是严重的威胁。

8-174　新蒸汽压力降低时对汽轮机运行有何影响？

答：如果新汽温度及其他运行条件不变，新蒸汽压力下降，则负荷下降。如果维持负荷不变，则蒸汽流量增加。新汽压力降低，机组汽耗增加，经济性降低，当新蒸汽压力降低较多时，要保持额定负荷，使流量超过末级通流能力，使叶片应力及轴向推力增大，故应限制负荷。

8-175　汽轮机油温高、低对机组运行有何影响？

答：汽轮机油黏度受温度变化的影响，油温高，油的黏度小，油温低，油的黏度大。油温过高过低都会使油膜不好建立，轴承旋转阻力增加，工作不稳定，甚至造成轴承油膜振荡或轴颈与轴瓦产生干摩擦，而使机组发生强烈振动，故温度必须在规定范围内。

8-176　运行中的冷油器投入，油侧为什么一定要放空气？

答：冷油器在检修或备用时，其油侧积聚了很多空气，如不将这些空气放尽就投用油侧，油压就会产生很大波动，严重时可能使轴承断油或低油压跳机事故。

8-177　密封油箱的作用是什么？

答：双流环式瓦结构的密封油系统，空侧与氢侧密封油互不干扰，空侧密封油循环是由主油箱的油完成的，而氢侧密封油循环是由氢侧密封油箱内的油来完成的。因此密封油箱的作用就是用来完成氢侧密封油循环的一个中间储油箱。

8-178 辅机动力设备运行中电流变化的原因是什么？

答： 辅机动力设备运行中电流变化的原因以下。

（1）电流到零原因。①电源中断；②开关跳闸；③电流表电缆开路。

（2）电流晃动的原因。①水泵流量变化；②频率及电压变化；③水泵内水汽化；④水泵轴封填料过紧，轴承损坏；⑤动静部分摩擦。

8-179 给水泵在备用及启动前为什么要暖泵？

答： 启动前暖泵的目的就是使泵体上下温差减小，避免泵体及轴发生弯曲，否则启动后产生动静摩擦使设备损坏，同时由于泵体膨胀不均，启动后会产生振动，因此启动前一定要进行暖泵，而备用泵随时都有可能启动，因此也必须保持暖泵状态。

8-180 为什么循环水中断要等到凝汽器外壳温度降至50℃以下才能启动循环水泵供循环水？

答： 事故后，循环水中断，如果由于设备问题循环水泵不能马上恢复起来，排汽温度将会很高，凝汽器的拉筋、低压缸、铜管均做横向膨胀，此时若通入循环水，铜管首先受到冷却，与低压缸、凝汽器的拉筋却得不到冷却，使得铜管收缩，而拉力不收缩，铜管有很大的拉应力，该拉应力能够将铜管的端部胀口拉松，造成凝汽器铜管泄漏。

8-181 凝结水再循环管为什么要接在凝汽器的上部？是从哪儿接出的？为什么？

答： 凝结水再循环管接在凝汽器上部的目的就是使该部分凝结水经过轴封加热器、低压加热器，被加热后与凝汽器铜管接触，由循环水冷却后由凝结水泵打出，不至于使热井内的凝结水温度升高过多。

再循环管从轴封加热器后接出，主要考虑当汽轮机启动、停用或低负荷时，使得轴封加热器有足够的冷却水量。否则，由于冷却水量不定，将使轴封回汽不能全部凝结而引起轴封汽回汽不畅、轴端冒汽。因此再循环管从轴封加热器后接出，打至凝汽器冷却后，再由凝泵打出。这样不断循环，保证了轴封加热器的正常工作。

8-182　辅机启动时如何从电流表上判断启动是否正常？

答：可以从以下几种情况判断启动是否正常。

（1）启动时电流很大，因刚合上开关，转子升速时，电流表是甩足的，当转子加速至接近全速则电流表读数迅速下降，转子达全速，电流降至正常值，该次启动正常。

（2）如果启动时电流表一晃即返零，即可能是开关未合足即跳闸，若伴有“6kW辅机故障”信号，则表示电动机可能有故障。

（3）如果启动后电流比正常值小，则可能是泵轮打不出流量。

（4）如果电流甩足不下降，则表示机械部分可能有故障或电动机两相运行，应停用处理；如果启动电流甩足时间过长或启动后电流比正常值大，表示机械部分可能有故障，对容积式泵还应检查出路是否畅通，出口压力是否超限。

8-183　辅机停用后为什么要检查转子转速是否到零？

答：（1）辅机停用后，如果出口止回门关闭不严，会引起辅机倒转，如不及时发现处理，将影响系统正常运行，有的辅机严重倒转，甚至可能引起停机事故。

（2）若停用时因两相电源未拉开而使辅机二相低速运行，易引起电动机烧坏事故。

（3）不检查转子是否转动，转子在倒转的情况下，有以下危害：①辅机转子在静止状态下启动，启动电流就已经很大，在倒转状态下启动，要使本来倒转的转子变为顺转，启动电流将更大，过大的启动电流对电动机不利，可能会造成电动机线圈或线棒松动，甚至损坏绝缘；②有些辅机用并帽螺母固定叶轮，辅机倒转，容易使并帽螺母松动，造成叶轮松动。

8-184 真空系统漏空气引起真空下降的象征和处理特点是什么？

答：漏空气引起真空下降时，排汽温度升高，端差增大，凝结水过冷度增大，凝结水含氧量升高，当漏空气量与抽气器的最大抽气量能平衡时，真空下降到一定值后，真空还能稳定在某一数值。真空系统漏空气，用真空严密性试验就能方便地鉴定。真空系统漏空气的处理，除积极想法消除漏空气外，在消除前应增开射水泵（真空泵），维持凝汽器真空。

8-185 运行中对汽轮机主轴承需要检查哪些项目？

答：运行中对汽轮机主轴承需要检查的项目有：各轴承油压、所有轴瓦的回油温度、回油量、振动、油挡是否漏油、油中是否进水。

8-186 运行中对汽缸需要检查哪些项目？

答：运行中对汽缸需要检查的项目有：轴封温度、机组运转声音、相对膨胀、排汽缸振动及排汽温度。

8-187 何谓汽轮机的寿命？正常运行中影响汽轮机寿命的因素有哪些？

答：汽轮机寿命是指从初次投入运行至转子出现第一条宏观裂纹（长度为0.2～0.5mm）期间的总工作时间。

汽轮机正常运行时，主要受到高温和工作应力的作用，材料因蠕变要消耗一部分寿命。在启、停和工况变化时，汽缸、转子等金属部件受到交变热应力的作用，材料因疲劳也要消耗一部分寿命。在这两个因素共同作用下，金属材料内部就会出现宏观裂纹。例如不合理的启动、停机所产生的热冲击，运行中的水冲击事故，蒸汽品质不良等都会加速设备的损坏。

8-188　为什么要做真空严密性试验？

答：对于汽轮机来说，真空的高低对汽轮机运行的经济性有着直接的关系，真空高，排汽压力、温度低，有用焓降较大，被循环水带走的热量会减少，机组的热效率将提高。凝汽器漏入空气后降低了真空，有用焓降减少，循环水带走的热量增多。通过凝汽器的真空严密性试验结果，可以鉴定凝汽器的工作好坏，以便采取对策消除泄漏点。

8-189　怎样测定机组惰走曲线？如何分析？

答：从机组打闸开始到机组转子完全停止所用的时间称为转子的惰走时间，以此画出的转速与时间的关系曲线称为机组的惰走曲线。

每次应在相同条件下测得惰走曲线，与上几次惰走曲线相比较，看其形状和斜率是否相同，有无大的出入，分析原因，加以消除。

影响惰走曲线的斜率、形状的因素有以下几个方面：

（1）真空破坏门开度的大小，开启时间早晚。

（2）机组内部是否摩擦。

（3）主汽门、调节汽门、抽汽止回门是否严密。

8-190　什么是临界转速？汽轮机转子为什么会有临界转速？

答：在机组启、停过程中，当转速升高或降低到一定数值时，机组振动突然增大，当转速继续升高或降低后，振动又减少，这种使振动突然增大的转速称为临界转速。

汽轮机的转子是一个弹性体，具有一定的自由振动频率。

转子在制造过程中，由于轴的中心和转子的重心不可能完全重合，总有一定的偏心，当转子转动后就产生离心力，离心力就引起转子的强迫振动，当强迫振动频率和转子固有振动频率相同或成比例时，就会产生共振，使振幅突然增大，这时的转速即为临界转速。

8-191　临界转速时的振动有哪些特征？

答：临界转速时的振动的特点是：振动与转速关系密切，当转子的转速接近临界转速时，振动迅速增大，转速达到临界转速时，振动达到一个最高的峰值，当转速越过临界转速时，振动又迅速减少。

8-192　汽轮机内部损失有哪些？其意义如何？

答：汽轮机内部损失有七项：

（1）喷嘴损失。蒸汽流经喷嘴时，部分蒸汽产生扰动和涡流，蒸汽和喷嘴表面有摩擦，引起做功能力的损失。

（2）动叶损失。蒸汽流经动叶时，由于汽流与动叶表面发生摩擦和涡流，也会产生做功能力的损失。

（3）余速损失。蒸汽从动叶排出时，绝对速度具有一定的动能，该部分动能未能被利用，会重新转变成热能，使排汽焓值升高，引起做功能力的损失。

（4）漏汽损失。包括两个部分：一部分是汽缸端部轴封漏汽；另一部分是级内漏汽损失，包括隔板汽封、动叶和汽缸间隙等处的漏汽损失。

（5）摩擦鼓风损失。摩擦损失是指叶轮转动时与蒸汽摩擦所造成的损失，以及叶轮两侧蒸汽被带着转动，形成蒸汽涡流所消耗的功率。鼓风损失是指叶栅两侧与蒸汽产生的摩擦损失，以及在部分进汽级中，动叶处在没有蒸汽流过的部分转动时，把蒸汽从动叶片一侧鼓到另一侧所产生的附加损失。摩擦损失和鼓风损失总称为摩擦鼓风损失。

(6) 斥汽损失。在部分进汽级中，喷嘴出来的蒸汽只通过部分动叶的流道，而其他动叶中充满了停滞的蒸汽。当这部分动叶旋转到又对准喷嘴时，从喷嘴出来的主汽流首先要将这部分滞留的蒸汽排斥出去，使汽流速度降低，产生了能量损失。

(7) 湿汽损失。湿蒸汽中水珠的流速要比蒸汽小，蒸汽分子要消耗一部分能量加速水滴引起能量损失。同时由于水滴的流速低，进入动叶时正好冲击在动叶片进口处的背部，对叶轮产生制动作用，要消耗一部分有用功。

8-193 汽轮机通流部分结垢对安全经济运行有什么影响?

答: 汽轮机通流部分结垢后，由于通流部分面积减小，蒸汽流量减少，叶片的效率也降低，这些必然导致汽轮机负荷和效率的降低。通流部分结垢会引起级的反动度变化，导致汽轮机轴向推力增加，使机组安全运行受到威胁。

第四节 联合循环机组设备维护

8-194 为什么要进行设备维护?

答: 降低业主维护费用、提高设备利用率和使用寿命。

8-195 编制设备维护计划需考虑的因素有哪些?

答: 要使维护计划有效果，业主必须形成一个总体认识，了解电厂的运行计划和侧重点之间、运行技能水平和维护人员之间、制造商有关检查次数、备品计划类型的建议和其他影响元件寿命和设备正常运行的主要因素之间的关系。

8-196 编制好的维护计划有什么用处?

答: 编制维护计划可以减少停机时间，正确执行维护计划和检查可以使电厂在减少被迫停机、提高启动可靠性方面直接受益，降低了非计划检修停机时间。

8-197　哪些系统的辅机需要做定期保养？

答： 控制装置、燃料测量设备、燃气轮机辅机、发电机和其他位置电厂辅机要求做定期保养。

8-198　从设计方面分析GE燃气轮机具有的容易维护的特点。

答：（1）所有缸体、外壳和框架在机器水平中心线上分布。上半部分可以单独吊升进入内部部件。

（2）压气机上缸移去后，所有静叶片检查或更换可以沿着缸体在圆周方向滑动，而不需要移开转子。在大多数设计上，可变入口导叶在移去上缸入口后能够从径向移开。

（3）透平外壳上半部吊升后，第一级喷嘴组件的检查、检修和更换时每一部分都可以被移动，而不须移开转子。在某些单元的上半部分、末级喷嘴组件与透平外壳一起吊升后，也允许对透平动叶进行检查和移动。

（4）对转子绕轴组件，所有透平动叶在安放时都即时称重且电脑作图，这样在更换时就不需要移动和对转子组件再找平衡。

（5）所有轴承室和衬套沿着水平中心线分布，根据需要可以检查和更换。轴承衬套的下部可以不移去转子而移动。

（6）所有密封和轴包装沿着主轴承室和缸体结构分布，可以直接移动和更换。

（7）在大多设计情形下，燃料喷嘴、燃烧衬套和流量套管可以不起吊任何缸体而进行检查、维护和更换。

（8）所有重要辅件包括过滤器和冷却器都是单独安装的，直接用于检查和维护的辅助作用。必要时它们也可以单独更换。

8-199　影响燃气轮机维护和设备寿命的主要因素有哪些？

答： 影响燃气轮机维护和设备寿命的主要因素有：启动方式和启动特性，售后服务，选用的燃料，燃烧温度，汽/水喷射进行的温度调整方式，周期影响，热燃气通道部件的热疲劳，转子部件的维护与检查，燃烧部件的运行特点与方式，偏离周波运行，空气质量，入口雾化方式等。

8-200 GE燃气轮机哪些部位可以进行管道镜检查？

答：压气机缸体和透平外壳内进行压气机中间级转子、第一、二、三级透平动叶和透平喷嘴部分可用管道镜进行肉眼检查。

8-201 使用管道镜有什么好处？

答：有效的管道镜检查方案可以使仅当部件必须要检修和更换时才需要移去透平单元的缸体和外壳。允许部件要求的计划停机和提前计划停机，可以降低维护成本、提高燃气轮机的利用率和可靠性。

8-202 不同负荷对燃烧温度有什么影响？

答：在基本条件下要运行6h才抵得上在超出基本负荷条件运行1h。负荷的降低并不总是意味着燃烧温度的降低。在余热应用中，蒸汽的生成推进了整个电厂的效率，负荷首先通过减少燃料量来降低，然后关小可变入口导叶来减少入口空气流量，维持最高排气温度。对于这些联合循环运用来说，要等到负荷降至大约额定功率的80%时才降低燃烧温度。

8-203 汽水喷射会对燃气轮机的使用寿命造成什么影响？

答：(1) 用于调节功率的喷射水（汽）会影响部件寿命和维护间隔，这与加入的水对燃气传导特性的影响有关。燃气的传导率越高，越会增加对动叶和喷嘴的热传递，金属温度就越高，就会缩短部件的寿命。

(2) 在大多数基本负荷运行下，由于水或汽的喷射降低了燃烧温度，使燃气侧获得更多的热传递，对动叶寿命没有影响。

如果喷水减温时仍能保持燃烧温度不变，将导致机组有额外的功率输出，降低了部件寿命。

8-204 为什么热燃气通道部件更容易产生热疲劳?

答: 点火结束、升速、加负荷、减负荷、停机都使燃气温度改变，引起金属温度也相应变化，动叶和喷嘴边缘比宽厚处更容易加热或冷却，反应更快，在一个周期内，依次产生热应力，最终会导致设备破裂。

8-205 简述零件热疲劳的影响因素。

答: 通过热力机械疲劳实验已经发现，零件在发生破裂之前，能够承受的周期次数，很大程度受整个应力范围和金属所受的最大温度的影响。任何运行条件，若严重超出正常周期条件下的应力范围和最大金属温度，将导致缩短疲劳寿命、增加基于启动的维护因数。一次含甩负荷的周期大大增加了应力范围，导致其对寿命的影响与 8 次正常启动/停机周期对寿命的影响一样。在部分负荷下的甩负荷的影响要小一些，因为甩负荷之间的金属温度相对较低。与甩负荷类似，紧急启动和快速升负荷也会对其有影响，这是基于启动的维护间隔。机组从稳态到满负荷低于 5min 的紧急启动对零件寿命的影响与 20 次正常启动周期的影响相当。

8-206 简述转子部件的维护、检修与运行的关系。

答: 转子结构的维护和整修要求受到与启动、运行、停机关联的周期的影响。当转子累计达到检查极限时，就需要拆卸和检查所有转子部件。对转子来说，当启动顺序初始化后，热条件是决定转子维护间隔和各转子部件寿命的主要因素。

8-207 简述燃汽轮机转子冷启动时的热应力特点。

答: 转子在启动开始时是冷的，当透平启动时，会产生瞬态的热应力。大转子由于有较长的热力时间常数，产生的热应力比小转子在同样的启动时序下产生的热应力更高。高热应力会缩短维护间隔和热力机械疲劳寿命。快速启动和快速加负荷时，透平的加载斜度太快，增加了热力梯度，对转子来说是更严峻的工况。甩负荷特别是甩负荷后立即启动会缩短转子维护间隔，热态停机后1h之内的热态启动同样如此。

8-208　燃气轮机燃烧部件的维护和整修的影响因素有哪些?

答：燃烧系统的运行特点和运行方式不同，其对影响维护和整修要求的运行变量的反应也不相同。燃烧部件的维护和整修的影响因素包括周期、甩负荷、燃料的类型和质量、燃烧温度，以及用于排气控制或增加功率的汽、水喷射。另外，还有燃烧系统特有因素，即运行方式和空气动力学。在高负荷时使用低负荷运行方式会严重缩短维护间隔。声音动力学是燃烧系统的压力振荡产生的，如果压力大小足够高，会导致严重的磨损和破裂。

8-209　空气质量如何影响燃气轮机?

答：维护和运行成本均受到透平消耗的空气质量影响。空气污染物、粉尘、盐、油等会导致压气机叶片腐蚀、侵蚀和结垢。20μm大小的颗粒进入压气机就能造成叶片严重腐蚀。进入压气机的细小粉尘颗粒或是油汽、烟气、海盐和工业蒸汽都会促使结垢形成，从而减少燃气轮机输出和整个热力效率。

8-210　简述压气机的可回收损失和不可回收损失。

答：压气机可回收损失是由压气机叶片结垢引起的。在严重结垢发生前，可以使用压气机在线清洗系统，通过对带负荷的压气机进行清洗来维持压气机效率。对严重结垢的压气机可以使用离线系统。其他过程包括入口过滤系统和入口蒸发冷却器维护，以及对压气机叶片进行定期检查和即时检修。

压气机的不可回收损失，有代表性的是由非结垢叶片表面粗糙度、腐蚀和叶片顶端摩擦。在透平中，喷嘴喉部面积改变，叶片顶端间隙增加、有泄露是潜在的原因。

8-211　燃气轮机设备的维护检查有哪些类型?

答: 维护检查类型可以大体上分为备用检查、运行检查和接替检查。备用检查在非调峰期间机组不在运行时进行，包括对辅助系统和装置刻度的常规检查。运行检查是在透平运转期间对重要的运行参数进行检查。接替检查要求打开透平检查内部部件，检查程度不尽相同。接替检查过程从燃烧室检查到热燃气通道检查再到大检查。

8-212　什么是备用检查?

答: 备用检查所有燃气轮机都要执行，特别适用于把启动可靠性放在首位的调峰或间段运行的燃气轮机。这种检查包括电池系统例行检查、更换过滤器、检查油质、水质、清洁继电器和检查装置刻度。检查可以在调峰停机期间进行而不中断透平利用率。定期启动实验运行是备用检查的基本构成。

8-213　什么是运行检查?

答: 运行检查是指机组运行中的常规、连续观察。必须利用一些资料来确定设备正常启动的参数和稳态运行的关键参数，包括对负荷与排烟温度、振动、燃料流量、燃料压力、润滑油压、排气温度、排气温度传播变化和启动时间的比较。

8-214　什么是燃烧检查?

答: 燃烧检查是对燃料喷嘴、内衬、渐缩件、交叉燃烧管和定位件、火花塞、火焰探头和燃烧器流量套管检查的相对较短的解体停机检查。检查侧重于燃烧室内衬、渐缩件燃料喷嘴和端帽的检查。

8-215 如何根据负荷与排烟温度的变化判断故障?

答: 负荷与排烟温度具有一定对应关系，排烟温度升高是内部部件老化、泄露过多或空气压气机脏的征兆。

8-216 如何根据振动水平判断是否需要维修?

答: 应观察并记录机组的振动信号。微小的变化也将伴随着运行条件的变化。但是，变化较大或有持续增长的趋势需要进行矫正工作。

8-217 燃料流量和压力的变化反映什么?

答: 燃料流量与负荷之间存在对应关系，燃料压力的变化意味着燃料喷嘴通道堵塞或燃料测量表计损坏或刻度不准。

8-218 燃烧室检查包含的项目有哪些?

答: (1) 检查、鉴定燃烧腔部件。

(2) 检查、鉴定每根交叉火焰管、定位器和燃烧内衬。

(3) 检查燃烧内衬，查看 TBC 有无蜕变、磨损、开裂。检查燃烧系统和排气缸，查看有无碎物或外来物质。

(4) 检查流量套管焊接头，查看有无裂缝。

(5) 检查渐缩件，查看有无磨损、破裂。

(6) 检查流量喷嘴，查看头部有无堵塞、头部孔有无腐蚀和头部安全锁紧情况。

(7) 检查所有喷嘴组件的液体、空气、燃气通道，查看有无堵塞、腐蚀和烧坏等。

(8) 检查火花塞组件，查看有无被黏住不能活动，检查电极和绝缘情况。

(9) 更换所有易损品和正常磨损断裂项目如密封、锁紧片、螺母、螺栓、垫圈等。

（10）用肉眼检查透平一级喷嘴隔板，用管道镜检查透平叶片，做好这些部件的磨损、老化标记。这种检查有助于制定热燃气通道检查计划。

（11）用管道镜对压气机进行检查。

（12）进入燃烧室外壳内部，用管道镜观察压气机轴向末端的叶片情况。

（13）用肉眼检查压气机入口和透平出口区域，检查入口导叶状况、入口导叶的套管、末级动叶和排气系统部件。

（14）核对放气阀、止回阀的运行是否正确。确保燃烧控制的设置合理、刻度正确。

8-219 典型热燃气通道检查包括哪些项目？

答：（1）检查并记录第一、二、三级动叶的状况。如果确定透平动叶需要移开，必须遵守动叶移动和条件记录说明书，并要估计一级动叶保护涂层剩下的涂层寿命。

（2）检查并记录第一、二、三级喷嘴的状况。

（3）检查并记录末级喷嘴隔板密封状况。

（4）检查间隙的摩擦和磨损情况。

（5）记录动叶头部间隙。

（6）检查动叶根部密封，查看有无空隙、摩擦、磨损。

（7）检查透平固定外壳，查看有无空隙、破裂、腐蚀、氧化、摩擦和堆积。

（8）检查和更换任何有缺陷的轮间热电偶。

（9）进入压气机内部扩压室，检查压气机前部状况。特别注意入口导叶，若发现间隙过大、叶片破裂就要寻找腐蚀、衬套磨损情况。

（10）进入燃烧室外壳内部，使用管道镜观察压气机轴向流向末端叶片的状况。

（11）肉眼检查透平排气区域，查看有无裂纹及老化迹象。

8-220 进行热燃气通道检查的目的是什么?

答: 检查那些承受燃烧过程排放的热燃气高温的部件。包括对整个燃烧室范围的检查，以及详细的透平喷嘴、固定的定子护罩和透平动叶的检查。

8-221 喷嘴检查的一般原则是什么？为什么?

答: 作为一般的原则，第一级喷嘴需要在热燃气通道检查中检修。第二、三级喷嘴只需要整修和重新调整合适的轴向间隙。

第一级透平喷嘴组件遭受燃烧产生的热排气的直接冲刷，经受的是透平部分最高的燃气温度。这种情况经常引起喷嘴开裂和氧化。第二、第三级喷嘴承受高温热气折向冲刷，冲刷及高温一起作用使喷嘴下游发生偏转导致严重的轴向间隙变化。

8-222 大检查的目的是什么?

答: 检查从机器入口到穿过机器的排气段的所有内部转子和定子部件。大件检查必须制定计划，包括燃气轮机所有法兰与法兰连接的部件，还包括燃烧室和热燃气通道检查的元件，对各个项目都要逐一检查。

8-223 大检查包括的项目有哪些?

答: （1）所有径向和轴向间隙，并与原始值作校对（增大和减小）。

（2）检查缸体、外壳和框架/扩散体，查看有无裂纹、腐蚀。

（3）检查压气机入口和压气机流程，查看有无污垢、侵蚀、腐蚀和泄露。检查入口导叶，查找有无腐蚀，套管磨损和叶片开裂现象。

（4）检查压气机转子、定子，查看有无间隙、摩擦、冲击损伤、腐蚀损斑、拱起开裂。

（5）检查透平固定护套，查看有无间隙、腐蚀、摩擦、开裂、堆积。

(6) 检查透平喷嘴和隔板的密封、挂钩安装情况，查看有无摩擦、腐蚀、磨损或热力老化。

(7) 移开透平动叶，对动叶和叶轮吻合情况做非破坏性检查（应该对第一级动叶保护涂层的剩余涂层寿命作评估）。在热燃气通道检查中没有重刷涂层的第一级动叶应该更换。

(8) 按维护和检查手册或技术资料涵的建议对转子做检查。

(9) 检查轴承内衬和密封，查看其间隙和磨损情况。

(10) 检查入口系统，查看有无腐蚀、消音器开裂和部件松动现象。

(11) 检查排气系统，查看消音器或保温板有无裂纹、断裂现象。

(12) 检查燃气轮机与发电机、燃气轮机与辅助齿轮的同轴度。

8-224 帮助确定燃气轮机备品备件的文件有哪些？

答：有两份这样的文件，帮助按目录编号订购燃气轮机部件。第一份是“更新部件目录”，此文件包含用于鉴定部件的常用图例。第二份文件是“更新部件目录分类数据手册”，包含特定工地机组的目录分类数据。

8-225 通常给定的检查间隔是在什么条件确定的？

答：推荐的燃烧室检查间隔、热燃气通道检查间隔和大检查间隔，是针对当前GE生产的透平而言的，且在理想条件即烧天然气、带基本负荷、无汽或水喷射的条件下的。

第五节 汽轮-燃气轮机停运

8-226 机组停运包含哪些方式？分别是如何定义的？哪些停运由值长下命令？

答：机组的停运包括“正常停运”、“故障停运”方式。正常停运包括“额定参数停机”、“滑参数停机”；“故障停机”包括一般故障停机和紧急停机。

(1) 正常停机。是指机组按正常停机程序进行的停运方式。

(2) 滑参数停运。在机组大小修前，为了使机组缸温降低到较低水平，缩短停机后自然冷却的时间，以便进行停运盘车、锅炉放水等操作，从而尽早进行检修工作而采取的停运方式。滑参数停运与正常停运区别不大，只是停运时的参数较低，时间较长。

(3) 一般故障停运。是机组设备出现异常，而设备异常程度尚未达到手动紧急停运条件，但停运机组可对异常设备进行检修，并保证机组停机过程的安全。一般故障停运是需要人为干预的停运方式。

(4) 紧急停运。指危及人身和设备安全情况下必须立即遮断机组的停运方式。

机组正常停运、滑参数停运和一般故障停运必须按值长命令执行。

8-227　满足哪些条件时蒸汽-燃气轮机机组需紧急停运？

答：满足下列条件之一时，蒸汽-燃气轮机机组需紧急停运：①润滑油压力低跳闸；②火灾保护跳闸；③发电机保护动作跳闸；④排气压力高跳闸；⑤振动大跳机；⑥启动燃料流量大跳机，SRV 阀 feedback 大于 60%跳机（暖机结束，增加燃料情况已完成且泄漏测试允许的情况下）；⑦失去保护转速信号输入跳机；⑧速比阀后压力高跳机；⑨速比阀后压力低跳机；⑩暖机结束之前、泄漏试验允许之前且 SRV 指令允许的情况下，速比阀位置错误；⑪在检测到火焰后，若控制用转速信号失去则跳机；⑫保护用转速信号故障；⑬控制用转速信号故障；⑭扩散、预混燃料气控制阀不跟随指令；⑮不在停机状态且转速小于全速的情况下，控制系统故障跳机；⑯保护模块合成跳机；⑰就地紧急跳机按钮；⑱集控室内远方紧急跳机按钮；⑲前置过滤器液位高跳机；⑳涤气器液位高跳机；㉑伺服阀辅助检查跳机，在点火失败闭锁未发且泄漏试验不允许的条件下，任一个伺服阀故障则跳机；㉒直流密封油泵电机电压低跳机；㉓直流润滑油泵电动机电压低跳机；㉔点火允许 30s 后，点火失败跳机；㉕泄漏试验未允许，点火前压力高跳机；㉖危险气体浓度高禁止启动；㉗停机泄漏试验失败；㉘启动泄漏试验失败；㉙天然气截止阀位置；㉚高排气温度；㉛丢失火焰，少于 3 个火焰探头检测到火焰则跳机；㉜防喘放气阀位置故障，全速前不能打开跳机，在启动前离线试验任一个位置错误或不能关闭均跳机；㉝负荷隧道温度高；㉞滑油母管温度高；㉟燃气轮机电超速；㊱压气机排气压力错误跳机；㊲危险气体浓度高；㊳跳闸油油压力低跳机；㊴进口导叶控制故障；㊵启动过程 LCI 故障跳机；㊶清吹故障跳机；㊷干式低氮燃烧系统跳机；㊸风机均跳闸且两台风机出口压力低，延时 30s 跳机；㊹余热锅炉高、中、低压任一汽包液位达低二值或高三值水位保护动作跳连跳燃气轮机；㊺汽轮机跳闸，保护跳燃机。

8-228　联合循环机组正常停机应遵循的原则是什么？

答：（1）机组停运过程是机组高温部件的冷却过程，在停机过程中，如果参数控制不当，将产生较大的应力，影响机组使用寿命。因此，要求在各种方式下，严格控制降温、降压速率及保持锅炉良好的水动力工况，从而保证机组的安全停运。

（2）在正常停机过程中要最大限度地减少蒸汽轮机和余热锅炉热量的散失，在停机后尽量做好保温工作，缩短下次启动的时间。

8-229　联合循环机组停机前应做哪些准备工作？

答：（1）机组的停运，必须得到值长命令。

（2）接到停机命令后，主值班员应通知各岗位运行人员作好停机准备，并准备好停机操作票、记录表和工具。

(3) 机组停运前应对机组及其附属设备进行全面详细的检查，将发现的设备缺陷记录在运行日志中，同时输入 MIS 管理系统；记录异常的参数变化，以便进行运行分析。

(4) 检查 MARK-VI 、DCS 工作正常，无妨碍停机的报警。

(5) 投运启动锅炉，蒸汽管道进行疏水暖管，正常后辅汽切换至启动锅炉供汽。

(6) 退出热网运行。

(7) 检查蒸汽轮机交流润滑油泵、直流润滑油泵、高备泵、氢侧密封直流油泵、空侧密封直流油泵、备用 EH 油泵、顶轴油泵、盘车电动机等辅机电源正常，并处于良好的备用状态。

(8) 试转顶轴油泵及交流润滑油泵正常，并设自动。

(9) 检查燃气轮机备用交流润滑油泵、直流润滑油泵、交流密封油泵、直流密封油泵、备用液压油泵、盘车电动机等辅机电源正常，处于良好的备用状态，并设自动。

(10) 停运前检查各个辅机运行正常，检查机、炉本体、管道、容器、阀门等运行正常。

(11) 检查凝汽器水位正常。

(12) 增加 10%的连续排污，加快底部排污频率。

(13) 检查仪用压缩空气压力正常。

(14) 检查余热锅炉各系统和参数满足停机状态。

(15) 检查蒸汽轮机高排通风阀已投自动。

(16) 检查汽轮机侧各疏水阀正常。

8-230 简述燃气轮机联合循环机组一拖一运行方式下的停运顺序。

答： (1) 燃气轮机停运。燃气轮机降负荷；燃气轮机解列。

(2) 余热锅炉停运。

(3) 蒸汽轮机停运。

8-231　简述燃气轮机联合循环机组一拖一运行方式下，燃气轮机降负荷的操作步骤。

答：（1）接到值长正常停机命令后，退出机组 AGC 控制模式，退出 CCS 控制模式。

（2）在燃气轮机 MARK-Ⅵ“Start-up”画面，选择“Preselect Load”，在投入预选负荷前将预选设定值设定为当前负荷。

（3）在燃气轮机预选负荷方式逐渐降低燃气轮机负荷。

（4）燃气轮机负荷降至 160MW，检查 IGV 关到 58.5°时，IBH 开始开启。

（5）燃气轮机降负荷至 100MW 停留 5min，监视主蒸汽温度变化，通过控制减温水量来调节主汽温度不超限。

（6）燃气轮机负荷降至 95MW，CRT≤1248℃或 CRT≤1226℃时，燃气轮机由预混模式切换至先导预混模式，D5 燃气控制阀打开，清吹阀关闭。燃烧切换时检查燃气轮机各轴瓦振动不超过 20.8mm/s。

（7）燃气轮机负荷降至 40MW，退出性能加热器的运行。

8-232　简述燃气轮机联合循环机组一拖一运行方式下，蒸汽轮机停运步骤。

答：（1）燃气轮机降负荷阶段，监视蒸汽轮机主汽温温降率不大于 2℃/min，汽缸金属温降率不大于 1.5℃/min、汽缸上下缸温差小于 42℃；轴向位移小于±0.9mm；胀差在－3.8～17.8mm 范围内，蒸汽轮机轴封供气压力不低于 5kPa，油压等参数情况应正常。

（2）燃气轮机降负荷至 120MW，蒸汽轮机负荷约为 85MW，退出蒸汽轮机低压补气。

（3）蒸汽轮机负荷降至 52MW，机侧疏水自动打开。

（4）当燃气轮机发“STOP”令后，蒸汽轮机手动打闸，检查高、中压主汽门、调门全部关闭，高排通风阀打开，蒸汽轮机转速下降。

(5) 蒸汽轮机发电机逆功率保护动作，蒸汽轮机发电机解列。

(6) 检查蒸汽轮机出线 220kV 开关 2203 断开。

(7) 在 NCS 上拉开 3 号蒸汽轮机主变 5 母侧刀闸 2203-5。

(8) 蒸汽轮机转速降至 2850r/min 时交流润滑油泵启动正常，润滑油母管压力 240kPa。

(9) 检查蒸汽轮机转速降至 1800r/min 时，顶轴油泵启动正常，母管油压 17MPa。

(10) 检查蒸汽轮机转速降至 400r/min 时，关闭真空泵入口电动门，停运真空泵。

(11) 打开凝汽器真空破坏阀，凝汽器真空下降。

(12) 降低轴封供气压力，待凝汽器真空下降至 0kPa，关闭轴封供气。

(13) 停运轴加风机。

(14) 打开蒸汽轮机轴封管道 8 个外排疏水。

(15) 蒸汽轮机转速到 0，手动投入盘车。

(16) 记录解列、机组惰走及盘车投入时间。

(17) 将电子间 3 号蒸汽轮机保护 C 柜“断路器联跳压板”退出。

(18) 拉开蒸汽轮机房零米直流分电屏及 UPS 分电屏内 11 个电磁阀。

8-233　简述燃气轮机解列步骤。

答：(1) 燃气轮机负荷 40MW，进入燃气轮机 MARK-Ⅵ“START-UP”画面，在“MASTER CONTROL”栏目下选择“STOP”命令，“STOP”灯亮，观察燃气轮机负荷继续下降。

(2) 燃气轮机负荷降至 35MW，CRT≤965℃时，燃气轮机由先导预混模式切换至亚先导预混模式，PM4 燃气控制阀关闭，清吹阀打开。

(3) 燃气轮机减负荷到逆功率保护动作，燃气轮机发电机解列。

（4）检查 MARK-Ⅵ“START-UP”画面显示发电机出口开关 52G 在断开位置。

（5）检查 4 个防喘阀自动打开。

（6）检查主变和高压厂变仍带厂用电系统运行正常。

（7）燃气轮机转速降至 2850r/min，检查排气框架冷却风机停运。

（8）燃气轮机转速降至 2820r/min，检查 EX2100 系统停运。

（9）燃气轮机转速降至 1260r/min，燃气轮机顶轴油投入，顶轴油母管油压 20MPa。

（10）燃气轮机转速降至约 600r/min 时，燃气轮机熄火。检查燃气截止阀、燃气速比阀、燃气控制阀关闭，排空阀打开。

（11）停运增压机。

（12）燃气轮机转速降至 36r/min，检查盘车电机启动。

（13）记录解列、熄火、机组惰走及盘车电动机投入时间。

（14）在 DCS 画面断开燃气轮机励磁变 6kV 侧开关（6119/6229）。

（15）在 DCS 画面断开燃气轮机发电机出口隔离开关（8012/8022）。

（16）进入 MARK-Ⅵ“START-UP”画面，在“MASTER CONTROL”栏目下选择“Off”命令“Off”灯亮。闭锁机组启动。

（17）在电子间退出燃气轮机发变组保护 A 柜“发电机保护联跳”压板。

（18）在电子间退出燃气轮机发变组保护 B 柜“发电机保护联跳”压板。

8-234 简述蒸汽轮机低压补气退出操作步骤。

答：（1）打开低压主蒸汽旁路前疏水气动门，疏水 1min 后关闭。

(2) 打开凝气器水幕喷水。

(3) 将低压主蒸汽旁路调节阀切至手动，开低压主蒸汽旁路调阀5%，观察旁路调阀跟踪正常，检查旁路减温水自动投入，检查凝汽器真空稳定。

(4) 在DEH低压补气画面，设定低压补气阀位控制目标值0%，速率2%/min，关闭低压补气调节阀。

(5) 手动逐渐开打低压主蒸汽旁路调门，维持低压汽包压力稳定，此过程中监视蒸汽轮机振动。

(6) 低压补气调节阀关至0%，在DEH低压补气画面选择关闭低压主汽阀。

(7) 在DEH低压补气画面选择“切除低压补气”。

(8) 低压主蒸汽旁路投入“PRESS CTRAL”，设定值为当前压力值。

(9) 关闭1号及2号炉低压电动主汽门。

(10) 开启低压系统机侧各疏水阀及电动主汽门前疏水阀。

(11) 低压补汽退汽结束。

8-235　简述燃气轮机联合机组二拖一运行方式下，停运一台燃气轮机的步骤。

答：(1) 第一台燃气轮机降负荷。

(2) 第一台燃气轮机解列。

(3) 第一台余热锅炉停运。

(4) 余热锅炉退汽。

8-236　简述燃气轮机联合机组二拖一运行方式下全部停运的步骤。

答：(1) 第一台燃气轮机停运。

1) 第一台燃气轮机减负荷。

2) 第一台燃气轮机解列。

(2) 第一台余热锅炉停运。

（3）第一台余热锅炉退汽。

（4）第二台燃气轮机停运。

1）第二台燃气轮机燃气轮机降负荷。

2）第二台燃气轮机解列。

（5）第二台余热锅炉停运。

（6）蒸汽轮机停运。

8-237　一拖一运行方式下如何进行两台燃气轮机的切换？

答：（1）第二台燃气轮机启动。

（2）第二台余热锅炉启动。

（3）在燃气轮机发电机并网后，蒸汽轮机及旁路暖管。

（4）第二台燃气轮机逐渐升负荷，等待并汽条件满足。

（5）检查锅炉并汽允许条件。

（6）锅炉并、退汽。

（7）第一台燃气轮机停运。

（8）第一台余热锅炉停运。

8-238　紧急停机的分类有哪些？

答：（1）自动紧急停机。由机组保护自动完成，当机组异常运行时，参数达到保护定值，控制系统自动切断燃料实现紧急停机。

（2）手动紧急停机。通过按下燃气轮机 MARK-VI 或蒸汽轮机控制台紧急停机按钮或蒸汽轮机前箱的紧急停机按钮来实现。

8-239　一拖一运行如何实现手动紧急停机？

答：（1）燃气轮机操作。

1）在控制台上同时按下燃气轮机跳闸按钮及蒸汽轮机打闸按钮，发出紧急停机信号，燃气轮机和蒸汽轮机紧急停机。

2）确认机组已正常执行紧急停机。

（2）检查是否满足破坏凝汽器真空条件，蒸汽轮机采取不同停机方式。

(3) 余热锅炉侧的操作，此处不介绍。

(4) 向值长汇报停机的原因。

(5) 经值长确认同意后，复归手动紧急停机按钮、确认报警，等待值长命令进行下一步操作。

(6) 事故分析和总结。

8-240 简述二拖一方式运行，手动紧急停运一台燃气轮机的步骤。

答：(1) 第一台燃气轮机操作。

1) 在控制台上按下第一台燃气轮机跳闸按钮，发出紧急停机信号，燃气轮机紧急停机。

2) 第一台燃气轮机发电机解列。

3) 第一台燃气轮机燃料供应系统关闭。

4) 第一台燃气轮机熄火，IGV 关闭，4 个防喘阀打开。

5) 第一台燃气轮机转速降至 36r/min，检查盘车电机启动。

6) 进入 MARK-Ⅵ “Start-up” 画面，闭锁机组启动。

7) 退出第一台燃气轮机发变组保护。

(2) 停第一台余热锅炉操作，此处具体操作不介绍。

(3) 第二台燃气轮机操作。

1) 第一台燃气轮机跳闸后，机组 AGC 方式自动退出。

2) 在第二台燃气轮机 MARK-Ⅵ “Start-up” 画面，将预选设定值设定为当前负荷。

(4) 第二台余热锅炉操作。第一台燃气轮机跳闸后，需控制汽包水位稳定。

(5) 蒸汽轮机操作。

1) 第一台燃气轮机打闸后，迅速降低热网负荷，按热网事故处理。

2) 在 DEH 低压主汽画面关闭低压主汽调门至 30%，逐渐关闭低压主汽调门。保证低压主汽调门前后差压，监视补气温差小于 56℃。

(6) 向值长汇报以下机组紧急停机，经值长确认同意后，复归手动紧急停机按钮、确认报警，等待值长命令进行下一步操作。

8-241 简述二拖一方式运行手动紧急停运整套联合循环的操作步骤。

答：(1) 在控制台上同时按下第一台燃气轮机、第二台燃气轮机、蒸汽轮机跳闸按钮，发出紧急停机信号，机组紧急停机。

(2) 第一台燃气轮机已正常执行紧急停机。

(3) 停运第一台余热锅炉。

(4) 第二台燃气轮机已正常执行紧急停机。

(5) 停运第二台余热锅炉。

(6) 停运蒸汽轮机。

(7) 向值长汇报。

8-242 简述一拖一运行自动紧急停机与手动紧急停机的操作步骤有什么不同?

答：主要是燃气轮机停机操作步骤不同。

手动操作时是在控制台上同时按下燃气轮机跳闸按钮及蒸汽轮机打闸按钮，发出紧急停机信号，燃气轮机和蒸汽轮机紧急停机。然后确认机组已正常执行紧急停机。

自动紧急停机是当机组运行参数达到跳机值，燃气轮机发出跳机信号后，燃气轮机自动执行紧急停机。

8-243 简述机组一拖一运行方式下滑参数停运时燃气轮机操作步骤。

答：(1) 接到值长滑参数停机命令后，退出机组 AGC 控制模式，退出 CCS 控制模式。

(2) 在燃气轮机 MARK-Ⅵ “START-UP” 画面，选择

“PRESELECT LOAD”，在投入预选负荷前将预选设定值设定为当前负荷。

(3) 在燃气轮机预选负荷方式逐渐降低燃气轮机负荷。

(4) 燃气轮机负荷降至160MW，检查IGV关到58.5°时，IBH开始开启。

(5) 燃气轮机降负荷至120MW停留5min，监视主蒸汽温度变化，通过控制减温水量来调节主汽温度不超限。

(6) 燃气轮机负荷100MW至85MW阶段，控制燃气轮机降负荷速度每3min燃气轮机降负荷2～3MW。

(7) 燃气轮机负荷降至90MW，CRT≤1248℃或CRT≤1226℃时，燃气轮机由预混模式切换至先导预混模式，D5燃气控制阀打开，清吹阀关闭，燃烧切换时检查燃气轮机各轴瓦振动不超过20.8mm/s。

(8) 燃气轮机轮机负荷在85MW，稳定5min，控制主汽温度下降速率。

(9) 燃气轮机负荷85MW降至50MW的阶段，控制燃气轮机降负荷速度每3min燃气轮机降负荷2～3MW，并以主汽温降温率不大于1～1.5℃/min进行调整。

(10) 燃气轮机负荷降至40MW，退出性能加热器的运行。

(11) 燃气轮机负荷40MW，在MARK Ⅵ控制“IGV CONTROL”画面中点击“ON”按钮。

(12) 进入DCS“燃气轮机通讯信号”画面点击匹配速率方框将速率设置为0.1，然后点击“运行”投入温度匹配回路。

(13) 燃气轮机在温度匹配模式下负荷降至35MW，CRT≤965℃时，燃气轮机由先导预混模式切换至亚先导预混模式，PM4燃气控制阀关闭，清吹阀打开。

(14) 燃气轮机在温度匹配模式下负荷降至20MW，检查IGV打开，排气温度继续下降。

(15) 蒸汽轮机高压缸金属温度小于320℃后，进入燃气轮机MARK-Ⅵ“START-UP”画面，在“MASTER CON-

TROL”栏目下选择“STOP”命令,“STOP”灯亮。

(16)燃气轮机减负荷到逆功率保护动作,燃气轮机发电机解列。

(17)检查MARK-Ⅵ“START-UP”画面显示发电机出口开关52G在断开位置。

(18)检查4个防喘阀自动打开。

(19)检查主变压器和高压厂变压器仍带厂用电,系统运行正常。

(20)燃气轮机转速降至2850r/min,检查排气框架冷却风机停运。

(21)燃气轮机转速降至2820r/min,检查EX2100系统停运。

(22)燃气轮机转速降至1260r/min,燃气轮机顶轴油投入,顶轴油母管油压20MPa。

(23)燃气轮机转速降至约600r/min时,燃气轮机熄火。检查燃气截止阀、燃气速比阀、燃气控制阀关闭,排空阀打开。

(24)停运增压机。

(25)燃气轮机转速降至36r/min,检查盘车电动机启动。

(26)记录解列、熄火、机组惰走及盘车电动机投入时间。

(27)在DCS画面断开燃气轮机励磁变6kV侧开关(6119/6229)。

(28)在DCS画面断开燃气轮机发电机出口隔离开关(8012/8022)。

(29)进入MARK-Ⅵ“START-UP”画面,在“MASTER CONTROL”栏目下选择“Off”命令“OFF”灯亮。闭锁机组启动。

(30)在电子间退出燃气轮机发变组保护A柜“发电机保护联跳”压板。

(31)在电子间退出燃气轮机发变组保护B柜“发电机保护联跳”压板。

8-244　简述机组一拖一运行方式下滑参数停运时蒸汽轮机操作步骤。

答：（1）准备好蒸汽轮机参数记录表，全程记录蒸汽轮机参数。

（2）燃气轮机降负荷阶段，监视主汽温温降率不大于2℃/min。

（3）汽缸金属温降率不大于1.5℃/min、汽缸上下缸温差小于42℃。

（4）轴向位移小于±0.9mm；胀差在-3.8～17.8mm范围内。

（5）蒸汽轮机轴封供气压力不低于5kPa，油压等参数情况应正常。

（6）燃气轮机降负荷至110MW，蒸汽轮机负荷约为85MW，退出蒸汽轮机低压补气。低压补气退出操作为：

1）打开低压主蒸汽旁路前疏水气动门，疏水1min后关闭。

2）打开凝气器水幕喷水。

3）将低压主蒸汽旁路调节阀切至手动，开低压主蒸汽旁路调阀5%，观察旁路调阀跟踪正常，检查旁路减温水自动投入，检查凝汽器真空稳定。

4）在DEH低压补气画面，设定低压补气阀位控制目标值0%，速率2%/min，关闭低压补气调节阀。

5）手动逐渐开打低压主蒸汽旁路调门，维持低压汽包压力稳定，此过程中监视蒸汽轮机振动。

6）低压补气调节阀关至0%，在DEH低压补气画面选择关闭低压主汽阀。

7）在DEH低压补气画面选择“切除低压补气”。

8）低压主蒸汽旁路投入“PRESS CTRAL”，设定值为当前压力值。

9）关闭1号及2号炉低压电动主汽门。

10）开启低压系统机侧各疏水阀及电动主汽门前疏水阀。

11）低压补汽退汽结束。

（7）蒸汽轮机负荷降至52MW，机侧疏水自动打开。

（8）燃气轮机投入温度匹配后，监视主汽压力下降情况，当主汽压力小于2.3 MPa关小蒸汽轮机主汽联合阀门，控制主汽压力。监视主汽有50℃的过热度。

（9）蒸汽轮机高压缸金属温度小于320℃，燃气轮机发“STOP”令后，蒸汽轮机手动打闸，检查高、中压主汽门、调门全部关闭，高排通风阀打开，蒸汽轮机转速下降。

（10）蒸汽轮机发电机逆功率保护动作，蒸汽轮机发电机解列。

（11）检查蒸汽轮机出线220kV开关2203断开。

（12）在NCS上拉开3号蒸汽轮机主变5母侧刀闸2203-5。

（13）蒸汽轮机转速降至2850r/min时交流润滑油泵启动正常，润滑油母管压力240kPa。

（14）检查蒸汽轮机转速降至1800r/min时，顶轴油泵启动正常，母管油压17MPa。

（15）蒸汽轮机转速到0，手动投入盘车。

（16）记录解列、机组惰走及盘车投入时间。

（17）拉开蒸汽轮机房零米直流分电屏及UPS分电屏内11个电磁阀。

（18）将电子间3号蒸汽轮机保护C柜“断路器联跳压板”退出。

（19）关闭真空泵入口电动门，停运真空泵。

（20）打开凝汽器真空破坏阀，凝汽器真空下降。

（21）降低轴封供气压力，待凝汽器真空下降至0kPa，关闭轴封供气。

（22）打开蒸汽轮机轴封管道8个外排疏水。

（23）停运轴加风机。

8-245 简述机组二拖一运行方式下滑参数停运与燃气轮机一拖一方式下滑参数停运有哪些不同。

答：二拖一方式下停运一台燃气轮机需要将负荷切换到另一台燃气轮机，而一拖一滑参数停运则不需要。负荷切换的具体步骤如下：

（1）接值长第一台燃气轮机停机命令。退出机组 AGC 控制模式，退出 CCS 控制模式。

（2）在第一台燃气轮机 MARK Ⅵ “START-UP”画面，选择“PRESELECT LOAD”，在投入预选负荷前将预选设定值设定为当前负荷。

（3）在第二台燃气轮机 MARK Ⅵ “START-UP”画面，选择“PRESELECT LOAD”，在投入预选负荷前将预选设定值设定为当前负荷。

（4）在预选负荷方式逐渐降低第一台燃气轮机负荷。

（5）根据调度下发热电曲线，在预选负荷方式逐渐调整第二台燃气轮机负荷，保持机组总负荷稳定。

8-246 简述燃气轮机停运过程中的注意事项。

答：（1）停机过程应严格按操作规程执行，在停机过程中如发生紧急情况，应立即按事故处理规程进行果断处理。

（2）严格按停机检查操作票执行，实际系统与操作票中不符的系统应在停机操作票中注明。

（3）严密监视燃气轮机排气温度、分散度和轮间温度的变化。

（4）加强监视机组振动、各轴承的润滑油油压、油温在退出预选负荷前将预选设定值设定为当前负荷，防止负荷大幅波动。

（5）注意对所有管系、法兰等处的检查，及时发现并处理漏油、漏水、漏汽、漏气等情况，特别是燃气处理系统、增压站、燃气管道、氢冷系统应加强检查。

(6) 减负荷过程中注意主、再热蒸汽的温度。负荷降至160MW与80MW之间时，必须提前采用手动控制喷水，防止主、再蒸汽超温。期间注意避免减温处主、再热蒸汽进入饱和及高压给水勺管压力变化情况。燃气轮机减负荷直至排烟温度低于590℃，开始逐渐退出主、再热减温水，直至全部退出，期间防止主再汽温下降过快，注意性能加热器自动调节正常。

(7) 燃气轮机在进行燃烧模式切换时严密监视燃气轮机个轴瓦震动。

(8) 燃气轮机减负荷过程中注意监视性能加热器，及时调节供水压力。

(9) 燃气轮机负荷降至90MW时，锅炉高压给水泵勺管切除自动，需手动调节维持给水调门差压。

(10) 燃气轮机负荷降至90MW，CRT≤1221℃时，燃气轮机由预混模式切换至先导预混模式，D5燃气控制阀打开，清吹阀关闭，燃烧切换时检查燃气轮机各轴瓦振动不超过20.8mm/s。

(11) 燃气轮机负荷降至40MW后，才能退出性能加热器的运行，过早退出性能加热器导致燃气轮机燃料温度低，切换燃烧模式。

8-247　简述蒸汽轮机停运过程中的注意事项。

答： (1) 在蒸汽轮机减负荷时，应监视蒸汽轮机蒸汽及金属温降速度、温差、真空、差胀、轴向位移，振动、油压等参数情况应正常。

(2) 机组在减负荷过程中应保持蒸汽参数与负荷相匹配，控制主汽温温降率不大于2℃/min，汽缸金属温降率不大于1.5℃/min，机组负荷下降速率不大于15MW/min。

(3) 机组停机过程中，若出现机组发生振动异常、主、再热汽温失控或蒸汽带水、胀差达到停机值时等不正常情况时，应立即打闸停机。

（4）联系化学专业要求进行凝结水、余热锅炉给水、炉水、饱和蒸汽、过热蒸汽的化学分析，并根据要求进行加药。

（5）注意各汽包水位的监视和调节，防止发生水位过高或过低。

（6）严密监视高压、中压、低压汽包的上下壁温差，应将其控制在40℃范围内。

（7）在蒸汽轮机负荷下降过程中，注意凝结水再循环调节阀自动开启，调整流量合格。

（8）退出蒸汽轮机低压补气后，注意打开低压主汽门前疏水。

8-248 简述滑参数停运过程中的注意事项。

答：（1）滑参数停机过程中应控制主汽温温降率不大于2℃/min，汽缸金属温降率不大于1.5℃/min，机组负荷下降速率不大于15MW/min。

（2）滑参数停机目标是高压主汽压力约2.0MPa，高、中压缸温低于320℃后打闸停机。可根据实际情况安排，在保证安全的情况下，缸温越低越好。

（3）燃气轮机负荷降至160～100MW之间排气温度最高，影响高、中压主汽温度，所以高中压减温水一定提前调整，维持主汽温度稳定。因为燃气轮机100MW以上时IGV开度大于最小全速角，排气流量大，换热强，主汽温度很难降下来，当燃气轮机负荷小于100MW后，IGV保持49°，排气流量在415kg/s左右，T4也开始降低，这时通过减小减温水流量来控制主汽温度。

（4）燃气轮机转速基准TNR大于100.3%后，就可以投入温度匹配。投入前无需解除预选，在燃气轮机负荷30～40MW时投入温度匹配。

（5）滑停过程中做好辅汽联箱供汽汽源的切换，增加启动炉负荷或设启动炉为压力控制模式。

（6）当中压过热蒸汽流量小于 13t/h，上水调节阀自动退出三冲量调节，此时注意监视中压汽包水位。

（7）燃气轮机负荷低于 90MW，高压给水泵勺管退出自动。当高压过热蒸汽流量小于 84t/h，上水调节阀自动退出三冲量调节，此时注意监视高压汽包水位。

（8）在滑停过程中，如果主、再热汽温度急剧下降，10min 降低 50℃，应该立即手动打闸停机，防止水冲击。

（9）在停机过程中，遇到异常情况，立即汇报值长。

（10）蒸汽轮机打闸停机后，主汽门全关，汽包水位先降后升。考虑到中压旁路调节品质较差，打闸后，严密监视中压系统压力，防止超压。

8-249　燃气轮机机组停运后的注意事项有哪些？

答：（1）机组停机后退出相关辅机设备运行。

（2）锅炉通过换水操作逐渐降低温度，控制汽包上下壁温差不超限。

（3）汽轮机高中压缸温降至 150℃以下才能停运蒸汽轮机盘车。

（4）汽轮机停机后保持 EH 系统运行 72h 后停运。

（5）燃气轮机盘车投运 24h 后且最高轮间温度低于 65℃时，停运盘车。每天投运润滑油系统、液压油系统进行油循环，盘动转子 1h 以上。

8-250　蒸汽轮机停机后，如果在一周内启动时应进行的保养工作有哪些？

答：（1）保持润滑油系统、盘车系统运行，并监视转子转动情况。

（2）隔绝所有可能进入汽缸及凝汽器汽侧的汽水系统。

（3）主、再热、低压蒸汽及汽机缸体、抽汽管道疏水阀均开启。

（4）真空破坏门保持开启状态。

8-251　汽轮机停机超过一周后，应进行的保养工作有哪些？

答：（1）长时间停运的设备将内部存水全部排尽，系统中存水排尽。

（2）汽缸金属温度低于150℃时可以停运盘车系统。

（3）汽轮机长时间停运的保养，需采用热风干燥，烘干汽轮机内部设备，以防止汽轮机汽缸内零部件表面的氧腐蚀。此项工作可通过汽轮机快冷装置将压缩空气加热进行干燥。

（4）运行人员每周投运润滑油泵进行油循环，盘动转子一周以上，注意停运时转子位置应与投运前不一致；并联系热工人员配合，对主蒸汽截止阀、主蒸汽控制阀、再热蒸汽截止阀、再热蒸汽控制阀和低压补汽截止阀和低压补汽控制阀进行开、关试验以防调速系统等部件锈蚀卡涩。

（5）冬季机组停运后，注意执行防冻措施，特别是室外补水系统，水塔等可能会造成结冻的设备，可采用放水或定期启动等措施防冻。

8-252　简述热风干燥法的操作过程及注意事项。

答：（1）停机后，按规程规定，关闭与汽轮机本体有关汽水管道上的阀门。

（2）开启各抽汽管道、汽轮机本体及进汽管道上的疏水门，放尽余汽或疏水。

（3）放尽凝汽器热井内和凝结水泵入口段内的存水。

（4）当汽轮机高压缸内缸上半内壁温降至80℃以下时，将低压缸人孔门打开，通过快冷装置从中压缸导汽管和高压缸导汽管向汽缸送入温度为50～80℃的热风。

（5）热风流经汽缸内各部件表面后，从高排通风阀和低压缸人孔门排出。

（6）当排出热风湿度低于70%（室湿值）时停止送入热风，

同时停止快冷装置。

（7）循环水泵停运凝汽器循环水进出口电动阀关闭，放尽凝汽器循环水室内存水。

（8）每周定时进行热风干燥一次。

（9）在干燥过程中，应定时测定从汽缸排出气体的湿度，并通过调整送入热风风量和温度来控制由汽缸排出空气湿度，使之尽快符合控制标准。

（10）汽缸排出空气湿度符合控制标准后将低压缸人孔门关闭。

（11）汽缸内风压小于 0.04MPa。

8-253 燃气轮机停机后若在一周内启动，应进行的保养工作有哪些?

答:（1）保持润滑油系统、液压油系统、盘车系统运行，并监视转子运转情况。

（2）根据压气机、透平的清洁程度进行离线水洗。

8-254 燃气轮机停机后若在一周后启动，应进行的保养工作有哪些?

答:（1）确认天然气系统已经可靠隔离，燃机排空阀打开。

（2）盘车投运 24h 后，且最高轮间温度低于 65℃（150 ℉）时，停运盘车。

（3）每周投运一次润滑油系统、液压油系统进行油循环，盘动转子 1h 以上，注意停运时转子位置与投运前不一致；并联系热工人员配合对速比阀、GCV1、GCV2 和 GCV3 进行开、关试验。

第六节 机组异常和事故处理

8-255 简述自动紧急停汽轮机条件。

答:（1）凝气器的绝对压力升高，四个开关（1、3 或与 2、

4 或）小于 20.3kPa。

（2）汽轮发电机组机组转速高于 110%，超速保护动作跳闸。

（3）汽轮发电机组机组任一轴承振动 X（Y）达到报警值 125μm，Y（X）达到跳闸值 250μm，振动保护动作跳闸。

（4）汽轮机轴承润滑油压母管压力低，四个开关（1、3 或与 2、4 或）小于 70kPa。

（5）汽轮机液压油压力低，四个开关（1、3 或与 2、4 或）小于 9.8MPa。

（6）电气保护动作联跳汽轮发电机。

（7）汽轮发电机组定子冷却水流量三取二低于 12t/h，延时 30s 汽轮机跳闸。

（8）两台燃气轮机均跳闸。

（9）汽轮机轴向位移大于±1.0mm，保护动作跳闸。

（10）汽轮机发电机组轴承金属温度高保护动作跳闸。

（11）汽轮机 DEH 失电。

（12）汽轮机胀差大。

（13）汽轮机一抽压力大于 800kPa 或二抽压力大于 700kPa，抽汽压力高保护动作。

（14）汽轮机 ETS 柜手动跳闸。

（15）按压汽机跳闸按钮。

（16）按压急停汽机发变组按钮。

8-256 简述燃气轮机紧急手动停运的条件。

答：（1）燃气轮机保护定值达到跳闸条件而保护拒动。

（2）燃气轮机内部有明显金属摩擦声，振动指示突然增大。

（3）燃气轮机任一轴承断油冒烟。

（4）燃气轮机润滑油系统大量漏油。

（5）燃气轮机油系统着火，威胁机组安全时。

（6）燃机发电机密封油系统故障，发电机密封瓦处漏氢严重时。

（7）燃机发电机本体氢气系统漏氢严重，无法隔离处理时。

（8）燃气轮机压气机发生喘振。

（9）燃气轮机本体天然气管道发生泄漏，天然气检漏装置显示达到报警值。

（10）燃气轮机本体以外天然气管道爆管或大量泄漏。

（11）燃气轮机天然气供气中断。

（12）燃气轮机透平排气道大量漏气。

（13）燃气轮机发电机冒烟着火爆炸。

（14）运行中燃气轮机突然大量冒黑烟。

8-257 简述蒸汽轮机紧急手动停运的条件。

答：（1）蒸汽轮机保护定值达到跳闸条件而保护拒动，紧急手动停运蒸汽轮机。

（2）蒸汽轮机进冷汽冷水或发生水冲击，上下缸金属温差超限，主蒸汽、再热蒸汽温度 10min 内急剧下降 50℃以上或直线下降 50℃及以上。

（3）循环水中断不能及时恢复。

（4）汽轮机掉叶片或汽缸内部有清楚的金属摩擦声。

（5）汽轮发电机组任一轴承断油冒烟。

（6）汽轮发电机组润滑油系统大量漏油。

（7）汽轮机注油箱油位急剧下降，补油无效，油位下降至低低油位以下。

（8）汽轮机轴承或端部轴封摩擦冒火时。

（9）汽轮机发电机冒烟着火爆炸。

（10）汽轮机油系统起火且不能很快扑灭。

（11）汽轮机发电密封油系统差压失去，发电机密封瓦处大量漏氢。

（12）汽轮发电机本体氢气系统漏氢严重，无法隔离处理。

（13）汽轮发电机组周围或油系统着火，无法扑灭严重危及机组安全运行时。

（14）厂用电源全部失去。

（15）汽轮机发生水冲击。

（16）凝结水泵均故障无法运行，且不能及时恢复运行，应立即手动紧急停运运行燃气轮机及汽轮机。

（17）汽轮机 EH 油系统泄漏严重，EH 油箱油位迅速下降，补油无效。

（18）发生其他威胁设备和人身安全的故障或事故。

8-258 燃气轮机及其系统出现哪些问题，可以申请停机?

答：（1）燃气轮机润滑油管路明显泄漏，无法在线处理，尚未达到跳机条件。

（2）燃机发电机本体氢气系统轻微泄漏，无法隔离且无法在线处理。

（3）燃气轮机本体天然气系统轻微泄漏，无法在线处理。

（4）燃气轮机本体以外天然气系统泄漏，无法隔离且无法在线处理时。

（5）燃气轮机透平排气道有泄漏，影响机组安全运行。

（6）燃气轮机辅机故障，无法继续维持主机正常运行。

（7）燃气轮机直流润滑油泵故障，无法正常备用。

（8）燃气轮机主要控制元件故障，如排气热电偶、火焰探测器、测速探头等，严重影响机组运行。

（9）性能加热器端盖漏水严重，无法在线处理。

8-259 蒸汽轮机及其系统发生哪些问题可以申请停机?

答：蒸汽轮机及其系统发生下列问题可以申请停机。

（1）两台真空泵均故障，无法及时恢复。

（2）主蒸汽、再热蒸汽管道及其他管道有蒸汽泄漏，无法在线处理，无法维持蒸汽轮机继续运行。

（3）蒸汽轮机辅机故障，无法继续维持主机正常运行。

（4）蒸汽轮机重要运行监视表计失灵，显示不正确或失效，别无任何有效监视手段。

（5）热控 DCS 系统全部操作员站出现故障，不能实现正常监控功能，无法迅速恢复。

（6）蒸汽轮机调节系统故障，无法维持机组正常运行。

（7）高、中压主汽门、调节气门或排汽逆止门的门杆卡涩，无法活动。

（8）蒸汽轮机润滑油、EH 油、密封油系统漏油，无法维持正常运行。

（9）蒸汽轮机直流润滑油泵故障，无法正常备用。

（10）蒸汽轮机主要设备、汽水管道的支吊架发生变形或断裂。

（11）蒸汽轮机各汽水管道发生泄漏。

（12）汽轮机缸体保温大量滴水，无法确认漏点。

（13）汽轮机油中含水严重超标，且无有效控制手段。

（14）蒸汽轮机氢气系统泄漏，无法隔离且无法在线处理。

（15）发生其他故障，威胁机组、或人身安全。

第四部分 故障分析与处理

第九章
燃气轮机和蒸汽轮机故障分析与处理

9-1　汽轮机启动升速和空负荷时，为什么排汽温度反而比正常运行时高？采取什么措施降低排汽温度？

答：汽轮机升速过程及空负荷时，因进汽量较小，故蒸汽进入汽缸后主要在高压段膨胀做功，至低压段时压力已降至接近排汽压力数值，低压级叶片很少做功或者不做功，形成较大的鼓风摩擦损失，加热了排汽，使排汽温度升高。此外，调节汽门开度很小，额定参数的新蒸汽受到较大的节流作用，也使排汽温度升高。此时凝汽器的真空和排汽温度往往是不对应的，即排汽温度高于真空对应下的饱和温度。

大机组通常在排汽缸设置喷水减温装置，排汽温度高时，喷入凝结水降低排汽温度。

对于没有后缸喷水装置的机组，应尽量缩短空负荷运行时间。当汽轮发电机并列带部分负荷时，排汽温度即会降低至正常值。

9-2　汽轮机升速和加负荷过程中为什么要监视机组振动情况？

答：大型机组启动时，发生振动多在中速暖机及中速暖机前、后升速阶段，特别是通过临界转速的过程中，机组振动将大幅度的增加。在此阶段，如果振动较大，最易导致动静部分摩擦，汽封磨损，转子弯曲。转子一旦弯曲，振动将越来越大，振动越大摩擦就越厉害。这样恶性循环，易使转子产生永久性变形弯曲，使设备严重损坏。因此要求暖机或升速过程中，如果发生较大的振动，应该立即打闸停机，进行盘车直轴，消除引起振动的因素后，再重新启动机组。

机组全速并网后，每增加一万负荷，蒸汽流量变化较大，金属内部温升速度较快，若主蒸汽温度配合不好，金属内外壁最易造成较大温差，使机组产生振动。因此每增加一定负荷时需要暖机一段时间，使机组逐步均匀加热。

综上所述，机组升速与带负荷过程中，必须经常监视汽轮机的振动情况。

9-3　简述停机过程中的注意事项。

答：（1）检查机组各部位振动情况、内部声音及润滑油母管油压。

（2）记录机组熄火转速和惰走时间。判断燃气轮机设备的性能，并可以检查设备的某些缺陷。

（3）自动投入盘车后，加强监视转子转动情况，倾听机组内部声音，注意烟囱的冒烟情况，防止燃油漏入燃烧室贴壁自燃。

9-4　什么是弹性变形？什么是塑性变形？汽轮机启动时如何控制汽缸各部温差，减少汽缸变形？

答：金属部件在受外力作用后，无论外力多么小，部件内部均会产生应力而变形。当外力停止作用后，如果部件仍能恢复到原来的形状和尺寸，则该变形称为弹性变形。

当外力增大到一定程度时，外力停止作用后，金属部件不能恢复到原来的形状和几何尺寸，该变形称为塑性变形。

汽轮机，各部件是不允许产生塑性变形的。汽轮机启动时，应严格控制汽缸内外壁扣汽缸上下及法兰内外壁和法兰上下、左右等温差在规定范围内，避免不应有的应力产生。具体温差应控制在以下范围内：

（1）高、中压内外缸的法兰内外壁温差不大于80℃。

（2）高、中压内外缸温差（内缸内壁与外缸内壁，内缸外壁与外缸外壁）不大于50～80℃。

（3）高、中压缸上下温差不大于50℃，外缸上下温差不大于80℃。

（4）螺栓与法兰中心温差不大于30℃。

（5）高、中压内外缸法兰左右、上下温差不大于30℃。

机组在启动过程中，应严密监视金属各测点温度的变化情况，适当调整加热汽量，并注意主蒸汽温度和再热蒸汽温度不应过高或过低。做好以上各项工作，机组启动方可得到安全保证，延长机组使用寿命。

9-5 汽轮机转子发生摩擦后为什么会发生弯曲？

答：由于汽缸法兰金属温度存在温差，导致汽缸变形，径向动静间隙消失，造成转子旋转时，机组端部轴封和隔板汽封处径向发生摩擦而产生很大的热量。产生的热量使轴的两侧温度差增大，温差的增加，使转子发生弯曲。周而复始，大轴两侧温差越大，转子越弯曲。

9-6 汽轮机停机后或热态启动前，转子弯曲值增加及盘车电流晃动的原因是什么？怎样处理？

答：汽轮机停机后或热态启动前，转子弯曲值增加及盘车电流晃动的原因往往是高、中压汽缸上下温差超过规定值，引起汽缸变形，汽封摩擦，造成大轴弯曲。

发现转子弯曲值增加，盘车电流晃动，首先应检查原因，如属于上下汽缸温差过大，则应先检查汽轮机各疏水门开关是否正确，有无冷水、冷汽倒流至汽缸，根据高、中压上下汽缸温差情况，对下汽缸加热或对上汽缸用空气进行冷却，使上下汽缸温差尽量减少，盘车直轴，并要求大轴弯曲值恢复到原始数值。

9-7 汽轮机启动过程中，汽缸膨胀不出来的原因有哪些？

答：启动过程中，汽缸膨胀不出来的原因有：

（1）主蒸汽参数、凝汽器真空选择控制不当。

（2）汽缸、法兰螺栓加热装置使用不当或操作错误。

（3）滑销系统卡涩。

（4）增负荷速度快，暖机不充分。

（5）本体及有关抽汽管道的疏水门未开。

9-8　汽轮机启动升速时，排汽温度升高的原因有哪些？

答：汽轮机启动升速时，排汽温度升高的原因有：

（1）凝汽器内真空降低，空气未完全抽出，排汽与空气混合在一起。而空气的导热性能较差，使排汽压力升高，饱和温度也较高。

（2）主蒸汽管道、再热蒸汽管道、汽缸本体等大量的疏水疏至膨胀箱，其中扩容器出来的蒸汽排向凝汽器喉部，疏水及疏汽的温度要比凝汽器内饱和温度高4～5倍。

（3）暖机过程中，蒸汽流量较少，流速较慢，叶片产生的摩擦鼓风热量不能及时带走。

9-9　为什么汽轮机转子弯曲超过规定值时禁止启动？

答：一般说来，大多数汽轮机都是通过监视转子晃动度的变化，间接监视转子弹性弯曲大小的。当转子晃动度超过原始值较多的，说明转子的弹性弯曲已比较大，而此时汽缸的变形也一定较大，汽轮机动静部分径向间隙可能消失，强行启动汽轮机，转子的弯曲部分会与隔板汽封摩擦，摩擦不仅会造成汽封磨损，还会使转子弯曲部分产生高温，局部的高温又加大了转子的弯曲，使摩擦加剧，如此恶性循环，可能使转子产生永久性弯曲，因此转子弯曲超过规定值，禁止启动。

9-10　常见凝汽器水位异常现象有哪些？

答：现象有：凝汽器水位高；凝汽器水位低。

9-11　造成凝汽器水位高的原因有哪些？应如何处理？

答：造成凝汽器水位高的原因有：

（1）凝结水泵汽化。

（2）凝汽器补水调整门调整失灵或旁路电动门误开。

（3）凝汽器循环水泄漏至凝结水侧。

（4）低压汽包水位自动调整失常。

（5）凝结水泵故障，造成凝结水流量不足，凝结水母管压力下降。

其处理方法有：

（1）凝汽器水位异常升高时，应迅速查明原因，消除相应故障。

（2）检查凝结水泵泵体抽空门是否打开，如因该门未开造成泵内气体聚集发生气化，立即确认备用泵抽空门开启，并切至备泵运行。

（3）凝汽器水位升高，应注意凝汽器真空是否下降，真空泵电流是否异常升高，真空泵运行声音是否正常，凝汽器水位异常升高影响真空时，应尽快将水位降低，否则应按真空降低及真空泵异常处理，直至停机。

（4）若是凝汽器钛管严重泄漏，应及时汇报值长，机组减至50%负荷，凝汽器水侧半面解列查漏。

（5）检查凝汽器水位调整门工作正常，否则应手动调整。

（6）凝汽器水位异常升高时，可以开启低压汽包放水门加快排放，降低凝汽器水位，当水位正常后再关闭。

（7）如发现凝结水泵出力不足，及时切至备泵运行。

9-12　造成凝汽器水位低的原因有哪些？如何处理？

答：造成凝汽器水位低的原因有：

（1）汽水系统有放水、放汽门误开。

（2）低压汽包水位自动调整失常。

（3）凝汽器补水调整门工作不正常。

（4）凝汽器真空恶化，使得水位下降。

其处理方法有：

（1）凝汽器水位异常降低时，应迅速查明原因，按相应故障处理。

（2）对汽水系统进行全面检查，关闭误开的放水、放汽阀。

（3）检查凝汽器水位调整门工作正常，否则应手动调整。

（4）凝汽器水位异常降低时，可开启凝汽器补水旁路门，启动补水泵对凝汽器补水。

（5）检查凝汽器真空下降原因，及时使真空恢复正常，必要时适当加大补水。

9-13　为什么真空降低到一定数值时要紧急停机？

答： 真空降低到一定数值时要紧急停机的原因有：

（1）由于真空降低使轴向位移过大，造成推力轴承过负荷而磨损。

（2）由于真空降低使叶片因蒸汽流量增大而造成过负荷（真空降低最后几级叶片反动度要增加）。

（3）真空降低使排汽缸温度升高，汽缸中心线变化易引起机组振动加大。

9-14　汽轮机发生水冲击时为什么要破坏真空紧急停机？

答： 因为水冲击会损坏汽轮机叶片和推力轴承。

水的密度比蒸汽大得多，随蒸汽通过喷嘴时被蒸汽带至高速，但速度仍低于正常蒸汽速度，高速的水以极大的冲击力冲击叶片背部，使叶片应力超限而损坏，水冲击叶片背部还会造成轴向推力大幅度升高。此外，水有较大的附着力，会使通流部分阻塞，使蒸汽不能连续向后移动，造成各级叶片前后压力差增大，并使各级叶片反动度猛增，产生巨大的轴向推力，使推力轴承烧坏，并使汽轮机动静之间摩擦碰撞损坏机组。为防止机组严重损坏，汽轮机发生水冲击时，要果断的破坏真空紧急停机。

9-15 汽轮机轴向位移增大的原因有哪些?

答: 轴向位移增大的原因有:

(1)主蒸汽参数不合格,汽轮机通流部分过负荷。

(2)静叶片严重结垢。

(3)汽轮机进汽带水。

(4)凝汽器真空降低。

(5)推力轴承损坏。

(6)汽轮机单缸进汽。

9-16 汽轮机轴向位移增大的表现有哪些?

答: 轴向位移增大的表现如下:

(1)轴向位移指示增大或信号装置报警。

(2)推力瓦块温度升高。

(3)机组声音异常,振动增大。

(4)差胀指示相应变化。

9-17 汽轮机轴向位移增大应如何处理?

答: 轴向位移增大应做以下处理:

(1)发现轴向位移增大,立即核对推力瓦块温度并参考差胀表。检查负荷、汽温、汽压、真空、振动等仪表的指示;联系热工,检查轴向位移指示是否正确;确证轴向位移增大,汇报班长、值长,联系锅炉、电气使其减负荷,维持轴向位移不超过规定值。

(2)检查监视段压力、一级抽汽压力、高压缸排汽压力,都不应高于规定值,超过时,联系锅炉、电气使其降低负荷,并汇报领导。

(3)如轴向位移增大至规定值以上而采取措施无效,并且机组有不正常的噪声和振动时,应迅速破坏真空紧急停机。

（4）若是因发生水冲击引起轴向位移增大或推力轴承损坏，应立即破坏真空紧急停机。

（5）若是主蒸汽参数不合格引起轴向位移增大，应立即要求锅炉调整，恢复正常参数。

（6）轴向位移达停机极限值时，轴向位移保护装置应动作，若不动作，应立即手动停机。

9-18 推力瓦烧瓦的原因有哪些？

答：推力瓦烧瓦的原因主要是轴向推力太大，油量不足，油温过高使推力瓦的油膜破坏，导致烧瓦。下列几种情况均能引起推力瓦烧瓦：

（1）汽轮机发生水冲击或蒸汽温度下降时处理不当。

（2）蒸汽品质不良，叶片结垢。

（3）机组突然甩负荷或中压缸汽门瞬间误关。

（4）油系统进入杂质，推力瓦油量不足，使推力瓦油膜破坏。

9-19 为什么推力轴承损坏要破坏真空紧急停机？

答：推力轴承的作用是固定汽轮机转子和汽缸的相对轴向位置，并在运行中承受转子的轴向推力。一般推力盘在推力轴承中的轴间隙再加推力瓦乌金厚度之和，小于汽轮机通流部分轴向动静之间的最小间隙。但有的机组中压缸负差胀限额未考虑乌金磨掉的后果，即乌金烧坏，汽轮机通流部分轴向动静之间就可能发生摩擦碰撞而损坏设备，如不以最快速度停机，后果不堪设想，因此推力轴承损坏要破坏真空紧急停机。

9-20 推力瓦烧瓦的事故表现有哪些？

答：主要表现在轴向位移增大，推力瓦温度及回油温度升高；推力瓦处的外部表现是推力瓦冒烟。为确证轴向位移指示值的准确性，还应和胀差表对照，如果正向轴向位移指示增大时，高压缸胀差表指示减少，中、低压缸胀差表指示增大。反之，高压缸胀差表指示增加，中、低压缸胀差指示减少。

9-21 个别轴承温度升高和轴承温度普遍升高的原因有什么不同?

答: 个别轴承温度升高的原因为:

(1) 负荷增加、轴承受力分配不均、个别轴承负载重。

(2) 进油不畅或回油不畅。

(3) 轴承内进入杂物、乌金脱壳。

(4) 靠轴承侧的轴封汽过大或漏汽大。

(5) 轴承中有气体存在、油流不畅。

(6) 振动引起油膜破坏、润滑不良。

轴承温度普遍升高的原因为:

(1) 由于某些原因引起冷油器出油温度升高。

(2) 油质恶化。

9-22 轴承烧瓦的事故表现有哪些?

答: 轴瓦乌金温度及回油温度急剧升高，一旦油膜破坏，机组振动增大，轴瓦冒烟，应紧急停机。

9-23 汽轮机单缸进汽有什么危害? 应如何处理?

答: 多缸汽轮机单缸进汽时，会引起轴向推力增大，导致推力轴承烧瓦，产生动静磨损，应紧急停机。

9-24 轴封供汽带水对机组有何危害? 应如何处理?

答: 轴封供汽带水在机组运行中有可能使轴端汽封损坏，重者将使机组发生水冲击，危害机组安全运行。

处理轴封供汽带水事故时，应根据不同的原因，采取相应措施。如发现机组声音变沉，机组振动增大，轴向位移增大，差胀减小或出现负差胀，应立即破坏真空，打闸停机。打开轴封汽系统及本体疏水门，疏水疏尽后，待各参数符合启动要求后，方可重新启动。

9-25　高压高温汽水管道或阀门泄漏应如何处理？

答：高压高温汽水管道或阀门泄漏，应做以下处理：

（1）应注意人身安全，查明泄漏部位时，应特别小心谨慎，应使用合适的工具，如长柄鸡毛掸等，运行人员不得敲开保温层。

（2）高温高压汽水管道、阀门大量漏汽，响声特别大，运行人员应根据声音大小和附近温度高低，保持一定的安全距离。

（3）做好防止他人误入危险区的安全措施。

（4）按隔绝原则及早进行故障点的隔绝，无法隔绝时，请示上级要求停机。

9-26　冷油器出油温度变化有哪些原因？

答：冷油器出油温度变化有以下原因：

（1）冷却水门开度变化。

（2）冷却水量变化。

（3）冷却水温变化。

（4）冷却水滤网堵塞，使冷却水量减少，油温升高。

（5）冷油器水侧或油侧脏污、结垢，使油温升高。

9-27　汽轮机轴承温度升高的原因有哪些？

答：汽轮机轴承温度升高的原因有：

（1）冷油器出油温度升高。

（2）轴承进入杂物，进油量减少或回油不畅。

（3）汽轮机负荷升高，轴向传热增加。

（4）轴封漏汽过大，油中进水。

（5）轴承乌金脱壳或熔化磨损。

（6）轴承振动过大，引起油膜破坏，润滑不良。

(7) 油质恶化。

9-28　汽轮机推力瓦温度变化的原因有哪些?

答: 汽轮机推力瓦温度变化的原因有:

(1) 汽轮机负荷变化，轴向推力改变。

(2) 汽轮机负荷改变后，瓦块受力不均匀，个别瓦块温度变化。

(3) 汽温过低或水冲击。

(4) 真空下降较多。

(5) 叶片严重结垢。

(6) 推力轴承进油量变化。

(7) 推力瓦块磨损或损坏。

(8) 冷油器出油温变化。

(9) 推力轴承本身有缺陷。

9-29　凝汽器循环水出水压力变化的原因有哪些?

答: 凝汽器循环水出水压力变化的原因有:

(1) 循环水量变化或中断。

(2) 出水管漏空气。

(3) 虹吸井水位变化。

(4) 循环水进出水门开度变化。

(5) 循环水出水管空气门误开。

(6) 循环水管内空气大量涌入凝汽器，虹吸破坏。

(7) 热负荷大，出水温度过高，虹吸作用降低。

(8) 凝汽器铜管堵塞严重。

9-30　凝汽器循环水出水温度升高的原因有哪些?

答: 凝汽器循环水出水温度升高的原因有:

(1) 进水温度升高，出水温度相应升高。

(2) 汽轮机负荷增加。

（3）凝汽器管板及铜管脏污堵塞。

（4）循环水量减少。

（5）循环水二次滤水网脏污、堵塞。

9-31 燃气轮机设备中容易出现问题的部件有哪些？

答：燃气轮机设备中容易出现问题的部件有：与燃烧过程有关的部件及承受燃烧系统出口热气高温的部件被称为热燃气通道部件，包括燃烧衬套、端帽、燃料喷嘴组件、串烧管、透平固定护罩和透平动叶。

9-32 造成设备缺陷的原因有哪些？

答：热力机械疲劳是机器压上限运行的主要缺陷，蠕变、氧化和腐蚀是机器连续运行的主要缺陷。

9-33 燃料性质对燃气轮机设备的寿命有什么影响？

答：在燃气轮机中燃烧的燃料的变化从清洁的天然气到残油不同，影响维护的程度也不同，重烃燃料通常会释放出较高数量的辐射热能，会导致燃烧硬件寿命的降低，并且经常含有腐蚀性元素，例如钠、钾、矾、铅，会导致透平喷嘴和动叶热腐蚀的加快。另外，这些燃料中的有些元素会引起直接沉积或与防腐剂发生化合反应以化合物的形式沉积。这些沉淀会影响性能导致需要更频繁的维护。

9-34 燃烧温度会造成燃气轮机使用寿命下降，燃烧温度与使用寿命的关系如何？

答：在尖峰负荷的重大操作，由于较高的运行温度，会使热燃气通道部件要求更频繁的维护和更换。尖峰负荷的每个运行小时与在基本负荷运行6h的燃烧温度是一样的。越高燃烧温度会使热燃气通道部件寿命越短，而较低的燃烧温度会延长部件寿命。

9-35　机组发生事故时的整体处理原则是什么？

答：事故发生时，应按“保人身、保电网、保设备”的原则进行处理。

9-36　机组发生事故时，运行人员应作哪些处理？

答：机组发生事故时，运行人员应：

（1）运行人员应根据仪表指示和设备异常现象判断事故确已发生。

（2）应迅速解除对人身和设备的威胁，必要时应立即解列或停用发生故障的设备，采取一切可行措施防止事故扩大。

（3）迅速查清事故的性质、发生地点和损伤的范围。

（4）应立即查明原因并采取相应措施，尽快恢复机组正常运行，满足负荷的需求；在确认机组不具备运行条件或继续运行对人身、设备安全有直接危害时，应立即停止机组运行。

（5）运行人员均应到现场确认，并核对有关仪表指示；任何异常现象出现时，都不应首先怀疑仪表的正确性，只有在确认设备无异常的情况下，再怀疑仪表的正确性，以避免异常事故扩大。

9-37　电厂事故处理的一般步骤是什么？

答：（1）迅速查找事故及原因。

（2）严格监视非事故系统各运行参数，防止事故扩大。

（3）根据事故情况及时通知检修配合处理。

（4）如不能处理，需紧急停机则应果断进行紧急停机操作，并在及时汇报公司领导及调度。

（5）如不能处理，需正常减负荷停机则应将情况汇报公司领导，经分析决定后向调度申请减负荷停机。

（6）事故处理过程中，禁忌慌乱，防止事故扩大。

9-38　燃气轮机设备着火对应的现象是什么？

答：对应的现象有：

（1）MARK-VI 报“着火”报警信息。

（2）着火区域警铃鸣响。

（3）燃气轮机自动跳闸，交流润滑油泵、液压油泵停运。

（4）CO_2 灭火系统投入，排风机停运，各百叶窗关闭。

9-39 引起燃气轮机设备着火的原因有哪些?

答: 电气设备短路、油系统漏油、天然气泄漏和氢气系统漏氢等是引起的火灾的主要起因。

9-40 燃气轮机设备着火运行人员应如何处理?

答: 燃气轮机设备着火运行人员应做以下处理:

（1）检查燃机跳闸否则应立即手动紧急停机。

（2）检查各交流油泵跳闸，直流润滑油泵、直流密封油泵自动投运。

（3）检查 CO_2 灭火系统动作正常，否则应立即操作 CO_2 储存罐上的手动阀，喷射 CO_2 灭火。

（4）确认所有风机自动跳闸，所有火灾挡板自动关闭。

（5）CO_2 初始排放后检查延续排放正常。

（6）值班人员判明起火部位和燃烧物质，同时应迅速报警，及时将情况报告值长，各值班员应严格监视火势和 CO_2 灭火系统投运情况，并按《电业安全工作规程》的有关要求进行灭火。当发现火灾蔓延威胁到机组安全运行时，经值长同意后按紧急停机处理。所有留在隔舱里的人员都应从此处撤离。

（7）在 CO_2 排放期间，禁止开启着火区域舱门进入舱室检查。

（8）在 CO_2 排放时，禁止接触 CO_2 管道，以防冻伤。

9-41 简述选用灭火物质的基本原则。

答:（1）未浸有煤油、汽油或其他油脂类的抹布及木质材料等杂物着火，可用水、泡沫灭火器和砂子灭火。

（2）浸有煤油、汽油或其他油脂类的抹布及木质材料等杂物着火，应用泡沫灭火器和砂子灭火（以上两种着火也可用干粉灭火器、二氧化碳灭火器及四氯化碳灭火器灭火）。

（3）油箱或其他容器内的油着火时，可用泡沫灭火器、二氧化碳灭火器、四氯化碳灭火器灭火。必要时可用湿布扑灭或隔绝空气，但不准用砂子和不带喷嘴的水龙头灭火。

（4）蒸汽管道及其他高温部件着火，可用干粉灭火器灭火，不准用二氧化碳灭火器灭火；没有保温层的高温蒸汽管道着火时，灭火时应注意防止热管道突然冷却收缩破损，有保温层的高温蒸汽管道影响起火时，应在灭火后将积油的保温材料清理掉，对裸露的管道应重新保温。

（5）设备的转动部分，可用 CO_2 灭火器灭火，不准用干粉及砂子灭火。

9-42　造成燃气轮机点火失败的原因有哪些？如何处理？

答：造成燃气轮机点火失败的原因有：

（1）燃料气体控制阀控制故障或者阀门卡涩。

（2）火焰探测器受潮探测不到火焰。

（3）点火设备（点火变压器、火花塞、点火连接电缆等）故障。

（4）天然气管路中积存空气、氮气太多。

处理方法有：

（1）检查点火器点火电源。

（2）检查火花塞。

（3）检查火焰探测器。

（4）检查联焰管。

（5）检查燃气控制阀。

（6）检查天然气前置模块管路天然气浓度，必要时进行天然气置换。

（7）燃气轮机高速清吹 15min 以上，并得到值长同意后可再次进行点火。

9-43 造成燃气轮机排气温度高的原因有哪些？如何处理？

答：造成燃气轮机排气温度高的原因有：

（1）控制系统故障。

（2）热电偶损坏。

（3）燃烧不良，火焰拉长。

（4）IGV 工作不正常。

（5）热通道损坏。

处理方法有：

（1）检查所有的热电偶，更换损坏热电偶。

（2）检查控制系统。

（3）降低负荷降低排气温度。

（4）检查 IGV 工作是否正常。

（5）透平超温保护遮断时，按紧急停机处理。

9-44 造成燃气轮机轮间温度高的原因有哪些？如何处理？

答：造成燃气轮机轮间温度高的原因有：

（1）冷却空气管道不畅通。

（2）燃气轮机的密封件磨损，密封装置故障。

（3）热电偶的定位不合适，热电偶故障。

（4）燃烧系统发生故障。

（5）排气扩压管发生严重变形。

（6）外部管道发生泄漏。

处理方法有：

（1）检查热电偶，更换故障的热电偶。

（2）检查冷却密封空气系统工作是否正常。

（3）降低热负荷。

（4）严重时申请停机处理。

9-45 燃气轮机振动高跳机的原因有哪些？如何处理？

答：燃气轮机振动高跳机的原因有：

（1）机械故障。转子弯曲，机械不平衡，轴承故障等等引起的高振动。

（2）振动传感器故障。

（3）发电机静子电流不平衡、转子匝间短路或发电机转子通风系统局部堵塞。

（4）燃烧脉动。

（5）燃气轮机先导预混与预混相互切换时，引发振动高。

处理方法有：

（1）监测振动读数，确定故障的原因并通知检修处理。

（2）通知检修检查有故障的振动传感器。

（3）通知检修检查机械故障。转子弯曲，机械不平衡，轴承等。

（4）降低发电机无功等参数。

（5）正常运转中振动异常增大时，可先采取降负荷的办法来降低振动值，并查找原因直到振动稳定为止，重新升负荷时要特别注意振动的增加。

（6）过燃烧切换点时如果振动高触发“SHUT DOWN”，应进行主复位后，重新发启动令，保持燃机运行。

9-46 造成压气机防喘阀开/关不到位的原因有哪些？如何处理？

答：造成压气机防喘阀开/关不到位的原因有：

（1）压气机防喘阀动作不到位，在错误的位置或者从一个位置到另一个位置的时间过长。

（2）压气机防喘阀有卡涩，动作不灵活。

（3）防喘阀控制空气回路堵塞。

（4）防喘阀控制电磁阀故障。

处理方法有：

（1）检查压气机防喘阀是否卡涩。

（2）启动前必须主复位，检查防喘控制电磁阀动作正常。

（3）检查防喘控制空气回路滤网是否堵塞。

9-47　简述造成 IGV 控制故障的原因及处理方法。

答：造成 IGV 控制故障的原因有：

（1）液压油压力低，系统有故障。

（2）伺服阀故障。

（3）IGV 控制系统有故障。

处理方法有：

（1）检查液压油系统。

（2）检查伺服阀系统。

（3）检查 IGV 控制系统。

9-48　简述燃气轮机燃烧室爆燃的原因和防止方法。

答：燃气轮机燃烧室爆燃的原因有：

（1）停机时速比阀后的排放阀未打开。

（2）速比阀或控制阀关闭不严使燃气漏入燃烧室。

（3）点火前清吹时间不足。

处理方法有：

（1）机组停用时检查速比阀后的排放阀应打开。

（2）启动时检查速比阀后压力是否异常，出现异常应停止启动。

9-49　如何判断压气机发生了喘振？

答：（1）压气机喘振时机房内地面有明显振感。

（2）压气机出口压力及空气流量大幅波动。

（3）压气机发出异常的低频噪声。

9-50　简述造成压气机喘振的原因和处理方法。

答：造成压气机喘振的原因有：

（1）启动和停机时防喘阀未打开（如电磁阀断电、阀杆卡死或阀头脱落等)。

(2) IGV角度不合适。

(3) 进气滤网严重堵塞，报警和跳机保护失灵。

处理方法有：

(1) 运行人员一旦确认压气机喘振，应果断打闸停机，查找原因。

(2) 缺陷消除后方可再次启动。

9-51 造成燃气轮机进气过滤器差压高的原因有哪些？如何处理？

答：造成燃气轮机进气过滤器差压高的原因有：

(1) 进气过滤器脏污。

(2) 过滤器存在大的外来物质导致高压差。

(3) 空气中浮尘较多或空气湿度过大。

处理方法有：

(1) 验证在过滤器脉冲清洗系统的现场表盘差压计上过滤器的差压是否高。

(2) 如果差压高就应开动过滤器脉冲清洗系统。若差压不高，则应采取后续措施。

(3) 如果压力未能快速地下降到正常的极限范围以内，就应降低负荷以防机组跳闸。负荷应该降低到过滤器的差压处在正常范围以内为止。

处理过程采用的附加措施为：

(1) 检查过滤器以确定不存在大的外来物质，并且不会导致高压差。

(2) 持续运行过滤器脉冲清洗系统直到差压稳定下来，其后如果还未达到正常的极限范围之内，则应继续运行直至机组停运为止。

(3) 如果过滤器始终被限制在妨碍正常安全运行的工作点上，那么就应让机组停机并更换过滤器。

（4）如果过滤器的差压高已影响了电厂安全，那么电厂管理部门应该确定最安全的，又是最有利的措施来纠正这个问题。

9-52 燃气轮机排气导管压力高的原因是什么？如何处理？

答：燃气轮机排气导管压力高的原因有：

（1）排气导管压力测点故障。

（2）排气导管堵塞。

处理方法有：

（1）验证排气压力是否已经升到超过设定值的高度。如果压力确已升到超过设定值，则应通知维修以便对仪表进行重新标定校准。

（2）检查排气过滤器和导管是否堵塞。

9-53 简述造成燃气轮机启动燃料流量过大的原因及处理方法。

答：造成燃气轮机启动燃料流量过大的原因有：

（1）启动 FSR 基准值过大造成启动燃料量过大。

（2）燃料控制阀或速比阀故障，造成控制系统给出的流量值过大。

（3）放气电磁阀 20VG-1 失电打开，使燃料供给压力降低。

（4）燃气压力过低。

（5）启动时燃料控制伺服及反馈系统故障。

处理方法有：

（1）目检气体燃料系统流量表及其他系统参数，以确定系统运行是否安全。如果不安全则应实施停运。

（2）如果实施停机则应在惰走过程中监控装置系统观察有何异常情况。

（3）如未实施停运则应在故障诊断和维修过程监控装置系统观察有何异常情况。

(4) 对系统故障进行诊断并加以维修。

(5) 当修理完毕时，应将系统回复到正常状态。

9-54　造成燃气轮机气体燃料压力低的原因有哪些？如何处理？

答：造成燃气轮机气体燃料压力低的原因有：

(1) 调压站出口压力低。

(2) 速比阀调节故障。

(3) 过滤器堵塞或管道泄漏严重。

(4) 阀间放气阀误开。

处理方法有：

(1) 检查阀间放气阀和其他系统参数以便确定系统运行是否安全，如不安全则应实施停机。

(2) 提高调压站出口压力。

(3) 联系维护人员处理速比阀。

(4) 检查管道泄漏或过滤器堵塞情况，联系维护人员处理。

9-55　造成预混锁定信号报警的原因是什么？如何处理？

答：发生预混燃烧锁定，功率限定在先导燃烧模式，功率升不上去。造成此现象的原因是燃气轮机气体燃料控制系统故障。应做以下处理：

(1) 查证控制系统是否已经按照系统工况作出了反应。如未作反应，则应确定哪个系统参数造成预混合锁定。

(2) 应检查燃气轮机控制系统参数以便确定系统运行是否安全，如不安全则应实施停机。

(3) 如果实施停机，则应在惰走过程中监控系统，观察有何异常情况。

(4) 如未实施停机，则应在故障诊断和维修过程中监控系统，观察有何异常情况。

(5) 如果需要，应对系统故障进行诊断并加以维修。

（6）当修理完毕时，应将系统回复到正常工况或负荷等级。

9-56　造成预混通道控制阀不跟随燃烧温度参考基准而发生报警的主要原因是什么？如何处理？

答：造成预混通道控制阀不跟随燃烧温度参考基准而发生报警的主要原因为：

（1）气体燃料控制系统故障。

（2）预混通道控制阀故障。

处理方法有：

（1）查证控制系统是否已经按照系统工况作出了反应。如未作反应，则应对预混通道控制阀的位置和控制系统进行检查。

（2）应检查燃气轮机控制系统参数以便确定系统运行是否安全，如不安全则应实施停机。

（3）如果实施停机，则应在惰走过程中监控系统，观察有何异常情况。

（4）如未实施停机，则应在故障诊断和维修过程中监控系统，观察有何异常情况。

（5）应对预混通道控制阀控制系统故障进行诊断和维修。

（6）当修理完毕时，应将系统回复到正常状态或负荷等级。

9-57　造成预混通道控制阀不跟随燃烧温度参考基准而发生机组跳闸的主要原因是什么？如何处理？

答：造成预混通道控制阀不跟随燃烧温度参考基准而发生机组跳闸的主要原因为：

（1）气体燃料控制系统故障。

（2）预混通道控制阀故障。

处理方法为：

（1）查证跳闸是否已经发生，燃料流量是否已经截止。

（2）如果实施停运则应在惰走过程中监控系统，观察有何异常情况。

（3）应对预混通道控制阀控制系统故障进行诊断和维修。

（4）当修理完毕时，应将系统回复到正常状态。

9-58　燃气轮机燃料气供应系统故障对应的现象有哪些？

答：（1）气体燃料绝对分离器（凝聚过滤器）差压高。

（2）前置模块燃气绝对分离器（凝聚过滤器）液位异常。

（3）燃气绝对分离器（凝聚过滤器）液位高跳机。

（4）燃料气性能加热器液位高报警。

（5）气体燃料温度高，性能加热器跳闸。

（6）燃料气终端过滤器（洗气器）液位高。

（7）燃料气终端过滤器（洗气器）液位高-高跳闸。

9-59　前置模块燃气绝对分离器（凝聚过滤器）出现液位异常的原因有哪些？如何处理？

答：前置模块燃气绝对分离器（凝聚过滤器）出现液位异常的原因有：

（1）液位控制系统故障。

（2）液位计故障。

（3）天然气含水量高。

（4）疏水系统故障。

处理方法有：

（1）目检燃气绝对分离器（凝聚过滤器）液位计和其他系统参数，以便确定系统运行是否安全，如不安全则应停机。

（2）检查燃料气性能加热器和终端过滤器（涤气器）中的疏水液位，以确定系统中是否有大量的液体污染。

（3）如果只是绝对分离器（凝聚过滤器）中液位高，则应部分打开手动疏水阀降低其液位。

（4）应调整第二台绝对分离器（凝聚过滤器）并使之投入运行。

（5）如果液位仍然高，则应实施停机。

（6）检查控制系统和液位计。

9-60　燃气轮机清吹系统常见故障有哪些？

答：燃气轮机清吹系统常见故障有：

（1）气体清吹系统故障跳闸。

（2）扩散通道（G1）气体燃料喷嘴清吹系统压力高。

（3）燃料气喷嘴清吹阀不能关闭。

（4）燃料气喷嘴清吹阀不能打开。

（5）扩散通道燃料清吹阀开关故障。

（6）主预混通道燃料清吹阀开关故障。

9-61　造成燃料气喷嘴清吹阀不能开关的故障原因是什么？如何处理？

答：造成燃料气喷嘴清吹阀不能开关的故障原因为：

（1）燃料气喷嘴清吹电磁阀故障。

（2）燃料气喷嘴清吹阀卡涩。

处理方法有：

（1）应检查相应的机组参数以便确定机组运行是否安全，如不安全则应实施停机。

（2）确定清吹阀的位置；如果阀门不能正常关/开，则可着手附加措施。

（3）如果阀门未关/开，则应核实其是否正按命令在关/开过程中。

（4）如果阀门应关/开，事实上却开着/关着，那么就应确定在当前情况下机组运行是否安全。如不安全就应停机。

9-62　造成燃料清吹阀开关故障的原因有哪些？如何处理？

答：（1）原因。燃料清吹阀的开关有故障。

（2）处理。

1）检查吹扫阀，并确定它是否处在正确位置。

2）应确定系统是否会面临危险。如果存在不安全情况机组就应停运。

3）诊断限位开关故障并进行维修。

4）当修理完成之时，应让系统回复到正常的运行。

9-63 造成燃气轮机扩压段冷却风机压力低报警的原因是什么？应如何处理？

答：造成燃气轮机扩压段冷却风机压力低报警的原因为：

(1) 燃气轮机扩压段运行风机跳闸或出力低。

(2) 压力开关故障。

(3) 重力驱动挡板卡涩。

处理方法有：

(1) 首先证实备用风机已投入运转。

(2) 证实压力开关运行正常，否则处理。

(3) 证实风机跳闸出口挡板未开。

(4) 验证重力驱动的风门可以不受约束地运行。

9-64 简述造成透平间温度高报警的原因及处理方法。

答：造成透平间温度高报警的原因为：

(1) 透平间运行风机跳闸或出力降低。

(2) 温度开关故障。

(3) 重力驱动挡板卡涩。

(4) CO_2驱动挡板未打开或卡涩。

处理方法有：

(1) 证实两台透平间风机均在运转。

(2) 证实透平间温度开关运行正常，否则处理。

(3) 证实风机开关未跳闸。

(4) 检查重力驱动的风门挡板运行正常。

(5) 检查 CO_2驱动挡板应打开。

9-65 简述燃气轮机轴承区火灾报警的原因和处理方法。

答: 燃气轮机轴承区火灾报警的原因为:

(1) 轴承区发生火灾。

(2) 火灾探测器故障误报警。

(3) 透平间燃气泄漏,造成高温,导致火灾探测器动作。

处理方法有:

(1) 确定机组跳闸,检查 CO_2 系统阀门动作正常。

(2) 检查所有机组隔舱的通风挡板是否已经关闭,所有的隔舱风机是否已经停运。

(3) 所有留在隔舱里的人员都应从此处撤离。

(4) 确认所有通风风机都已停运,风门挡板都已关闭,火已熄灭。

9-66 燃气轮机水洗系统常见故障有哪些?

答: (1) 透平/压气机水洗压力低。

(2) 水洗装置跳闸。

(3) 水洗流量失去。

(4) 在线水洗禁止。

(5) 轮间温度高禁止水洗。

9-67 燃气轮机超速的原因是什么?应如何处理?

答: 燃气轮机超速的原因有:

(1) 发电机甩负荷至零,燃气轮机液压油系统工作不正常。

(2) 超速试验时转速失控。

处理方法有:

(1) 在集控室操作台上或在燃机就地按下紧急跳机按钮。

(2) 检查相关阀门均已关闭。

(3) 密切监视主机转速,倾听机组声音,记录好转子惰走时间。

（4）完成其他紧急停机检查与操作步骤。

（5）对机组进行全面检查，查明原因，待缺陷消除后重新启动。

9-68　如何防止燃气轮机超速？

答：（1）各种超速保护均应正常投入运行，超速保护不能可靠动作时，禁止禁止启动和运行。

（2）运行中燃气轮机任一超速保护故障不能消除时，应停机消除。

（3）应按期进行超速保护试验、各停机保护的在线试验，以及燃料控制阀严密性试验。

（4）应加强油品质的监督，油品质应符合规定。

（5）机组重要运行监视表计，尤其是转速表，显示不正确或失效，严禁机组启动。运行中的机组，在无任何有效监视手段的情况下，必须停止运行。

（6）在机组正常启动至全速空载或停机解列的过程中，应严密监视机组转速在额定范围内。发现异常及时汇报，或立即停机消除。

（7）在正常运行时，调节系统应能维持燃气轮机在额定转速下稳定运行，甩负荷后能将机组转速控制在额定转速的110％±1％以下。

9-69　蒸汽轮机常见典型事故有哪些？

答：（1）高、中压蒸汽参数异常。

（2）机组甩负荷。

（3）轴向位移增大。

（4）水冲击。

（5）汽轮机振动大。

（6）凝汽器真空降低。

（7）润滑油系统工作失常的处理。

（8）汽轮机发电机密封油系统工作失常的处理。

（9）EH 油系统工作失常的处理。

（10）运行中叶片损坏或断落。

（11）机组超速。

（12）机组轴承损坏。

（13）凝汽器水位异常。

（14）发电机内冷水系统故障。

（15）盘车故障。

（16）凝结水硬度增大的处理。

（17）热网系统故障。

9-70　造成汽轮机高、中压主蒸汽温度高的原因是什么？应如何处理？

答：造成汽轮机高、中压主蒸汽温度高的原因有：

（1）燃气轮机排气温度过高，IGV 温控故障。

（2）减温水自动失灵，使减温水调节门关小或由于减温水系统故障造成减温水量减少引起过热汽温过高。

（3）高压给水泵勺管设定过低，导致减温水量不足。

（4）主蒸汽压力控制故障，使主蒸汽压力升高，流量减少，从而使温度上升。

处理方法有：

（1）高、中压蒸汽温度升超过 567℃，应立即进行调整，如汽温仍长时期不下降或继续上升超过 585℃应迅速减负荷直至解列停机。

（2）减温水控制阀切至手动开，加大减温水量。

（3）提高高压给水泵勺管出力，已增加减温水流量，但应控制高压给水泵出口压力不超过 14.5MPa。

（4）如主蒸汽压力过高，可手动开启蒸汽旁路降低主蒸汽压力（高中压同时调整，避免串轴，密切监视轴位移、胀差、振动）。

9-71　高、中压主蒸汽温度不正常下降的原因是什么？应如何处理？

答：高、中压主蒸汽温度不正常下降的原因为：

（1）燃气轮机排气温度过低，IGV 温控故障。

（2）减温水自动控制失灵，减温水量过大。

（3）主蒸汽压力控制故障，使主蒸汽压力过低，流量增大，从而使温度下降。

处理方法有：

（1）在额定汽压下，高、中压主蒸汽温度下降应及时恢复，不能维持时，应汇报值长，开始减负荷。

（2）开启高中压蒸汽管道、导汽管疏水阀。

（3）如汽温下降加快，减温水控制阀应切手动关小，减少减温水量；若 10min 内下降达 50℃，应按紧急停机处理。

9-72　简述造成机组甩负荷的原因和处理方法。

答：造成机组甩负荷的原因有：

（1）电网或发电机发生故障。

（2）主变压器、220kV 及厂用电系统故障。

（3）汽轮机电调控制系统故障。

（4）汽轮机发生故障。

（5）机组辅机故障。

处理方法有：

（1）根据机组负荷情况，迅速减少燃气轮机负荷和给水量，及时调整，保持各参数恢复正常。

（2）确认辅助蒸汽供轴封蒸汽母管调整门自动调节正常，否则及时手动调节，因甩负荷后汽轮机失去自密封，轴封压力需要重新调整，避免影响凝汽器真空。

（3）确认高、中、低压旁路系统自动投入，主蒸汽压力正常，凝汽器真空正常。若因大连锁联跳燃机及时进行整套机组跳闸事故处理。

（4）调整汽包水位、凝汽器水位至正常。

（5）全面检查机组各轴承温度、轴向位移、差胀、振动等是否正常，倾听汽轮机内是否有异声，发现异常应及时作出相应处理。

（6）汇报值长，对机组进行全面检查，如一切正常，应尽快并入电网。

9-73　造成汽轮机轴向位移大的原因有哪些？

答：（1）动静叶片严重结垢、断叶片或漏汽量增加。

（2）主、再热汽温下降过快，调整不及时或水冲击。

（3）主蒸汽参数、真空、负荷大幅度波动。

（4）推力轴承、推力瓦块损坏。

（5）汽轮机单缸进汽。

（6）高、中主蒸汽压力超限。

（7）并退汽过程中高、中压旁路操作匹配不好。

（8）机组运行过程中高旁或中旁误开。

9-74　汽轮机轴向位移大如何处理？

答：（1）发现轴向位移增大，应立即联系热工校对位移显示值、推力瓦块温度是否正确，并检查负荷、汽温、汽压、真空、差胀、振动等仪表指示有无异常，汇报值长，适当减负荷，维持轴向位移不超过跳闸值。

（2）主蒸汽参数不合格，应立即恢复正常，相应负荷下高、中主蒸汽压力不应超限，超限时应当降低负荷。

（3）负荷变化较大，应稳定负荷。

（4）叶片结垢，真空低应限制负荷。

（5）发生水冲击或推力轴承损坏，应迅速紧急停机。

（6）轴向位移达停机值应迅速手动紧急停机。

（7）并退汽过程中应密切监视轴位移，若轴位移向负向（即发电机反方向）增大则应降低主汽压力或提高再热蒸汽压力，若轴位移向正向（即发电机方向）增大则应提高主汽压力或降低再热蒸汽压力。

（8）若高、中压旁路误开则应及时查找原因，及时调整关闭旁路；如因高旁部分开启而不能马上处理关闭，可部分开启中压旁路以调整轴位移；如因中压旁路部分开启而不能马上处理关闭，可部分开启高压旁路以调整轴位移。旁路开启时应密切注意凝汽器真空变化。

9-75　简述汽轮机内水冲击的现象。

答：（1）高、中、低压主汽温急剧下降，负荷摆动。

（2）主汽门法兰、调速汽门门杆、轴封处冒白汽或溅出水滴。

（3）蒸汽管道有水击声及强烈振动。

（4）汽轮机声音异常，振动增加。

（5）轴向位移增大，推力瓦温度升高，差胀发生不正常变化。

9-76　简述造成汽轮机内水冲击的原因。

答：原因为：

（1）高、中、低压汽包满水或过负荷，产生汽水共腾。

（2）高、中、低压主蒸汽温度因减温水控制故障而急剧下降。

（3）汽机启动过程中蒸汽管道有积水，未充分疏水或疏水不畅。

（4）轴封进水。

9-77　汽轮机内水冲击应如何处理？

答：（1）立即破坏真空紧急停机。

（2）开启汽缸及蒸汽管道所有疏水门。

(3) 停机时，若惰走过程中听到内部有摩擦声或脱扣前后机组发生强烈振动，或惰走时间明显缩短，或轴向位移，差胀超限时则停机后须对汽机进行内部检查，必要时揭缸检修。

(4) 汽轮机因进水停机后，要特别注意盘车电流是否异常增大，偏心值是否增大，汽轮机动静部分声音是否正常，若转子变形严重盘车盘不动时，严禁强行盘车。

(5) 检查停机后机组各部分均正常，大轴晃动值不大于原始值 0.02mm。

(6) 机组重新启动时应加强疏水，要特别注意机组的振动、声音、轴向位移、胀差、推力瓦块及各瓦回油温度等，如机组启动正常可并列带负荷，如汽轮机内有异音或振动等异常时，必须立即停机。

9-78　哪些因素可造成汽轮机振动大？

答：(1) 轴承润滑油温过低或过高，发生油膜振荡。

(2) 润滑油压过低，油膜破坏。

(3) 临界转速时共振（主要发生在启动升速和停机减速时）。

(4) 汽轮机内部动静部分摩擦。

(5) 断叶片或汽机内部部件损坏脱落，造成碰撞或动平衡破坏。

(6) 汽轮机进水或低温蒸汽。

(7) 发电机转子风叶脱落、发电机静子电流不平衡、转子匝间短路或发电机转子通风系统局部堵塞。

(8) 推力轴承或径向轴承损坏。

(9) 汽缸膨胀不均，使汽机中心偏移。

(10) 汽轮机大轴弯曲。

(11) 轴承工作不正常或轴承座松动。

(12) 转子中心不正或联轴器松动。

(13) 滑销系统卡涩造成膨胀不均。

9-79 如何处理汽轮机振动大的故障?

答: (1) 正常运转中振动异常增大时，可先采取降负荷的办法来降低振动值，并查找原因直到振动稳定为止，重新升负荷时要特别注意振动的增加。

(2) 就地倾听汽轮发电机组内部及各轴承声音若有异声或金属撞击声，立即破坏真空紧急停机。

(3) 检查润滑油压、油温及轴承瓦温度，回油温度是否正常，不正常则应调整正常。

(4) 加强蒸汽管道的疏水，注意高、中、低压主蒸汽温度的变化，防止汽轮机进水。

(5) 若机组任一轴承振动大于跳闸值，汽机自动脱扣，否则手动脱扣停机。

(6) 如推力轴承或径向轴承损坏，应立即破坏真空紧急停机。

(7) 降低发电机无功等参数。

(8) 停机后，必须连续盘车 4h 以上，检查无问题后经总工同意可重新启动。

9-80 造成凝汽器真空降低的原因有哪些?

答: (1) 真空系统的管道或设备损坏漏空气。

(2) 循环水泵跳闸或凝汽器循环冷却水进出水门误动关闭，或凝汽器钛管堵塞，造成循环水量减少。

(3) 真空泵工作失常或跳闸，而备用真空泵也不能正常投入工作。

(4) 轴封汽压力下降或中断。

(5) 凝汽器水位调节失灵，凝汽器水位太高淹没抽气管。

(6) 误开凝汽器真空系统与大气连接的阀门，误关运行侧凝汽器抽空气门。

（7）凝汽器脏污严重，换热效率降低。

（8）高、中、低压蒸汽旁路系统误动作。

9-81 凝汽器真空降低应做什么处理？

答：凝汽器真空降低应做以下处理：

（1）发现真空下降，应与排汽温度表对照，判别真空是否真实下降，并及时汇报值长，检查原因，采取措施。

（2）在未查明原因前，若凝器真空下降至−89kPa时若备用真空泵未联启应立即手动启动备用真空泵，必要时增开一台循环水泵。

（3）真空下降至−87kPa应减负荷维持真空。

（4）排汽温度升高至57℃（135 ℉），检查排汽缸后缸喷水应自开，否则手动开启。

（5）在降负荷过程中，高、中、低压汽温度尽量保持正常，确保机组差胀在规定范围内变化。

（6）真空下降减负荷或停机过程中禁止投用旁路系统。

（7）循环水中断，应迅速减去全部负荷，如真空下降至−60kPa，紧急停机，禁止一切疏水进入凝汽器。

（8）循环水量不足应查明原因设法消除，必要时增开一台循泵，并根据真空情况适当降低负荷。

（9）凝器水位升高，应查明原因，设法消除，必要时增开或切换凝泵恢复正常水位。

（10）真空泵工作失常，应查明原因，设法消除，必要时增开或切换真空泵。

（11）真空系统漏空气，应查漏、堵漏。

（12）轴封供汽不足或中断，迅速提高轴封压力，必要时手动开启辅助蒸汽供轴封母管调整阀旁路阀进行调整。

（13）旁路系统蒸汽减压阀误开，应迅速关闭。

9-82 润滑油系统工作失常有哪些现象？

答：润滑油系统工作失常的现象有：

（1）油压、油位同时下降。

（2）油压下降，油位不变。

（3）油位下降，油压不变。

（4）润滑油温度异常。

9-83　润滑油系统油压、油位同时下降应该如何处理？

答：（1）检查压力油管道、冷油器是否漏油，发现上述情况，应联系检修加油并设法隔离漏点维持机组运行。

（2）润滑油供油母管压力低于设定值，备用交流润滑密封油泵，直流润滑油泵依次自启动。若发电机油氢压差低于设定值，交流密封油泵，直流密封油泵，直流密封油泵依次联启。如油压、油位下降到极限而无法恢复时应紧急停机。

9-84　如何判断汽轮机润滑油压下降故障？

答：（1）汽轮机轴瓦润滑油压下降至限值，压力开关动作联启交流润滑油泵。

（2）汽轮机轴瓦润滑油压下降至限值，压力开关动作联启直流润滑油泵。

（3）汽轮机轴瓦润滑油压下降至限值，压力开关动作，汽轮机低润滑油压保护动作跳闸。

（4）盘车过程中润滑油压降至限值时，压力开关动作跳汽轮机盘车。

（5）润滑油压表指示下降。

（6）轴承温度及回油温度出现上升趋势。

9-85　造成汽轮机润滑油油压异常下降的原因是什么？

答：（1）运行中的油泵故障。

（2）油系统管路破裂大量漏油。

（3）润滑油调压装置故障。

（4）油系统事故放油阀误开造成大量泄油。

（5）冷油器漏泄。

9-86　汽轮机润滑油油压异常下降应如何处理？

答：（1）发现润滑油压异常下降应迅速查明原因，当轴瓦供油压降至限值时，交流润滑油泵应联启，若未联启应立即手动启动，维持油压。

（2）当轴瓦供油压降至限值时，直流密封油泵应联启，若未联启应立即手动启动，维持油压。

（3）若直流润滑油泵联启同时轴瓦处低润滑油压跳闸压力开关动作汽轮机跳闸，应立即紧急破坏真空停机。

（4）因润滑油管漏油引起油压下降而又无法消除时，应立即破坏真空停机。

（5）润滑油压下降，应密切监视各轴承温度、回油温度及回油流量情况，若推力轴承、支持轴承温度异常升高接近限额时，立即紧急停机。

（6）机组启动升速过程中，若油泵故障，应停止启动。

（7）处理油系统泄漏时应重点防火，油压下降而油箱油位不变时，应设法查找原因，但油压危及机组安全运行时，应紧急破坏真空停机。

9-87　润滑油系统油压下降，油位不变应如何处理？

答：（1）检查润滑油系统中调压阀工作是否正常。

（2）检查运行油泵工作是否失常，否则切换到备用泵。

（3）检查备用主油泵、直流润滑油泵或直流密封油泵出口逆止门是否关闭。

（4）检查润滑油滤网是否堵塞。

9-88　润滑油系统油位下降，油压不变应如何处理？

答：（1）检查油箱油位计是否失灵。

（2）检查油箱事故放油门，油箱底部放水门是否漏油或误开。

(3) 检查发电机内部是否进油，检查发电机油水探测器是否有油。

(4) 检查冷油器铜管是否泄漏。

(5) 应对油系统全面检查，采取相应措施，恢复正常油位，如油位下降至限值以下无法恢复应紧急停机。

9-89　润滑油系统润滑油温度异常应如何处理？

答：(1) 检查冷油器是否堵塞、脏污，切换到备用冷油器运行，解列故障冷油器。

(2) 检查是否冷却水压力下降，冷却水量不够，应调整冷却水压正常。

(3) 采取上述措施后，油温仍上升时，若轴承回油温度上升至限值，手动脱扣停机。

9-90　运行液压油泵跳闸应如何处理？

答：(1) 若液压油泵跳闸，备用泵自动联启。

1) 就地检查联动泵运行情况，联系维修人员对跳闸泵进行检查。

2) 跳闸泵经检查、处理正常后恢复备用，投入连锁开关。

(2) 若液压油泵跳闸，备用液压油泵未能联启。

1) 迅速抢合备用液压油泵，检查母管压力应恢复正常；就地检查联动泵运行情况，联系维修人员对跳闸泵进行检查。

2) 若抢合备用液压油泵未成功，或无备用液压油泵，在跳闸液压油泵无明显故障的情况下可抢合跳闸泵一次，抢合不成功，应：

a 立即联系有关人员对液压油泵进行检查、尽快恢复。

b 加强对机组运行情况及有关参数的监视。

c 液压油压力下降至 7.58MPa，保护应动作跳机，否则应立即紧急停机。

9-91　液压油泵出口压力下降应如何处理？

答：（1）检查运行液压油泵进出口滤网、溢油阀情况。若液压油泵进口或出口滤网堵，立即切换至备用液压油泵运行，并联系检修人员清洗或更换滤网；若溢油阀内漏，联系检修进行调整。

（2）若备用泵出口逆止门不严，立即关闭备用泵出口门，联系检修处理。

（3）若液压油系统漏油，应立即采取措施堵漏或将漏点隔离，严密监视油压、油位，汇报值长及有关领导。

（4）液压油压力降至某限值，备用液压油泵应联动，否则应立即启动备用液压油泵。

（5）若是液压油泵跳闸引起油压下降，按“液压油泵跳闸”事故处理。

（6）液压油压力下降至某限值，保护应动作跳机，否则应立即故障停机。

9-92　造成油箱油位低的原因有哪些？

答：（1）润滑油管或回油管路破裂漏油。

（2）润滑油或密封油冷油器油侧向水侧泄漏。

（3）密封油管或回油管路破裂漏油。

（4）油系统阀门误开或操作后未关严向外部漏油。

（5）润滑油滤油机大量跑油。

（6）汽机发电机密封油系统大量跑油。

（7）汽机发电机密封油系统故障造成汽机发电机大量进油。

（8）检修油输送泵误启动，将油打至检修油箱。

9-93　油箱油位低故障应如何处理？

答：（1）因油管路严重破裂引起油位异常下降，而无法处理或无法隔绝时，应立即破坏真空紧急停机，同时应向油箱补油，保证汽轮机安全停机。

（2）润滑油或密封油冷油器油侧向水侧泄漏时，应迅速切换备用冷油器运行，并隔绝泄漏冷油器水侧及油侧系统。

（3）属于隐蔽性的漏油造成油位异常下降时，应大量向油箱补油，当油位下降至低油位报警时，油位继续下降应立即紧急停机，在停机过程中继续向油箱补油，保持最低允许油位。

（4）重点检查油系统各排污门，确认是否有排油门被误开，及时关闭。

（5）检查润滑油滤油机工作是否正常，如跑油，及时停运隔离。

（6）检查汽机发电机真空净油机是否工作正常，如跑油，及时停运隔离。

（7）检查汽机发电机密封油系统是否工作正常，油氢压差是否正常，氢侧回油箱是否正常，如有异常及时调整至正常值，检查汽机发电机油水探测器内部是否有油，如有油及时排出。

（8）检查汽机润滑油箱检修油输送泵应处于停运状态，如误启动应及时停运。

（9）处理油系统泄漏时应重点防火。

9-94　EH 油系统工作失常的常见故障有哪些？

答：（1）运行 EH 油泵跳闸，备用 EH 油泵自投。

（2）EH 油泵跳闸，备用 EH 油泵未自投。

（3）EH 油压力下降。

（4）EH 油箱油位下降。

9-95　运行 EH 油泵跳闸应如何处理？

答：若运行 EH 油泵跳闸，备用 EH 油泵自投。

（1）复置联动 EH 油泵“启动”按钮及跳闸 EH 油泵“停用”按钮，解除 EH 油泵连锁。

（2）就地检查联动泵运行情况，联系维修人员对跳闸泵进行检查。

(3) 跳闸泵经检查、处理正常后恢复备用，投入备用。

9-96　若EH油泵跳闸备用EH油泵未自投应如何处理?

答: (1) 迅速抢合备用EH油泵，检查母管压力应恢复正常；就地检查联动泵运行情况，联系维修人员对跳闸泵进行检查。

(2) 若抢合备用EH油泵未成功，或无备用EH油泵，可抢合跳闸泵一次，抢合不成功，应:

1) 立即联系有关人员对EH油泵进行检查，使其尽快恢复。

2) 加强对机组运行情况及有关参数的监视。

3) EH油压力下降至9.8MPa，保护应动作跳机，否则应立即紧急停机。

9-97　EH油压力下降应如何处理?

答: (1) 应立即检查运行EH油泵进出口滤网、溢油阀情况。若EH油泵进口或出口滤网堵，立即切换至备用液压油泵运行，并联系检修人员清洗或更换滤网；若溢油阀内漏，联系检修进行调整。

(2) 若备用泵出口止回门不严，立即关闭备用泵出口门，联系检修处理。

(3) 若EH油系统漏油，应立即采取措施堵漏或将漏点隔离，严密监视油压、油位，汇报值长及有关领导。

(4) EH油箱油位过低应联系维修人员加油。

(5) EH油压力降至11.2MPa，备用EH油泵应联动，否则应立即启动备用EH油泵。

(6) 若是EH油泵跳闸引起油压下降，按“EH压油泵跳闸”事故处理。

(7) EH油压力下降至9.8MPa，保护应动作跳机，否则应立即故障停机。

9-98　EH 油箱油位下降应如何处理？

答：（1）EH 油箱油位降至报警值，发出“EH 油油位低Ⅰ值”报警，此时应立即就地检查油位，确认油位下降，立即联系维修人员加油，迅速查找油位下降原因。

（2）若 EH 油系统管道阀门漏油，立即采取措施隔离或堵漏，汇报值长及有关领导。

（3）若 EH 油箱油位自动下降至某一值后不再下降，应检查蓄能器胶囊是否破裂、胶囊内 N_2 气压力是否过低。

（4）密切注意 EH 油压力的变化。

9-99　如何判断运行中叶片损坏或断落？

答：（1）通流部分有异音，汽缸有金属摩擦声。

（2）汽缸通流部分发生不同程度的冲击。

（3）机组振动剧增或保护动作。

（4）轴向位移异常变化，推力轴承温度和回油温度异常升高。

（5）低压缸末级叶片断裂而打破钢管时，将使凝结水导电度，钠离子、硬度等增加，水、汽品质急剧恶化。

9-100　造成运行中叶片损坏或断落的原因是什么？

答：（1）设计、制造、安装不合理。

（2）机组长时间在高周波或低周波范围运行。

（3）汽水品质不合格、蒸汽带水，使叶片严重结垢、腐蚀。

（4）机组运行工况不佳，超出力运行。

（5）机组膨胀不均，动静摩擦。

（6）发生水冲击。

9-101　运行中叶片损坏或断落应如何处理？

答：听到汽缸内发出清楚的金属撞击声，看到机组强烈振动，应紧急破坏真空停机。

9-102 造成汽轮机机组超速的原因是什么？如何处理？

答：造成汽轮机机组超速的原因有：

（1）发电机甩负荷至零，汽轮机DEH调节系统或EH油系统工作不正常。

（2）超速试验时转速失控。

（3）发电机解列后，高、中压主汽调节汽阀或截止阀、高排止回阀、热网抽汽调阀、热网抽汽止回阀中存在卡涩或关闭不到位情况。

处理方法有：

（1）发电机甩负荷后应立即检查发电机跳闸联跳汽轮机保护动作正常，汽轮机已跳闸。并检查汽轮机主汽阀、抽汽调阀及止回阀关闭正常，若发现主汽截止阀和抽汽调阀关闭不到位造成超速，可停运汽轮机EH油泵。并关闭运行炉的主、再热蒸汽电动阀及冷再分汽调阀。

（2）若汽轮机发电机跳闸而汽轮机未跳闸且发生超速，应及时手动打闸。同时关闭运行炉的主、再热蒸汽电动阀及冷再分汽电动阀。

（3）若汽轮机跳闸后转速还在快速上升超过3210r/min，没有减慢或停止上升趋势时，应将运行燃机打闸，并开启炉侧对空排汽电动阀，凝汽器破坏真空。凝汽器至－80kPa前应保证中、低压旁路关闭，高、中、低压主汽电动主汽门前所有疏水关闭，并关闭中、低压旁路入口电动截止阀。

（4）密切监视主机转速，倾听机组声音，记录好转子惰走时间。

（5）严密监视机组的各项参数。

（6）完成其他紧急停机检查与操作步骤。

（7）对机组进行全面检查，查明原因，待缺陷消除后，汇报领导决定是否重新启动。

9-103 如何防止汽轮机超速？

答：（1）启动前配合检修检查高、中压主汽门，调节汽门的安装质量，试验检查各汽门开关动作灵活性及可靠性。

（2）运行中汽轮机任一超速保护故障不能消除时，应停机消除。

（3）应定期进行超速保护试验、各停机保护的在线试验和主、调节汽门及排汽门的活动试验。

（4）应加强汽、水、油品质的监督，品质符合规定。

（5）各种超速保护均应正常投入运行，超速保护不能可靠动作时，禁止启动和运行。

9-104 机组轴承损坏会造成哪些危害？

答：造成轴颈损坏，严重时发生动静摩擦导致汽轮机损坏。

9-105 根据哪些现象可判断汽轮机轴承损坏？

答：（1）轴承钨金温度明显升高或轴承冒烟。

（2）推力轴承损坏时，推力瓦块金属温度升高。

（3）油中发现钨金碎末。

（4）机组振动增加。

9-106 造成汽轮机轴承损坏的原因有哪些？

答：（1）轴承断油或润滑油量偏小。

（2）油压偏低、油温偏高或油质不合格。

（3）轴承过载或推力轴承超负荷、盘车时顶轴油压低或大轴未顶起。

（4）汽轮机进水或发生水冲击。

（5）长期振动偏大造成轴瓦损坏。

9-107 汽轮机轴承损坏应如何处理？

答：（1）运行中发现轴承损坏应立即紧急破坏真空停机。

（2）因轴承损坏停机后盘车不能投入运行不应强行盘车。

（3）轴承损坏后应彻底清理油系统，确保油质合格方可重新启动。

9-108　如何防止汽轮机轴承损坏？

答：（1）备用交流辅助润滑油泵、直流润滑油泵及直流密封油泵应要求定期进行试验，保证处于良好的备用状态；机组正常停机前，应进行顶轴油泵和盘车电动机的启动试验。

（2）油系统冷油器、滤网进行切换操作时，应在指定人员的监护下按操作票顺序缓慢进行操作，操作中严密监视润滑油压的变化，严防切换操作过程中断油。

（3）机组启动、停机和运行中要严密监视润滑油压，推力瓦、轴瓦钨金温度和回油温度。出现异常时，应按要求果断处理。

（4）在机组停运过程中转速 1800r/min 时应注意顶轴油泵自启动且油压正常。

（5）在运行中发生了可能引起轴瓦损坏（如水冲击、瞬时断油等）的异常情况下，应有确认轴瓦未损坏之后，方可重新启动。

（6）油系统油应按规程要求定期进行化验，油质劣化及时处理。油质不合格的情况下，严禁机组启动。

（7）应避免机组在振动超限的情况下长期运行。

（8）防止汽轮机进水、大轴弯曲、轴承振动及通流部分损坏。

（9）直流润滑油泵、直流密封油泵的直流电源系统应足够容量，其各级熔断器应合理配置，防止故障时熔断器熔断使直流润滑油泵、直流密封油泵失去电源。

（10）油系统严禁使用铸铁阀门，各阀门不得水平安装。主要阀门应挂有“禁止操作”警示牌。

9-109 造成汽轮机盘车故障的原因有哪些？如何处理？

答：造成汽轮机盘车故障的原因有：

(1) 盘车马达故障或电源失去。

(2) 盘车传动装置故障。

(3) 汽机内部动、静部分摩擦严重或动、静部分卡涩，盘车电流过大，电机过负荷。

(4) 轴承烧毁。

(5) 油系统失火无法扑灭或油管道大量漏油或油箱无油，汽机停止后不允许启动润滑油泵。

(6) 顶轴油泵不能投入。

(7) 润滑油压低跳盘车压力开关动作，动作值为 30kPa。

处理方法有：

(1) 盘车因故不能运行时，如果油系统正常必须保持润滑油系统运行，至少应保持润滑油系统连续运行直至汽缸金属温度小于 150℃。

(2) 凝汽器还保持真空时，盘车投不上，应立即隔绝热水热汽排入凝汽器，紧急破坏真空，真空到零后立即退轴封汽。

(3) 运行人员应记录好转子的停止位置，并每隔 15min 记录偏心表的读数。

(4) 运行人员同时应记录缸温，各个轴瓦温度等参数。

(5) 不论何种事故造成轴弯曲盘车盘不动时不许强行盘车。

(6) 油循环因故障或火灾不能运行时，禁止连续盘车但在断油情况下允许将轴翻转 180°，在重新投入盘车时，应先进行油循环直至全部轴承金属温度均小于 150℃，才允许投入连续盘车。

(7) 因盘车马达故障不能盘车时，应每隔 15min 人工手动翻转 180°；2h 后改为每间隔 30min 盘动转子 180°；8h 后改为每间隔 1h 盘动转子 180°，直到盘车设备修复为止。翻转 180°时应记录翻转前转子停止的角度，保证正确翻转 180°。

9-110　凝结水硬度增大应该怎样处理？

答：（1）发现凝结水硬度增大，应联系值长，配合化学就地对凝汽器分别取凝结水样检测，确定凝结水硬度是否超标，钠离子浓度是否增大。

（2）若就地多次取样检测，确定凝结水硬度超标，钠离子浓度增大，可适当进行凝汽器换水，联系化学增加检测次数，观察凝结水硬度和钠离子值变化。

（3）若凝结水硬度、钠离子浓度增大，采取措施无效，应根据就地检测情况有针对性地进行单侧凝汽器隔离查漏。

9-111　热网系统常见故障有哪些？

答：（1）热网回水压力升高

（2）热网回水压力下降。

（3）热网加热器水位升高。

（4）热网加热器钢管破裂。

（5）热网加热器冲击或振动。

（6）热网循环泵汽化。

（7）热网疏水泵汽化。

9-112　造成热网加热器冲击或振动的原因有哪些？如何处理？

答：造成热网加热器冲击或振动的原因有：

（1）冷态启动暖管、疏水不充分，启动过快。

（2）热网加热器水位过高。

（3）热网加热器水侧空气排不出去。

处理方法有：

（1）投入前必须充分暖管、疏水，热网加热器必须充分暖热；热网加热器进汽、进水阀门要缓慢开启，严禁操作过快。

（2）检查热网加热器水位及疏水泵运行情况，水位高时可采取降低水位的措施。

参 考 文 献

[1] 焦建树．燃气-蒸汽联合循环．北京：机械工业出版社，2002.

[2] 中国华电集团．大型燃气-蒸汽联合循环发电技术丛书（设备及系统分册）．北京：中国电力出版社，2009.

[3] 中国华电集团．大型燃气-蒸汽联合循环发电技术丛书（综合分册）．北京：中国电力出版社，2009.

[4] 杨顺虎．燃气-蒸汽联合循环发电设备及运行，2007.

[5] 姚秀平．燃气轮机与联合循环．北京：中国电力出版社，2004.

[6] 沈炳正，黄希程．燃气轮机装置．北京：机械工业出版社，1991.

[7] 赵士杭．燃气轮机原理（上、下册）．清华大学热能工程系，1985.

[8] 清华大学热能工程系动力机械与工程研究所、深圳南山热电股份有限公司．燃气轮机与燃气-蒸汽联合循环装置．北京：中国电力出版社，2007.

[9] 林公舒，杨道刚．现代大功率发电用燃气轮机．北京：机械工业出版社，2007.

[10] 赵义学．电厂汽轮机设备及系统．北京：中国电力出版社，1998.

[11] 山西省电力工业局．汽轮机设备运行．北京：电力电力出版社，1997.

[12] 1000MW 火电机组运行技术丛书汽轮机分册．北京：中国电力出版社，2007.

[13] 华东六省一市电机工程（电力）学会．汽轮机设备及其系统．北京：中国电力出版社，2000.

[14] 张燕伙．热力发电厂．北京：中国电力出版社，2002.

[15] 孙玉民．火电厂热力辅助设备及系统．北京：中国电力企业联合会教育培训部，1993.

[16] 毛正孝．泵与风机．北京：中国电力出版社，2004.

[17] 李诚．热工基础．北京：中国电力出版社，2007.

[18] 《GJasTurbineRepairFechnology》K. J. Pallos GE Energy Services Technolog，Atlanta，GA，2004.